应用型本科 电气工程及自动化专业"十三五"规划教材

电气控制与 PLC 原理及应用

主　编　赵　斌

副主编　安小宇　刘金桂　韩笑　徐珂

U0394346

西安电子科技大学出版社

内 容 简 介

本书从实际应用和教学需要出发，系统地介绍了继电器—接触器控制系统设计，突出可编程控制器(PLC)控制系统的原理、设计及应用，主要内容有常用低压电器的工作原理与选用，机床控制线路的基本环节和典型机床电气控制线路的分析，PLC的工作原理和指令，电气控制系统的设计应用以及相关实验。另外，本书还介绍了SMART编程软件，并详细讲解了西门子公司 S7-200 SMART PLC 的应用。

本书适合应用型本科院校电气信息类、机电类专业教学使用，也可作为高职高专、职大、电大等有关专业的教材，还可供有关电气工程技术人员参考。

图书在版编目(CIP)数据

电气控制与 PLC 原理及应用/赵斌主编.
—西安：西安电子科技大学出版社，2017.9
应用型本科 电气工程及自动化专业"十三五"规划教材
ISBN 978 - 7 - 5606 - 4625 - 1

Ⅰ.① 电… Ⅱ.① 赵… Ⅲ.① 电气控制 ② PLC 技术 Ⅳ.① TM571.2 ② TM571.6

中国版本图书馆 CIP 数据核字(2017)第 235870 号

策 划	马晓娟	
责任编辑	马晓娟	
出版发行	西安电子科技大学出版社(西安市太白南路 2 号)	
电 话	(029)88242885 88201467	邮 编 710071
网 址	www.xduph.com	电子邮箱 xdupfxb001@163.com
经 销	新华书店	
印刷单位	陕西华沐印刷科技有限责任公司	
版 次	2017 年 9 月第 1 版 2017 年 9 月第 1 次印刷	
开 本	787 毫米×1092 毫米 1/16 印 张 22.5	
字 数	535 千字	
印 数	1～3000 册	
定 价	44.00 元	

ISBN 978 - 7 - 5606 - 4625 - 1/TM

XDUP 4917001 - 1

＊＊＊如有印装问题可调换＊＊＊

本社图书封面为激光防伪覆膜，谨防盗版。

前　言

　　"电气控制与PLC原理及应用"是各高等院校电气类、机电类专业的重要专业基础课程。本书以培养综合型应用人才为目标，在注重基础理论学习的同时，突出针对性、实用性和先进性，力图做到由简到繁、由浅入深，主次分明，更适合教师教学和学生自学。

　　随着科学技术日新月异的发展，PLC(Programmable Logic Controller)的性价比不断提高，电气控制技术进入新的发展时期。为便于前后承接，既体现电气控制技术的现状，又体现PLC控制技术的发展方向，本书在兼顾继电器—接触器控制等内容的同时，重点讲解PLC控制系统。考虑到西门子公司的PLC在我国占有的份额以及其快速发展的趋势，本书以S7-200系列的CPU 22X为例，讲述PLC的硬件组成、工作原理、指令系统以及系统设置、调试和使用方法，并通过大量模拟工程实践环节的训练来培养学生PLC控制系统的应用能力，同时本书对S7-200 SMART做了讲解。教师在教学过程中，可以根据不同专业对本书内容进行适当的删减。本书参考教学时数为50～60学时。

　　本书共11章，主要内容包括常用低压电器的工作原理与选用、机床控制线路的基本环节和典型机床电气控制线路的分析、PLC的工作原理和指令、电气控制系统的设计应用，最后还给出了相关实验。

　　本书由赵斌任主编，安小宇、刘金桂、韩笑、徐珂任副主编。河南工学院的赵斌编写第1章和第2章，徐珂编写第3章和第4章的4.1～4.3，韩笑编写第7章和附录B，朱研雯编写第8章；李昊编写第10章，郑州轻工业学院安小宇编写第6章；河南省工业设计学校刘金桂编写第9章和第11章；新乡市职业技师学院孙新峰编写第4章的4.4、4.5节和第5章；新乡泰隆电气设备有限公司王小辉编写附录A和附录C，并提供大量技术资料。全书由赵斌负责统稿。

　　限于编者水平，书中不妥、疏漏之处在所难免，恳请读者提出宝贵意见。

编　者
2017年4月

目　录

绪 论

1. 电气控制技术的发展状况

在现代工业中,为了实现各种生产工艺过程的要求,需要使用各种各样的生产机械。电力拖动是以电动机作为原动机拖动机械设备运动的一种拖动形式。在电力拖动中,必须根据生产工艺的要求,通过各种控制电器,自动实现电动机的启动、制动、反转及调速等控制,从而产生了电气自动控制技术。

20世纪20～30年代,人们采用继电器及接触器等元器件控制电动机的运行,这种控制系统称为继电器—接触器控制系统。这类系统结构简单、价格低廉、维护方便,因此被广泛应用于各类机床和机械设备中。采用这种系统不但可以方便地实现生产过程自动化,而且还可以实现集中控制和远距离控制。目前,我国的大部分机床和其他机械设备仍然采用继电器—接触器控制系统。由于该系统采用固定接线形式,故在改变生产工艺时需要重新布线,控制的灵活性较差。另外,该系统采用有触点元件控制,动作频率低,触点易损坏,系统的可靠性差。

20世纪40年代,世界上出现了交磁放大机—电动机控制系统,这是一种闭环反馈系统,它利用输出量与给定量的偏差进行自动控制,其控制精度和快速性都有了提高。20世纪60年代出现了晶体管—晶闸管控制系统,到了70年代发展成为集成电路放大器—晶闸管控制系统。由晶闸管供电的直流调速系统和交流调速系统不仅调速性能大为改善,而且减少了机电设备数量和占地面积,耗电少、效率高,已完全取代了交磁放大机—电动机系统。

在实际生产中,由于大量存在一些由开关量控制的简单程序控制过程,而实际生产工艺和流程又是经常变化的,因此需要一种能灵活改变程序的新型控制器。于是,在20世纪60年代出现了一种能够根据生产需要方便地改变控制程序,而又比电子计算机结构简单、价格低廉的自动化装置——顺序控制器。它是通过组合逻辑元件插接或编程来实现继电器—接触器控制线路功能的装置,能满足程序经常改变的控制要求,使控制系统具有较大的灵活性和通用性,但它使用的依然是硬件手段,装置体积大,功能也受到一定限制。随着大规模集成电路和微处理器技术的发展和应用,上述控制技术也发生了根本变化,在20世纪70年代出现了以微处理器为核心的、用软件手段来实现各种控制功能的新型工业控制器——可编程序控制器(PLC)。它不仅充分利用了微处理器的优点来满足各种工业领域的实时控制要求,而且还照顾到了现场电气操作维护人员的技能和习惯,摒弃了微机常用的计算机编程语言的表达形式,独具风格地形成了一套以继电器梯形图为基础的形象编程语言和模块化的软件结构,使用户程序的编制清晰直观,方便易学,更容易调试和查错。它已经取代了继电器—接触器控制系统,被广泛应用于大规模的生产过程控制中,具有通用性强、程序可变、编程容易、可靠性高、使用维护方便等优点,故目前世界各国已将它作为一种标准化通用设备普遍应用于工业控制中。

电气控制技术是随着科学技术的不断发展、生产工艺的不断提高而迅速发展的。在控制方法上，它是从手动控制到自动控制；在控制功能上，它是从简单到复杂；在操作上，它是由笨重到轻巧；在控制原理上，它是由单一的有触点硬接线的继电器—接触器控制系统到以微处理器为中心的软件控制系统。随着新的控制理论和新型电器及电子元件的出现，电气控制技术还将不断得到发展。

2. 本课程的内容与任务

"电气控制与 PLC 原理及应用"课程作为电气类、机电类等专业的基础课，在整个专业的课程体系中起着承上启下的作用。明确它在专业中的性质和地位，正确处理它与先行课程及后续课程的关系，是学好该课程的关键。在整个课程体系中，与它密切相关的先行课程是"电路基础"和"电力拖动基础"，它所服务的后续课程是"电力电子变流技术"、"工厂供电"、"自动控制原理与系统"等。

"电气控制与 PLC 原理及应用"是一门实践性较强的课程，它以电动机或其他执行电器为控制对象，介绍电气控制的基本原理、典型控制线路及设计。电气控制技术涉及面很广，各种电气控制设备种类繁多、功能各异，但就其控制原理、基本线路、设计基础而言是相似的。本书从应用角度出发，以方法论为手段，讲授上述几方面内容，以培养学生对电气控制系统的分析及设计的基本能力。

本课程的目标是：

（1）熟悉常用低压电器的结构、工作原理、用途及型号，达到能正确使用和选用的目的。

（2）熟练掌握电气控制线路的基本环节，具有对一般电气控制线路的独立分析能力。

（3）熟悉典型生产设备的电气控制系统，具有从事电气设备的安装、调试、运行和维护等技术工作的能力。

（4）了解可编程控制器的工作原理及应用发展情况，熟练掌握可编程控制器的指令系统和编程方法。

（5）具有设计和改进电气控制系统的基本能力。

第1章　常用低压电器

1.1　低压电器的基本知识

在我国的经济建设和人民生活中,电能的应用越来越广泛。要实现工业、农业、国防和科学技术的现代化,就更离不开电气化。为了安全、可靠地使用电能,电路中就必须装有各种起调节、分配、控制和保护作用的电气设备,这些电气设备统称为电器。从生产或使用的角度来看,电器可分为高压电器和低压电器两大类。我国的现行标准是将工作电压交流 1200 V 以下、直流 1500 V 以下的电气线路中的电气设备称为低压电器。

1.1.1　低压电器的分类

低压电器的种类繁多,按其结构、用途及所控制的对象的不同,可以有不同的分类方式,以下介绍三种分类方式。

1. 按用途和控制对象分

按用途和控制对象的不同,可将低压电器分为配电电器和控制电器。

(1)用于低压电力网的为配电电器。这类电器包括刀开关、转换开关、空气断路器和熔断器等。对配电电器的主要技术要求是断流能力强,限流效果好,在系统发生故障时保护动作准确,工作可靠,有足够的热稳定性和动稳定性。

(2)用于电力拖动及自动控制系统的为控制电器。这类电器包括接触器、启动器和各种控制继电器等。对控制电器的主要技术要求是操作频率高、寿命长,有相应的转换能力。

2. 按操作方式分

按操作方式的不同,可将低压电器分为自动电器和手动电器。

(1)通过电磁(或压缩空气)做功来完成接通、分断、启动、反向和停止等动作的电器称为自动电器。常用的自动电器有接触器、继电器等。

(2)通过人力做功来完成接通、分断、启动、反向和停止等动作的电器称为手动电器。常用的手动电器有刀开关、转换开关和主令电器等。

3. 按工作原理分

按工作原理的不同,可将低压电器分为电磁式电器和非电量控制电器。

(1)电磁式电器是依据电磁感应原理来工作的电器,如接触器、各类电磁式继电器等。

(2)非电量控制电器是靠外力或某种非电物理量的变化而动作的电器,如行程开关、速度继电器等。

另外,低压电器按工作条件还可划分为一般工业电器、船用电器、化工电器、矿用电器、牵引电器及航空电器等几类。对应于不同类型低压电器的防护形式，对其耐潮湿、耐腐蚀、抗冲击等性能的要求是不同的。

1.1.2 低压电器的基本结构

电磁式低压电器大都由两个主要部分组成，即感测部分（电磁机构）和执行部分（触头系统）。

1. 电磁机构

电磁机构的主要作用是将电磁能量转换成机械能量，带动触头动作，从而接通或分断电路。

电磁机构由吸引线圈、铁芯和衔铁三个基本部分组成。

常用的电磁机构可分为三种形式，如图 1-1 所示。

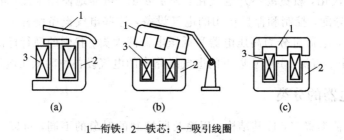

1—衔铁；2—铁芯；3—吸引线圈

图 1-1　常用的电磁机构

（1）衔铁沿棱角转动的拍合式铁芯，如图 1-1(a)所示。这种形式广泛应用于直流电器中。

（2）衔铁沿轴转动的拍合式铁芯，如图 1-1(b)所示。其铁芯形状有 E 形和 U 形两种。此种结构多用于触点容量较大的交流电器中。

（3）衔铁沿直线运动的双 E 型直动式铁芯，如图 1-1(c)所示。此种结构多用于交流接触器、继电器中。

1）直流电磁铁和交流电磁铁

按吸引线圈所通电流性质的不同，电磁铁可分为直流电磁铁和交流电磁铁。

直流电磁铁由于通入的是直流电，其铁芯不发热，只有线圈发热，因此，线圈与铁芯接触有利于散热，线圈做成无骨架、高而薄的瘦高型，可以改善线圈自身的散热。铁芯和衔铁由软钢和工程纯铁制成。

交流电磁铁由于通入的是交流电，铁芯中存在磁滞损耗和涡流损耗，这样会使线圈和铁芯都发热，因此，交流电磁铁的吸引线圈设有骨架，使铁芯与线圈隔离，并将线圈制成短而厚的矮胖型，这样有利于铁芯和线圈的散热。铁芯用硅钢片叠加而成，以减小涡流损耗。

电磁铁工作时，线圈产生的磁通作用于衔铁，产生电磁吸力，并使衔铁产生机械位移。衔铁在复位弹簧的作用下复位。因此，作用在衔铁上的力有两个：电磁吸力与反力。电磁吸力由电磁机构产生，反力则由复位弹簧和触头弹簧产生。铁芯吸合时要求电磁吸力大于反力，即衔铁位移的方向与电磁吸力方向相同；衔铁复位时要求反力大于电磁吸力。直流电磁铁的电磁吸力公式为

$$F = 4B^2 S \times 10^5$$

（1-1）

式中：F—— 电磁吸力(单位为 N)；

  B—— 气隙磁感应强度(单位为 T)；

  S—— 磁极截面积(单位为 m^2)。

由式(1-1)可知：当线圈中通以直流电时，B 不变，F 为恒值；当线圈中通以交流电时，磁感应强度为交变量，即

$$B = B_m \sin\omega t \tag{1-2}$$

由式(1-1)和式(1-2)可得

$$
\begin{aligned}
F &= 4B^2 S \times 10^5 \\
&= 4S \times 10^5 \times B_m^2 \sin^2\omega t \\
&= 2B_m^2 S (1 - \cos2\omega t) \times 10^5 \\
&= 2B_m^2 S \times 10^5 - 2B_m^2 S \times 10^5 \cos2\omega t
\end{aligned}
\tag{1-3}
$$

由式(1-3)可知：交流电磁铁的电磁吸力在 0(最小值)～F_m(最大值)之间变化，其吸力曲线如图 1-2 所示。在一个周期内，当电磁吸力的瞬时值大于反力时，铁芯吸合；当电磁吸力的瞬时值小于反力时，铁芯释放。当电源电压变化一个周期时，电磁铁吸合两次、释放两次，使电磁机构产生剧烈的振动和噪音，因而不能正常工作。

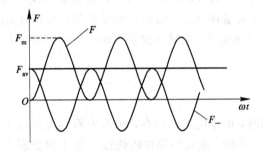

图 1-2 交流电磁铁吸力变化情况

2) 短路环的作用

为了消除交流电磁铁产生的振动和噪音，可在铁芯的端面开一小槽，在槽内嵌入铜制短路环，如图 1-3 所示。加上短路环后，磁通被分成大小相近、相位相差约 $90°$的两相磁通 φ_1 和 φ_2，因此两相磁通不会同时为零。由于电磁吸力与磁通的平方成正比，因此由两相磁通产生的合成电磁吸力较为平坦，在电磁铁通电期间电磁吸力始终大于反力，使铁芯牢牢吸合，从而可消除振动和噪音。

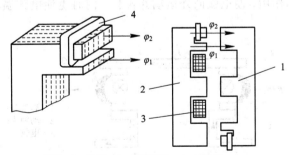

1—衔铁；2—铁芯；3—吸引线圈；4—短路环

图 1-3 交流电磁铁的短路环

2. 触头系统

触头是电器的执行部分，起接通和分断电路的作用。触头通常用铜制成。由于铜制触头表面易产生氧化膜，使触头的接触电阻增大，从而使触头的损耗也增大，因此，有些小容量电器的触头采用银制材料，以减小接触电阻。

触头主要有两种结构形式：桥式触头和指形触头，如图1-4所示。

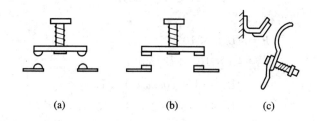

图1-4　触头的结构形式

桥式触头（见图1-4(a)和图1-4(b)）的两个触点串于同一条电路中，电路的通断由两个触头共同完成。桥式触头多为面接触，常用于大容量电器中。

指形触头（见图1-4(c)）的接触区为一直线，触头接通或分断时将产生滚动摩擦，以利于去掉氧化膜，同时也可缓冲触头闭合时的撞击能量，改善触头的电气性能。

为了使触头接触得更加紧密，以减小接触电阻，并消除开始接触时产生的振动，可在触头上安装接触弹簧。

1.1.3　灭弧系统

在大气中分断电路时，由于电场的存在，触头表面的大量电子溢出会产生电弧。电弧一经产生，就会产生大量热能。电弧的存在既烧蚀了触头的金属表面，降低了电器的使用寿命，又延长了电路的分断时间，所以必须迅速把电弧熄灭。

为使电弧熄灭，可采用将电弧拉长、使弧柱冷却、把电弧分成若干短弧等方法。灭弧装置就是基于这些原理来设计的。

1. 电动力灭弧

图1-5所示是一种桥式结构双断口触头系统。当触头分断时，在断口处将产生电弧。电弧电流在两电弧之间产生如图1-5所示的磁场。根据左手定则，电弧电流要受到一个指向外侧的电动力 F 的作用，使电弧向外运动并拉长，同时也使电弧温度降低，有助于熄灭电弧。

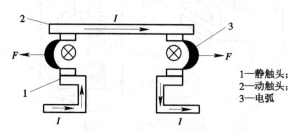

1—静触头；
2—动触头；
3—电弧

图1-5　双断口触头的电动力灭弧

这种灭弧方法简单，无需专门的灭弧装置，一般用于接触器等交流电器。当交流电弧电流过零时，触头间隙的介质强度迅速恢复，将电弧熄灭。

2. 磁吹灭弧

磁吹灭弧的原理如图1-6所示，在触头电路中串入一个磁吹线圈，该线圈产生的磁通经过导磁夹板引向触头周围。由图可见，在弧柱下方，两个磁通是相加的，而在弧柱上方是彼此相减的，因此，在下强上弱的磁场作用下，电弧被拉长并吹入灭弧罩中。引弧角与静触头相连接，其作用是引导电弧向上运动，将热量传递给罩壁，使电弧冷却熄灭。

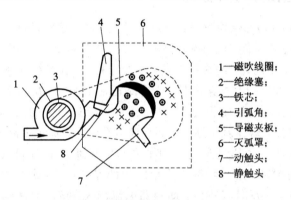

1—磁吹线圈；
2—绝缘塞；
3—铁芯；
4—引弧角；
5—导磁夹板；
6—灭弧罩；
7—动触头；
8—静触头

图1-6 磁吹灭弧示意图

该灭弧装置是利用电弧电流本身灭弧的，因而电弧电流越大，灭弧能力就越强。它广泛应用于直流接触器中。

3. 金属栅片灭弧

图1-7所示为金属栅片灭弧示意图。灭弧栅片是由多片镀铜薄钢片(称为栅片)组成的，它们安放在电器触头上方的灭弧室内，彼此之间互相绝缘。当电器的触头分离时，所产生的电弧在吹磁电动力作用下被推向灭弧栅片内。当电弧进入栅片后被分割成一段段串联的短弧，而栅片就是这些短弧的电极。每两片灭弧栅片之间都有150～250 V的绝缘强度，使整个灭弧栅的绝缘强度大大加强，以致外加电压无法维持，电弧迅速熄灭。除此之外，栅片还能吸收电弧热量，使电弧吸收冷却。基于上述原因，电弧进入栅片后就会很快熄灭。由于栅片灭弧装置的灭弧效果在交流时要比直流时强得多，因此在交流电器中常采用栅片灭弧。

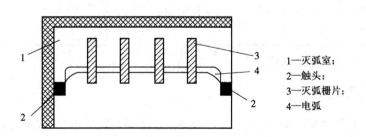

1—灭弧室；
2—触头；
3—灭弧栅片；
4—电弧

图1-7 金属栅片灭弧示意图

1.2 熔 断 器

　　熔断器是一种结构简单、使用方便、价格低廉、控制有效的短路保护电器。它串联在电路中,当电路或用电设备发生短路时,熔体能自身熔断,切断电路,阻止事故蔓延,因而能实现短路保护。无论是在强电系统中还是在弱电系统中,熔断器都得到了广泛的应用。

1.2.1 熔断器的结构和工作原理

　　熔断器主要由熔体(俗称保险丝)和安装熔体的熔管(或熔座)组成。熔体是熔断器的主要部分,其材料一般由熔点较低、电阻率较高的金属材料铝锑合金丝、铅锡合金丝或铜丝制成。熔管是装熔体的外壳,由陶瓷、绝缘钢纸或玻璃纤维制成,在熔体熔断时兼有灭弧作用。

　　熔断器的熔体与被保护的电路串联,当电路正常工作时,熔体允许通过一定大小的电流而不熔断;当电路发生短路或严重过载时,熔体中流过很大的故障电流,一旦电流产生的热量达到熔体的熔点,熔体就熔断,从而切断电路,达到保护电路的目的。

　　电流流过熔体时产生的热量与电流的平方和电流通过的时间成正比,因此,电流越大,熔体熔断的时间越短。这一特性称为熔断器的保护特性(或安秒特性),如图 1-8 所示。熔断器的安秒特性为反时限特性,即短路电流越大,熔断时间越短,这样就能满足短路保护的要求。由于熔断器对过载反应不灵敏,因此不宜用于过载保护,而主要用于短路保护。表 1-1 示出了某熔体的安秒特性数值关系。

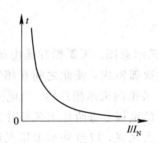

图 1-8　熔断器的安秒特性

表 1-1　某熔体的安秒特性数值关系

熔断电流	$1.25I_N \sim 1.3I_N$	$1.6I_N$	$2I_N$	$2.5I_N$	$3I_N$	$4I_N$
熔断时间	∞	1 h	40 s	8 s	4.5 s	2.5 s

　　注:I_N 为电动机的额定电流。

1.2.2 熔断器的分类

　　熔断器的类型很多,按结构形式可分为插入式熔断器、螺旋式熔断器、封闭管式熔断器、快速熔断器、自复式熔断器等。

1. 插入式熔断器

　　常用的插入式熔断器是 RC1A 系列,其结构如图 1-9 所示。它由瓷盖、瓷座、触头和熔丝四部分组成。由于其结构简单、价格便宜、更换熔体方便，广泛应用于 380 V 及以下的配电线路末端，作为动力、照明负荷的短路保护。

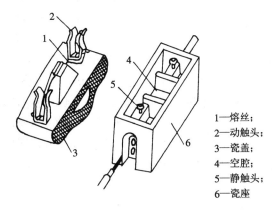

1—熔丝；
2—动触头；
3—瓷盖；
4—空腔；
5—静触头；
6—瓷座

图 1-9　插入式熔断器的结构

2. 螺旋式熔断器

常用的螺旋式熔断器是 RL1 系列，其外形与结构如图 1-10 所示。它由瓷座、瓷帽和熔断管等组成。熔断管上有一个标有颜色的熔断指示器，当熔体熔断时，熔断指示器会自动脱落，显示熔丝已熔断。

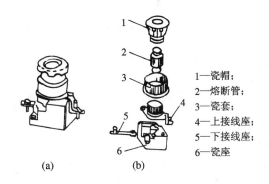

1—瓷帽；
2—熔断管；
3—瓷套；
4—上接线座；
5—下接线座；
6—瓷座

(a)　　　(b)

图 1-10　螺旋式熔断器
(a) 外形；(b) 结构

在装接使用时，电源线应接在下接线座，负载线应接在上接线座，这样在更换熔断管(旋出瓷帽)时，金属螺纹壳的上接线座便不会带电，保证了维修者的安全。它多应用于机床配线中，作为短路保护。

3. 封闭管式熔断器

封闭管式熔断器主要用于负载电流较大的电力网络或配电系统中，其熔体采用封闭式结构。它有两个作用：一是可防止电弧的飞出和熔化金属的滴出；二是在熔断过程中，封闭管内将产生大量的气体，使管内压力升高，从而使电弧因受到剧烈压缩而很快熄灭。封闭管式熔断器有无填料式和有填料式两种，常用的型号有 RM10 系列和 RT0 系列。

4. 快速熔断器

快速熔断器是在 RL1 系列螺旋式熔断器的基础上，为保护可控硅半导体元件而设计的，其结构与 RL1 完全相同。常用的快速熔断器型号有 RLS 系列、RS0 系列等。RLS 系列主要用于小容量可控硅元件及其成套装置的短路保护；RS0 系列主要用于大容量晶闸管元件的短路保护。

5. 自复式熔断器

RZ1 型自复式熔断器是一种新型熔断器，其结构如图 1-11 所示。它采用金属钠作熔体，在常温下，钠的电阻很小，允许通过正常的工作电流。当电路发生短路时，短路电流产生的高温使钠迅速气化，气态钠电阻变得很高，从而限制了短路电流。当故障消除时，温度下降，气态钠又变为固态钠，恢复其良好的导电性。自复式熔断器的优点是动作快，能重复使用，无需备用熔体。缺点是它不能真正分断电路，只能利用高阻闭塞电路，故常与自动开关串联使用，以提高组合分断性能。

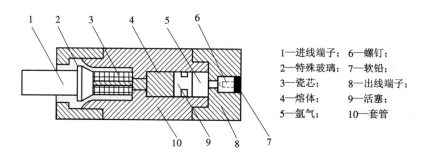

1—进线端子；6—螺钉；
2—特殊玻璃；7—软铅；
3—瓷芯；8—出线端子；
4—熔体；9—活塞；
5—氩气；10—套管

图 1-11 自复式熔断器结构图

1.2.3 熔断器的选择

在选用熔断器时，应根据被保护电路的需要，首先确定熔断器的类型，然后选择熔体的规格，再根据熔体确定熔断器的规格。

1. 熔断器类型的选择

选择熔断器的类型时，主要根据线路要求、使用场合、安装条件、负载要求的保护特性和短路电流的大小等来进行。电网配电一般用封闭管式熔断器；电动机保护一般用螺旋式熔断器；照明电路一般用瓷插入式熔断器；保护可控硅元件则应选择快速熔断器。

2. 熔断器额定电压的选择

熔断器的额定电压大于或等于线路的工作电压。

3. 熔断器熔体额定电流的选择

(1) 对于变压器、电炉和照明等负载，熔体的额定电流 I_{fN} 应略大于或等于负载电流 I，即

$$I_{fN} \geqslant I \qquad (1-4)$$

(2) 保护一台电机时，应考虑启动电流的影响，可按下式选择熔体的额定电流：

$$I_{fN} \geqslant (1.5 \sim 2.5) I_N \qquad (1-5)$$

式中：I_N——电动机额定电流(单位是 A)。

(3) 保护多台电机时，可按下式计算熔体的额定电流：

$$I_{fN} \geqslant (1.5 \sim 2.5)I_{Nmax} + \sum I_N \qquad (1-6)$$

式中：I_{Nmax}—— 容量最大的一台电动机的额定电流；

$\sum I_N$—— 其余电动机的额定电流之和。

4. 熔断器额定电流的选择

熔断器的额定电流必须大于或等于所装熔体的额定电流。

熔断器的型号含义和电气符号如图 1-12 所示。

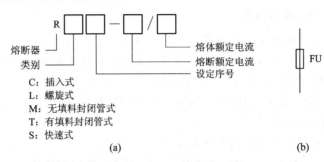

图 1-12　熔断器的型号含义和电气符号

（a）型号含义；（b）电气符号

1.3　刀　开　关

刀开关是一种手动电器，在低压电路中用于不频繁地接通和分断电路，或用于隔离电路与电源，故又称"隔离开关"。

1.3.1　刀开关的结构和安装

刀开关是一种结构较为简单的手动电器，主要由闸刀（动触头）、刀座（静触头）及绝缘底板等组成，如图 1-13 所示。接通或切断电路是由人工操纵闸刀完成的。容量大的刀开关一般都装在配电盘的背面，通过连杆手柄操作。用刀开关切断电流时，由于电路中电感和空气电离的作用，刀片与刀座在分离时会产生电弧，特别是当切断较大电流时，电弧持续不易熄灭。因此，为安全起见，不允许用无隔弧、无灭弧装置的刀开关切断大电流。在继电器—接触器控制系统中，刀开关一般作为隔离电源用，而用接触器接通和断开负载。

刀开关在切断电源时会产生电弧，因此在安装刀开关时应将手柄朝上，不得倒装或平装。安装的方向正确，作用在电弧上的电动力和热空气的上升方向一致，就能使电弧迅速拉长而熄灭；反之，两者方向相反，电弧将不易熄灭，严重时会使触头及刀片烧伤甚至造成极间短路。另外，如果倒装，手柄可

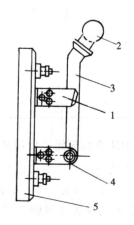

1—静触头；2—手柄；3—动触头；
4—铰链支座；5—绝缘底板

图 1-13　刀开关结构示意图

能因自动下落而引起误动作合闸,有可能造成人身和设备安全事故。

接线时,应将电源线接在上端,负载接在下端,这样拉闸后刀片与电源隔离,可防止意外事故的发生。

1.3.2 常用刀开关

常用刀开关有 HD 系列及 HS 系列刀开关、HK 系列开启式负荷开关和 HH 系列封闭式负荷开关。

1. HK 系列开启式负荷开关

HK 系列开启式负荷开关又称为胶盖瓷底刀开关,它不设专门的灭弧装置,仅利用胶盖的遮护来防止电弧灼伤人手,因此不宜带负载操作,适用于接通或断开有电压而无负载电流的电路。其结构简单、操作方便、价格便宜,在一般的照明电路和功率小于 5.5 kW 的电动机控制电路中仍可采用。操作时,动作应迅速,使电弧较快熄灭,既能避免灼伤人手,也能减少电弧对闸刀和刀座的灼伤。

HK 系列开启式负荷开关的技术参数如表 1-2 所示。

表 1-2 HK 系列开启式负荷开关的技术参数

型号	额定电流/A	极数	额定电压/V	可控制电动机容量/kW	配用熔丝规格		
					线径/mm	成分/(%)	
						铜	锡	锑
HK1	15	2	220	1.5	1.45～1.59	98	1	1
	30	2	220	3.0	2.30～2.52			
	60	2	220	4.5	3.36～4.00			
	15	3	380	2.2	1.45～1.59			
	30	3	380	4.0	2.3～2.52			
	60	3	380	5.5	3.36～4.00			
HK2	10	2	220	1.1	0.25	含铜量不少于 99.9%		
	15	2	220	1.5	0.41			
	30	2	220	3.0	0.56			
	15	3	380	2.2	0.45			
	30	3	380	4.0	0.71			
	60	3	380	5.5	0.12			

2. HH 系列封闭式负荷开关

HH 系列封闭式负荷开关因其外壳为铁制壳,故俗称铁壳开关。铁壳开关由安装在铁壳内的刀开关、速断弹簧、熔断器及操作手柄等组成,通常可用以控制 28 kW 以下的电动机。铁壳开关和胶盖瓷底刀开关中都装有熔断器,因此都具有短路保护作用。铁壳开关的灭弧性能、操作及通断负载的能力和安全防护性能都优于 HK 系列的胶盖瓷底刀开关,但其价格较贵。

HH 系列铁壳开关的操作机构具有以下两个特点:一是采用了弹簧储能分合闸方式,其分合闸的速度与手柄的操作速度无关,从而提高了开关通断负载的能力;二是设有联锁装置,保证开关在合闸状态下开关盖不能开启,开关盖开启时又不能合闸,充分发挥了外壳的防护作用，并保证了更换熔丝等操作的安全。

刀开关常用于不频繁接通和切断电源的场合。选用刀开关时应根据电源及负载的情况确定其极数、额定电压和额定电流。用刀开关控制电动机时，其额定电流要大于电动机额定电流的3倍，然后根据表1-2所示的技术参数，确定刀开关的具体型号。两极和三极刀开关本身均配有熔断器。

刀开关的型号含义和电气符号如图1-14所示。

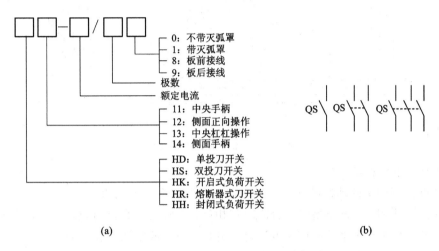

图1-14　刀开关的型号含义和电气符号
（a）型号含义；（b）电气符号

1.4　低压断路器

低压断路器（曾称为自动开关）是一种不仅可以接通和分断正常负荷电流和过负荷电流，还可以接通和分断短路电流的开关电器。低压断路器在电路中除起控制作用外，还具有一定的保护功能，如过负荷、短路、过载、欠压和漏电保护等。低压断路器可以手动直接操作或电动操作，也可以远方遥控操作。

1.4.1　低压断路器的结构和工作原理

1. 低压断路器的结构

低压断路器主要由触头系统、灭弧系统、操动机构和保护装置等组成，如图1-15所示。

1）触头系统

触头（静触头和动触头）在断路器中用来实现电路接通或分断。

触头的基本要求如下：

（1）能安全可靠地接通和分断极限短路电流及以下的电路电流；

（2）能通过长期工作制的工作电流；

（3）在规定的电寿命次数内，接通和分断后不会严重磨损。

常用低压断路器的触头形式有对接式触头、桥式触头和插入式触头。对接式触头和桥式触头多为面接触或线接触，在触头上都焊有银基合金镶块。大型低压断路器每相除主触

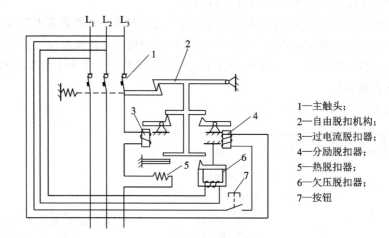

1—主触头；
2—自由脱扣机构；
3—过电流脱扣器；
4—分励脱扣器；
5—热脱扣器；
6—欠压脱扣器；
7—按钮

图 1-15　低压断路器的结构

头外，还有副触头和弧触头。

低压断路器触头的动作顺序是：断路器闭合时，弧触头先闭合，然后是副触头闭合，最后才是主触头闭合；低压断路器分断时却相反，主触头承载负荷电流，副触头的作用是保护主触头，弧触头用来承担切断电流时的电弧烧蚀，即电弧只在弧触头上形成，从而保证了主触头不被电弧烧蚀，能长期稳定地工作。

2）灭弧系统

灭弧系统用来熄灭触头间在断开电路时产生的电弧。灭弧系统包括两个部分：一是强力弹簧机构，可使低压断路器触头快速分开；二是在触头上方设置的灭弧室。

3）操动机构

低压断路器操动机构包括传动机构和脱扣机构两大部分。

（1）传动机构按低压断路器操作方式的不同可分为手动传动、杠杆传动、电磁铁传动、电动机传动；按闭合方式的不同可分为储能闭合和非储能闭合。

（2）脱扣机构的功能是实现传动机构和触头系统之间的联系。

4）保护装置

低压断路器的保护装置由各种脱扣器组成。

低压断路器的脱扣器形式有欠压脱扣器、过电流脱扣器、分励脱扣器等。

欠压脱扣器用来监视工作电压的波动。当电网电压降低至70%～35%额定电压或电网发生故障时，低压断路器可立即分断；当电源电压低于35%额定电压时，能防止低压断路器闭合。带延时动作的欠压脱扣器可防止因负荷陡升引起的电压波动造成的低压断路器不适当地分断，其延时时间可为1 s、3 s和5 s。

分励脱扣器用于远距离遥控或通过热继电器动作分断断路器。

过电流脱扣器用于防止过载和负载侧短路。

一般低压断路器还具有短路锁定功能，用来防止低压断路器因短路故障分断后，故障未排除前再合闸。在短路条件下，低压断路器分断，锁定机构动作，使低压断路器机构保持在分断位置，锁定机构未复位前，低压断路器合闸机构不能动作，无法接通电路。

5）其他

低压断路器除上述四类装置外，还具有辅助接点，一般有常开接点和常闭接点。辅助接点供信号装置和智能式控制装置使用。另外，低压断路器还有框架（万能式断路器）和塑料底座及外壳（塑壳式断路器）。

2. 工作原理

如图1-15所示，低压断路器的主触头依靠操动机构手动或电动合闸，主触头闭合后，自由脱扣机构将主触头锁定在合闸位置上。此时，过电流脱扣器的线圈和热脱扣器的热元件串联在主电路中，欠压脱扣器的线圈并联在电路中。当电路发生短路或严重过载时，过电流脱扣器线圈中的电流急剧增加，衔铁吸合，使自由脱扣机构动作，主触头在弹簧作用下分开，从而切断电路。当电路过载时，热脱扣器的热元件使双金属片向上弯曲，推动自由脱扣机构动作。当电路发生失压故障时，欠压脱扣器线圈中的磁通下降，使电磁吸力下降或消失，衔铁在弹簧作用下向上移动，推动自由脱扣机构动作。分励脱扣器用作远距离分断电路。

1.4.2 低压断路器的分类

低压断路器的分类方式很多，按使用类别分，有选择型（保护装置参数可调）和非选择型（保护装置参数不可调）；按结构形式分，有万能式（又称框架式）和塑壳式；按灭弧介质分，有空气式和真空式（目前国产多为空气式）；按操作方式分，有手动操作式、电动操作式和弹簧储能机械操作式；按极数分，有单极、双极、三极和四极；按安装方式分，有固定式、插入式、抽屉式和嵌入式等。低压断路器容量范围很大，最小为4 A，而最大可达5000 A。

低压断路器广泛应用于低压配电系统的各级馈出线、各种机械设备的电源控制和用电终端的控制及保护电路中。

1. 万能式断路器

万能式断路器（标准形式为DW）又称为框架式断路器。其特点是具有一个钢制框架，所有部件都装于框架内，导电部分需加绝缘，部件大都设计成可拆装式的，便于安装和制造。由于其保护方案和操动方式较多，装设地点也很灵活，因此有"万能式"之称。

万能式断路器容量较大，可设置多种脱扣器，辅助接点的数量也较多，不同的脱扣器组合可形成不同的保护特性，故可作为选择性或非选择性，或具有反时限动作特性的电动机保护。它通过辅助接点可实现远方遥控和智能化控制。其额定电流为630～5000 A。它一般用于变压器400 V侧出线总开关、母线联络开关或大容量馈线开关和大型电动机控制开关。

我国自行开发的万能式断路器系列有DW15、DW16、CW系列；引进技术的产品有德国AEG公司的ME系列（DW17），日本寺崎公司的AH系列（DW914），日本三菱公司的AE系列（DW19），西门子公司的3WE系列等。另外，还有国内各生产厂家以各自产品命名的高新技术开关。

2. 塑料外壳式断路器

塑料外壳式断路器（标准形式为DZ）简称塑壳式断路器，原称装置式自动空气断路器，其主要特征是所有部件都安装在一个塑料外壳中，没有裸露的带电部分，提高了使用的安全性。新型的塑壳式断路器也可制成有选择型。小容量的断路器（50 A以下）操动机构采用非储能式闭合，手动操作；大容量的断路器的操动机构采用储能式闭合，可以手动操作，亦可由电动机操作。电动机操作可实现远方遥控操作。其额定电流一般为 6～630 A，有单极、双极、三极和四极式。目前已有额定电流为 800～3000 A 的大型塑壳式断路器。

塑壳式断路器一般用于配电馈线控制和保护、小型配电变压器的低压侧出线总开关、动力配电终端控制和保护及住宅配电终端控制和保护，也可用于各种生产机械的电源开关。

我国自行开发的塑壳式断路器系列有 DZ5 系列、DZ15 系列、DZ20 系列、DZ25 系列，引进技术生产的有日本寺崎公司的 TO、TG 和 TH－5 系列，西门子公司的 3VE 系列，日本三菱公司的 M 系列，ABB 公司的 M611(DZ106) 和 SO60 系列，施耐德公司的 C45N(DZ47) 系列等，以及国内生产厂家以各自产品命名的高新技术塑壳式断路器。

其派生产品有 DZX 系列限流断路器，带剩余电流保护功能(漏电保护功能)的剩余电流动作保护断路器及缺相保护断路器等。

3. 漏电保护断路器

漏电保护断路器分为电磁式电流动作型、电压动作型和晶体管(集成电路)电流动作型等。电磁式电流动作型剩余电流保护断路器是常用的漏电保护断路器，其原理见图 1－16。其结构是在一般的塑壳式断路器中增加了一个能检测剩余电流的感受元件(检测电流互感器)和剩余电流脱扣器。在正常运行时，各相电流的相量和为零，检测电流互感器二次侧无输出。当出现漏电(剩余电流)或人身触电时，在检测电流互感器二次线圈上会感应出剩余电流。剩余电流脱扣器受此电流激励，使断路器脱扣而断开电路。

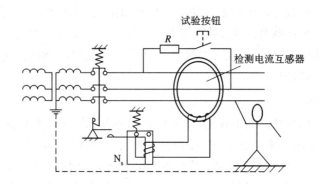

图 1－16　电磁式电流动作型剩余电流保护断路器工作原理图

电磁式剩余电流保护断路器是直接动作型的，动作较可靠，但体积较大，制造工艺要求也高。晶体管(集成电路)剩余电流保护断路器是间接动作型的，因而可使检测电流互感器的体积大大缩小，从而也缩小了断路器的体积。随着电子技术的发展，人们现在越来越多地采用集成电路剩余电流保护断路器。

1.4.3　低压断路器的主要技术参数

我国低压电器标准规定低压断路器应有下列特性参数。

1. 型号

低压断路器型号包括相数、极数、额定频率、灭弧介质、闭合方式和分断方式。

2. 主电路额定值

主电路额定值有额定工作电压、额定电流、额定短路接通能力、额定短路分断能力等。

万能式断路器的额定电流还分主电路的额定电流和框架等级的额定电流。

3. 额定工作制

低压断路器的额定工作制可分为8小时工作制和长期工作制两种。

4. 辅助电路参数

低压断路器辅助电路参数主要为辅助接头特性参数。万能式断路器一般具有常开接头、常闭接头各3对，供信号装置及控制回路使用；塑壳式断路器一般不具备辅助接头。

5. 其他

低压断路器特性参数除上述各项外，还包括脱扣器形式及特性、使用类别等。

DZ5系列低压断路器的主要技术参数如表1-3所示。

表1-3 DZ5系列低压断路器的主要技术参数

型　　号			DZ5-20			DZ5-50		
额定电压 U_N/V			AC 400			AC 400		
框架等级额定电流 I_{Nm}/A			20			50		
额定电流 I_N/A			0.15、0.2、0.3、0.45、0.65、1、1.5、2.3、4.5、6.5、10、15、20			$10I_N$		
断路保护电路整定值 I_r/A	配电用		$10I_N$			$10I_N$		
	保护电动机用		$12I_N$			$12I_N$		
额定短路分断能力/A	I_N	复式脱扣器	电磁脱扣器		热脱扣器	液压脱扣器		
	0.15~6.5 10~20	1200~1500	1200~1500		$14I_N$	2500		
寿命/次	有载		1500			1500		
	无载		8500			8500		
	总计		10 000			10 000		
每小时操作次数/(次/h)			120			120		
极数 P			2、3			3		
保护特性			热脱扣器和电磁脱扣器			液压脱扣器阻尼（电动机用）		
配电用	I/I_r	1.05	1.3	2.0	3.0	1.0	1.2	1.5
	动作时间	≥1 h 不动作	<1 h 动作	<4 min 动作	可返回时间 >1 s	>2 h 不动作	1 h 动作	<3 min 动作
保护电动机用	I/I_r	1.05	1.2	1.5	7.2	7.2		12
	动作时间	≥1 h 不动作	<1 h 动作	<3 min 动作	2 s>可返回时间>1 s	可返回时间 >1 s		<0.2 s 动作

1.4.4　低压断路器的选择

额定电流在 600 A 以下，且短路电流不大时，可选用塑壳式断路器；额定电流较大，短路电流亦较大时，应选用万能式断路器。一般选用原则为：

（1）低压断路器额定电压大于等于电源和负载的额定电压；

（2）低压断路器额定电流大于等于负载工作电流；

（3）低压断路器极限通断能力大于等于电路最大短路电流；

（4）低压热脱扣器的整定电流应与所控制的电动机的额定电流或负载额定电流一致；

（5）低压断路器欠压脱扣器额定电压等于线路额定电压；

（6）线路末端单相对地短路电流/断路瞬时（或短路时）脱扣器整定电流大于等于 1.25A。

低压断路器的型号含义和电气符号如图 1－17 所示。

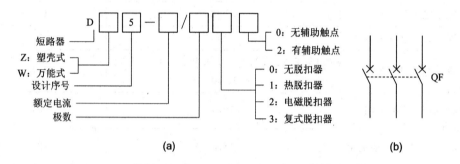

图 1－17　低压断路器的型号含义和电气符号

（a）型号含义；（b）电气符号

1.4.5　智能化低压断路器

将微处理机和计算机技术引入低压电器，一方面使低压电器具有了智能化功能，另一方面使低压开关电器通过中央控制系统进入了计算机网络系统。

将微处理器引入低压断路器，使断路器的保护功能大大增强，它的三段保护特性中的短延时可设置成 $I-t$ 特性，以便与后一级保护更好地匹配，并可实现接地故障保护。

带微处理器的智能化低压断路器的保护特性可方便地进行调节，还可设置预警特性。智能化低压断路器可反映负载电流的有效值，消除输入信号中的高次谐波，避免高次谐波造成的误动作。

采用微处理器还能提高低压断路器的自身诊断和监视功能，可监视检测电压、电流和保护特性，并用液晶显示。当低压断路器内部温升超过允许值，或触头磨损量超过限定值时，能发出警报。

智能化低压断路器能保护各种启动条件的电动机，并具有很高的动作准确性，整定调节范围宽，可以保护电动机不受过载、断相、三相不平衡、接地等故障的影响。

智能化低压断路器通过与控制计算机组成网络来自动记录低压断路器的运行情况，并可实现遥测、遥控和遥信功能。

智能化低压断路器是传统低压断路器改造、提高、发展的方向。近年来，我国的低压断路器生产厂家已开发生产了各种类型的智能化低压断路器，相信今后智能化低压断路器在我国一定会有更大的发展。

1.5 接 触 器

接触器是一种应用广泛的开关电器，主要用于频繁接通或分断交、直流主电路和大容量的控制电路中。它可远距离操作，配合继电器实现定时操作、联锁控制及各种定量控制和失压保护，被广泛应用于自动控制电路中。其主要控制对象是电动机，也可用于控制其他电力负载，如电热器、照明设备、电焊机、电容器组等。

接触器按流过接触器主触头的电流的性质分为直流接触器和交流接触器。

1.5.1 电磁式交流接触器的结构和工作原理

1. 结构

如图 1-18 所示，电磁式交流接触器主要由电磁系统、触头系统、灭弧系统（图中未画出）及其他部分组成。

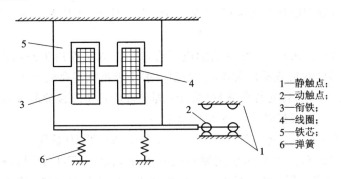

1—静触点；
2—动触点；
3—衔铁；
4—线圈；
5—铁芯；
6—弹簧

图 1-18 电磁式交流接触器结构示意图

（1）电磁系统。电磁系统包括电磁线圈、铁芯和衔铁，是接触器的重要组成部分，依靠它带动触点的闭合与断开。

（2）触头系统。触头是接触器的执行部分，它包括主触点和辅助触点。主触点的作用是接通和分断主回路，控制较大的电流；辅助触点在控制回路中，用以满足各种控制方式的要求。

（3）灭弧系统。灭弧装置用来保证在触点断开电路时，产生的电弧能可靠地熄灭，减少电弧对触点的损伤。为了迅速熄灭断开时的电弧，通常接触器都装有灭弧装置，一般采用半封式纵缝陶土灭弧罩，并配有强磁吹弧回路。

（4）其他部分。其他部分包括绝缘外壳、弹簧、短路环、传动机构等。

2. 工作原理

如图 1-18 所示，当接触器线圈通电后，线圈电流产生磁场，使铁芯产生电磁吸力，从而吸引衔铁，并带动触头动作：常闭触点断开，常开触点闭合，两者是联动的。当线圈断电时，电磁吸力消失，衔铁在自重和释放弹簧的作用下释放，使触点复原：常开触点断开，常闭触点闭合。接触器的触点数目应能满足控制线路的要求。

1.5.2　直流接触器

直流接触器的结构及工作原理基本上与交流接触器相同，即由线圈、铁芯、衔铁、触头、灭弧装置组成。所不同的是除触头电流和线圈电压为直流外，其触头大都采用滚动接触的指形触头，辅助触头则采用点接触的桥式触头。铁芯由整块钢或铸铁制成，线圈则制成长而薄的圆筒形。为保证衔铁可靠地释放，常在铁芯与衔铁之间垫有非磁性垫片。

由于直流电弧不像交流电弧那样有自然过零点，更难熄灭，因此，直流接触器常采用磁吹式灭弧装置。

1.5.3　接触器的主要技术参数和选择

1. 主要技术参数

(1) 额定电压。接触器铭牌上的额定电压是指主触头的额定电压，交流有 127 V、220 V、380 V、500 V，直流有 110 V、220 V、440 V。

(2) 额定电流。接触器铭牌上的额定电流是指主触头的额定电流，有 5 A、10 A、20 A、40 A、60 A、100 A、150 A、250 A、400 A、600 A。

(3) 吸引线圈额定电压。交流有 36 V、110 V、127 V、220 V、380 V；直流有 24 V、48 V、220 V、440 V。

(4) 电气寿命和机械寿命。接触器的电气寿命是在规定使用类别的正常操作条件下，不需修理或更换零件的负载操作次数，其数值一般小于机械寿命的 1/20。

(5) 额定操作频率。额定操作频率(次/h)即允许的每小时接通的最多次数。交流接触器最高为 600 次/h，直流接触器可高达 1200 次/h。

常见接触器有 CJ10 系列、CJ20 系列、3TH 和 CJX1(3TB)系列。其中，3TH 和 CJX1(3TB)系列是从德国西门子公司引进制造的新型接触器。3TH 系列接触器适用于交流 50 Hz 或 60 Hz，交流电压至 660 V 及直流电压至 600 V 的控制电路，用来控制各种电磁线圈，以使信号得到放大或将信号传送给有关控制元件。CJX1(3TB)系列接触器适用于交流 50 Hz 或 60 Hz，额定电压为 600 V 的控制电路，用作远距离接通及分断电路，并适用于频繁启动或控制的交流电动机。

2. 接触器的选择

(1) 接触器类型选择。接触器的类型应根据负载电流的类型和负载的轻重来选择，即是交流负载还是直流负载，是轻负载、一般负载还是重负载。

(2) 主触头额定电流的选择。接触器的额定电流应大于或等于被控回路的额定电流。对于电动机负载，可根据下列经验公式计算：

$$I_{NC} \geqslant P_{NM}/(1 \sim 1.4)U_{NM}$$

式中：I_{NC}——接触器主触头电流(单位为 A)；

　　　　P_{NM}——电动机的额定功率(单位为 W)；

　　　　U_{NM}——电动机的额定电压(单位为 V)。

若接触器控制的电动机启动、制动或正反转频繁，一般要将接触器主触头的额定电流降一级使用。

（3）额定电压的选择。接触器主触头的额定电压应大于或等于负载回路的电压。

（4）吸引线圈额定电压的选择。线圈额定电压不一定等于主触头的额定电压，当线路简单，使用电器少时，可直接选用 380 V 或 220 V 的电压；若线路复杂，使用电器超过 5 个时，可用 24 V、48 V 或 110 V 电压(1964 年国标规定为 36 V、110 V 或 127 V)。吸引线圈允许在额定电压的 80％～105％ 范围内使用。

（5）接触器的触头数量、种类选择。接触器的触头数量和种类应满足主电路和控制线路的要求。各种类型的接触器触点数目不同。交流接触器的主触点有三对(常开触点)，辅助触点一般有四对(两对常开、两对常闭)，最多可达到六对(三对常开、三对常闭)。直流接触器的主触点一般有两对(常开触点)，辅助触点有四对(两对常开、两对常闭)。

1.5.4 真空交流接触器

真空交流接触器以真空为灭弧介质，其主触点密封在特制的真空灭弧管内。当操作线圈通电时，衔铁吸合，在触点弹簧和真空管自闭力的作用下触点闭合；操作线圈断电时，反力弹簧克服真空管自闭力使衔铁释放，触点断开。接触器分断电流时，触点间隙中会形成由金属蒸汽和其他带电粒子组成的真空电弧。因真空介质具有很高的绝缘强度，且介质恢复速度很快，所以真空中的燃弧时间一般小于 10 ms。

真空交流接触器与真空断路器具有以下共同的特点：

（1）分断能力强。分断电流可达额定电流的 10～20 倍；

（2）寿命长，电寿命达数十万次，机械寿命可达百万次；

（3）体积小，重量轻，无飞弧距离，安全可靠；

（4）维修简便，主触点无需维修，运行噪声小，运行不受恶劣环境影响；

（5）可频繁操作。

接触器的型号含义及电气符号如图 1－19 所示。

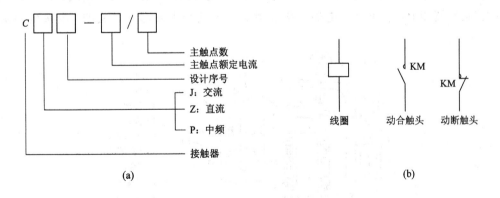

图 1－19 接触器的型号含义及电气符号

（a）型号含义；（b）电气符号

1.6 继 电 器

1.6.1 概述

继电器是根据一定的信号(如电流、电压、时间和速度等物理量)的变化来接通或分断小电流电路和电器的自动控制电器。

继电器实质上是一种传递信号的电器,它根据特定形式的输入信号动作,从而达到控制的目的。继电器一般不用来直接控制主电路,而是通过接触器或其他电器来对主电路进行控制的,因此同接触器相比较,继电器的触头通常接在控制电路中,触头断流容量较小,一般不需要灭弧装置,但对继电器动作的准确性要求较高。

继电器一般由 3 个基本部分组成:检测机构、中间机构和执行机构。

检测机构的作用是接受外界输入信号并将信号传递给中间机构;中间机构对信号的变化进行判断、物理量转换、放大等;当输入信号变化到一定值时,执行机构(一般是触头)动作,从而使其所控制的电路状态发生变化,接通或断开某部分电路,达到控制或保护的目的。

继电器种类很多,按输入信号可分为电压继电器、电流继电器、功率继电器、速度继电器、压力继电器、温度继电器等;按工作原理可分为电磁式继电器、感应式继电器、电动式继电器、电子式继电器、热继电器等;按用途可分为控制与保护继电器;按输出形式可分为有触点和无触点继电器。

1.6.2 电磁式电流、电压及中间继电器

低压控制系统中的控制继电器大部分为电磁式结构。

1. 工作原理及特性

图 1-20 为电磁式继电器的典型结构示意图。电磁式继电器的结构组成和工作原理与电磁式接触器相似,它也是由电磁机构和触头系统两个主要部分组成的。电磁机构由线

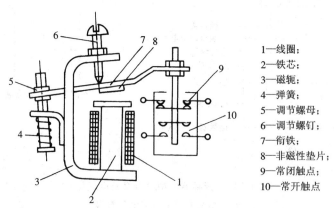

1—线圈;
2—铁芯;
3—磁轭;
4—弹簧;
5—调节螺母;
6—调节螺钉;
7—衔铁;
8—非磁性垫片;
9—常闭触点;
10—常开触点

图 1-20 电磁式继电器结构示意图

圈 1、铁芯 2、衔铁 7 组成。触头系统由于其触点都接在控制电路中，且电流小，故不装设灭弧装置。它的触点一般为桥式触点，有常开和常闭两种形式。另外，为了实现继电器动作参数的改变，继电器一般还具有改变释放弹簧松紧和改变衔铁开后气隙大小的装置，即反作用调节螺钉 6。

当通过电流线圈 1 的电流超过某一定值时，电磁吸力大于反作用弹簧力，衔铁 7 吸合并带动绝缘支架动作，使常闭触点 9 断开，常开触点 10 闭合。可通过调节螺钉 6 来调节反作用力的大小，即可以调节继电器的动作参数值。

继电器输入量和输出量之间在整个变化过程中的相互关系称为继电器的继电特性或控制特性，用 X 表示输入值，Y 表示输出值，如图 1-21 所示。当输入量 X 连续变化到一定量 X_0 时，输出量 Y 发生跃变，从 0 增加到 Y_1，若输入量继续增加，则输出保持不变。相反，当输入量 X 减少到 X_r 时，Y 又突然由 Y_1 减少到 0。X_0 被称为继电器的动作值，X_r 被称为继电器的释放值。

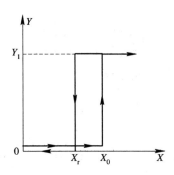

图 1-21　继电器的继电特性

2. 电磁式电流继电器

电流继电器是因电路中电流变化而动作的继电器，主要用于电动机、发电机或其他负载的过载及短路保护，直流电动机磁场控制或失磁保护等。电流继电器的线圈串于被测量电路中，其线圈匝数少、导线粗、阻抗小。电流继电器除用于电流型保护的场合外，还经常用于按电流原则控制的场合。电流继电器有过电流和欠电流继电器两种。

在电路正常工作时，过电流继电器的衔铁是释放的；一旦电路发生过载或短路故障，衔铁就吸合，带动相应的触点动作，即常开触点闭合，常闭触点断开。

在电路正常工作时，欠电流继电器的衔铁是吸合的，其常开触点闭合，常闭触点断开；一旦线圈中的电流降至额定电流的 10%～20% 以下，衔铁就释放，发出信号，从而改变电路的状态。

3. 电磁式电压继电器

电压继电器反映的是电压信号。它的线圈并联在被测电路的两端，所以匝数多、导线细、阻抗大。电压继电器按动作电压值的不同，分为过电压和欠电压继电器两种。

在电路电压正常时，过电压继电器的衔铁释放，一旦电路电压升高至额定电压的 110%～115% 以上，衔铁就吸合，带动相应的触点动作；在电路电压正常时，欠电压继电器的衔铁吸合，一旦电路电压降至额定电压的 5%～25% 以下，衔铁就释放，输出信号。

4. 电磁式中间继电器

中间继电器实质上也是一种电压继电器，只是它的触点对数较多，容量较大，动作灵敏，主要起扩展控制范围或传递信号的中间转换作用。

电磁式继电器的型号含义和电气符号如图 1-22 所示。

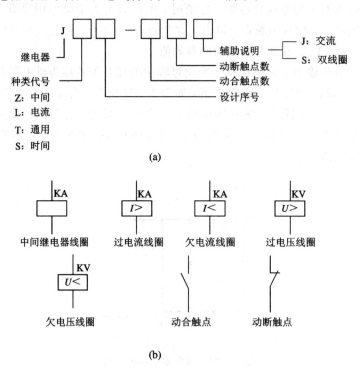

(a)

(b)

图 1-22　电磁式继电器的型号含义和电气符号
（a）型号含义；（b）电气符号

1.6.3　时间继电器

在自动控制系统中，有时需要继电器得到信号后不立即动作，而是要顺延一段时间后再动作，并输出控制信号，以达到按时间顺序进行控制的目的。时间继电器就可以满足这种要求。

时间继电器按工作原理可分为电磁式、空气阻尼式（气囊式）、晶体管式、电动机式等几种；按延时方式可分为通电延时型，断电延时型和通、断电延时型等类型。

1. 空气阻尼式时间继电器

空气阻尼式时间继电器利用空气通过小孔时产生阻尼的原理获得延时。它由电磁系统、延时机构和触头系统组成，其动作原理如图 1-23 所示。其电磁机构为双 E 直动式，触头系统为微动开关，延时机构采用气囊式阻尼器。

空气阻尼式时间继电器既有通电延时型，也有断电延时型。只要改变电磁机构的安装方向，便可实现不同的延时方式：当衔铁位于铁芯和延时机构之间时为通电延时型（如图 1-23（a）所示）；当铁芯位于衔铁和延时机构之间时为断电延时型（如图 1-23（b）所示）。

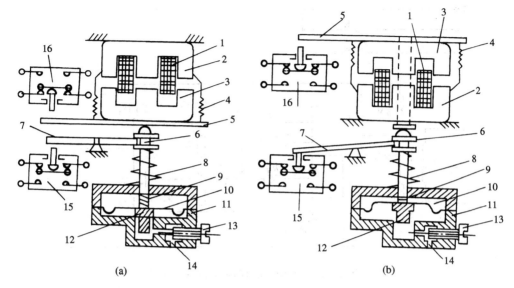

1—线圈；2—铁芯；3—衔铁；4—恢复弹簧；5—推板；6—活塞杆；7—杠杆；
8—塔形弹簧；9—弹簧；10—橡皮膜；11—气室；12—活塞；13—调节螺钉；
14—进气孔；15、16—微动开关

图 1-23 空气阻尼式时间继电器的动作原理
(a) 通电延时型；(b) 断电延时型

图 1-23(a)为通电延时型时间继电器。当线圈 1 通电后，铁芯 2 将衔铁 3 吸合，活塞杆 6 在塔形弹簧 8 的作用下，带动活塞 12 及橡皮膜 10 向上移动，由于橡皮膜下方气室空气稀薄，形成负压，因此活塞杆 6 不能上移。当空气由进气孔 14 进入时，活塞杆 6 才逐渐上移。移到最上端时，杠杆 7 才使微动开关动作。其延时时间即为自电磁铁吸引线圈通电时刻起到微动开关动作时止的这段时间。通过调节螺钉 13（调节进气口的大小）可以调节延时时间。

当线圈 1 断电时，衔铁 3 在恢复弹簧 4 的作用下将活塞 12 推向最下端。因活塞被往下推时，橡皮膜下方气孔内的空气都通过橡皮膜 10、弹簧 9 和活塞 12 肩部所形成的单向阀，经上气室缝隙而被顺利排掉，因此延时与不延时的微动开关 15 与 16 都迅速复位。

空气阻尼式时间继电器的优点是结构简单、寿命长、价格低廉；缺点是准确度低、延时误差大，在延时精度要求高的场合不宜采用。

2. 晶体管式时间继电器

晶体管式时间继电器常用的有阻容式时间继电器，它利用 RC 电路中电容电压不能跃变，只能按指数规律逐渐变化的原理获得延时。因此，只要改变充电回路的时间常数即可改变延时时间。因为调节电容比调节电阻困难，所以多用调节电阻的方式来改变延时时间。其原理图如图 1-24 所示。

晶体管式时间继电器具有延时范围广、体积小、精度高及寿命长等优点，但抗干扰性能差。

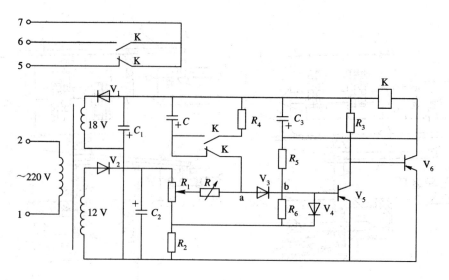

图 1-24　晶体管式时间继电器原理图

3. 时间继电器的电气符号

时间继电器的图形符号及文字符号如图 1-25 所示。

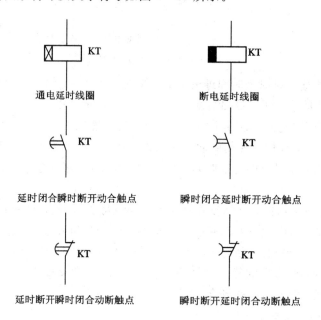

图 1-25　时间继电器的图形符号及文字符号

对于通电延时时间继电器，当线圈得电时，其延时动合触点要延时一段时间才闭合，延时动断触点要延时一段时间才断开；当线圈失电时，其延时常开触点迅速断开，延时常闭触点迅速闭合。

对于断电延时时间继电器，当线圈得电时，其延时动合触点迅速闭合，延时动断触点迅速断开；当线圈失电时，其延时常开触点要延时一段时间再断开，延时常闭触点要延时一段时间再闭合。

1.6.4 热继电器

热继电器是利用电流热效应原理工作的电器，主要用于三相异步电动机的过载、缺相及三相电流不平衡的保护。

1. 热继电器的结构和工作原理

热继电器的形式有多种，其中以双金属片式最多。双金属片式热继电器主要由热元件、双金属片和触头三部分组成，其工作原理示意图如图 1-26 所示。双金属片是热继电器的感测元件，由两种膨胀系数不同的金属片碾压而成。当串联在电动机定子绕组中的热元件有电流流过时，热元件产生的热量使双金属片伸长，由于膨胀系数不同，致使双金属片发生弯曲。电动机正常运行时，双金属片的弯曲程度不足以使热继电器动作。当电动机过载时，流过热元件的电流增大，再加上时间效应，从而使双金属片的弯曲程度加大，最终使双金属片推动导板而使热继电器的触头动作，切断电动机的控制电路。

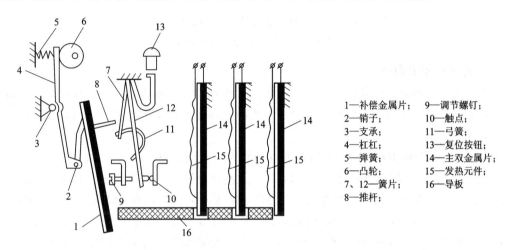

1—补偿金属片；　9—调节螺钉；
2—销子；　　　10—触点；
3—支承；　　　11—弓簧；
4—杠杆；　　　13—复位按钮；
5—弹簧；　　　14—主双金属片；
6—凸轮；　　　15—发热元件；
7、12—簧片；　16—导板；
8—推杆；

图 1-26 热继电器的工作原理示意图

热继电器由于存在热惯性，当电路短路时不能立即动作而使电路断开，因此不能用作短路保护。同理，在电动机启动或短时过载时，热继电器也不会马上动作，从而可避免电动机不必要的停车。

2. 热继电器的分类及常见规格

热继电器按热元件数分为两相和三相结构。三相结构中又分为两种：带断相保护装置的和不带断相保护装置的。

（1）JR16 和 JR16D。后者是带断相保护型，目前使用较多。其额定电流主要有三个规格：20 A、60 A 和 150 A，热元件电流值为 0.25 A～160 A。特点是带断相保护和温度补偿，可手动或自动复位，但没有动作灵活性检查装置及动作后指示装置，目前已属淘汰产品。

（2）JR20 型。额定电流有八种，范围为 6.3 A～630 A，热元件电流值为 0.1 A～630 A。它与 JR16 的不同之处是带有动作灵活性检查装置和动作指示装置。但这种型号的热继电器质量不太稳定。

（3）T 系列。它是从德国引进的，可与 B 系列交流接触器配套成 MSB 系列电磁启动器，规格品种较多。

（4）3UA 系列。这是 SIEMENS 公司产品，目前国内可由苏州西门子电器有限公司生产。3UA59 系列是 63A 以下产品，使用较为广泛。

热继电器的型号含义和图形符号如图 1-27 所示。

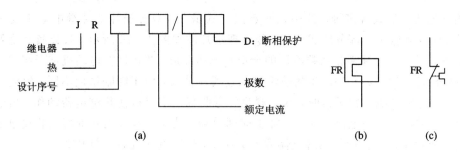

图 1-27　热继电器的型号含义和图形符号
（a）型号含义；（b）热元件；（c）动断触点

3. 热继电器的选择

选用热继电器时，必须了解被保护对象的工作环境、启动情况、负载性质、工作制及电动机允许的过载能力。选择原则是热继电器的安秒特性位于电动机过载特性之下，并尽可能接近。

（1）热继电器的类型选择。若用热继电器作为电动机缺相保护，应考虑电动机的接法。对于 Y 形接法的电动机，当某相断线时，其余未断相绕组的电流与流过热继电器电流的增加比例相同。一般的三相式热继电器，只要整定电流调节合理，是可以对 Y 形接法的电动机实现断相保护的；对于△形接法的电动机，当某相断线时，流过未断相绕组的电流与流过热继电器的电流增加比例不同，也就是说，流过热继电器的电流不能反映断相后绕组的过载电流。因此，一般的热继电器，即使是三相式也不能为△形接法的三相异步电动机的断相运行提供充分保护。此时，应选用三相带断相保护的热继电器。带断相保护的热继电器的型号后面有 D、T 或 3UA 字样。

（2）热元件的额定电流选择。应按照被保护电动机额定电流的 1.1～1.15 倍选取热元件的额定电流。

（3）热元件的整定电流选择。一般将热继电器的整定电流调整为等于电动机的额定电流；对过载能力差的电动机，可将热元件的整定值调整到电动机额定电流的 0.6～0.8 倍；对启动时间较长、拖动冲击性负载或不允许停车的电动机，热元件的整定电流应调整到电动机额定电流的 1.1～1.15 倍。

1.6.5　速度继电器

速度继电器是利用转轴的转速来切换电路的自动电器。它主要用作鼠笼式异步电动机的反接制动控制中，故称为反接制动继电器。

图 1-28 所示为速度继电器的原理示意图。它主要由转子、定子和触头三部分组成。

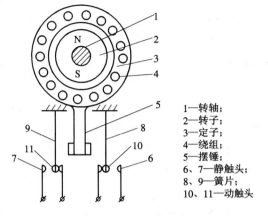

图 1-28　速度继电器的原理示意图

1—转轴；
2—转子；
3—定子；
4—绕组；
5—摆锤；
6、7—静触头；
8、9—簧片；
10、11—动触头

转子是一个圆柱形永久磁铁，定子是一个笼型空心圆环，由硅钢片叠成，并装有笼型的绕组。速度继电器与电动机同轴相连，当电动机旋转时，速度继电器的转子随之转动。在空间产生旋转磁场，切割定子绕组，在定子绕组中感应出电流。此电流又在旋转的转子磁场作用下产生转矩，使定子随转子转动方向而旋转，和定子装在一起的摆锤推动动触头动作，使常开触点闭合，常闭触点断开。当电动机速度低于某一值时，动作产生的转矩减小，动触头复位。

常用的速度继电器有 YJ1 和 JFZ0-2 型。

速度继电器的电气符号如图 1-29 所示。

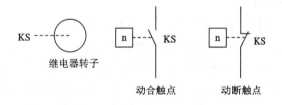

图 1-29　速度继电器的电气符号

1.6.6　固态继电器

固态继电器(Solid State Releys，SSR)是一种无触点继电器。固态继电器(SSR)与机电继电器相比，是一种没有机械运动，不含运动零件的继电器，但它具有与机电继电器本质上相同的功能。SSR 是一种全部由固态电子元件组成的无触点开关元件，它利用电子元器件的电、磁和光特性来完成输入与输出的可靠隔离，利用大功率三极管、功率场效应管、单向可控硅和双向可控硅等器件的开关特性来达到无触点、无火花地接通和断开被控电路。

1. 固态继电器的组成

固态继电器由三部分组成：输入电路、隔离(耦合)和输出电路。按输入电压的不同类别，输入电路可分为直流输入电路、交流输入电路和交直流输入电路三种。有些输入控制电路还具有与 TTL/CMOS 兼容，正负逻辑控制和反相等功能。固态继电器的输入与输出电路的隔离和耦合方式有光电耦合和变压器耦合两种。固态继电器的输出电路也可分为直流输出电路、交流输出电路和交直流输出电路等形式。交流输出时，通常使用两个可控硅或一个双向可控硅，直流输出时可使用双极性器件或功率场效应管。

2. 固态继电器的工作原理

交流固态继电器是一种无触点通断电子开关，为四端有源器件。其中的两个端子为输入控制端，另外两端为输出受控端，中间采用光电隔离，作为输入、输出之间的电气隔离（浮空）。在输入端加上直流或脉冲信号，输出端就能从关断状态转变成导通状态（无信号时呈阻断状态），从而控制较大负载。整个器件无可动部件及触点，可实现与常用的机械式电磁继电器一样的功能。

固态继电器按触发形式可分为零压型（Z）和调相型（P）两种。在输入端施加合适的控制信号 VIN 时，P 型 SSR 立即导通。当 VIN 撤销后，负载电流低于双向可控硅的维持电流（交流换向）时，SSR 关断。Z 型 SSR 内部包括过零检测电路，在施加输入信号 VIN 时，只有当负载电源电压达到过零区时，SSR 才能导通，并有可能造成电源半个周期的最大延时。Z 型 SSR 关断条件同 P 型，但由于其负载工作电流近似于正弦波，高次谐波干扰小，因此应用广泛。

由于固态继电器是由固体元件组成的无触点开关元件，因此与电磁继电器相比具有工作可靠、寿命长，对外界干扰小、能与逻辑电路兼容、抗干扰能力强、开关速度快和使用方便等一系列优点，因而具有很宽的应用领域，有逐步取代传统电磁继电器之势，并可进一步扩展到传统电磁继电器无法应用的计算机等领域。

3. 固态继电器的应用

固态继电器可直接用于三相电机的控制，如图 1 - 30 所示。最简单的方法是采用两只 SSR 作电机通断控制，用四只 SSR 作电机换相控制，第三相不控制。用作电机换相时应注意，由于电机的运动惯性，必须在电机停稳后才能换相，以避免产生类似电机堵转情况，而引起较大的冲击电压和电流。在控制电路设计上，要注意任何时刻都不应产生换相 SSR 同时导通的情况。上下电路时序，应采用先加后断控制电路电源，后加先断电机电源的时序。换相 SSR 之间不能简单地采用反相器连接方式，以避免一相 SSR 未关断，而另一相 SSR 又导通所引起的相间短路事故。此外，电机控制中的保险、缺相和温度继电器，也是保证系统正常工作的保护装置。

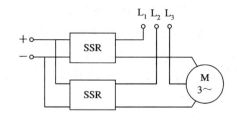

图 1 - 30 用固态继电器控制三相异步电动机

1.7 主令电器

主令电器主要用于闭合或断开控制电路，以发出命令或信号，达到对电力拖动系统的控制或实现程序控制。常用的主令电器有控制按钮、行程开关、接近开关、万能转换开关等几种。

1.7.1 控制按钮

控制按钮是一种短时接通或断开小电流电路的电器，它不直接控制主电路的通断，而在控制电路中发出"指令"去控制接触器、继电器等电器，再由它们去控制主电路。

控制按钮由按钮帽、复位弹簧、桥式触头和外壳等组成，通常做成复合式，即具有常开触点和常闭触点，其结构示意图见图1-31。

指示灯式按钮内可装入信号灯显示信号；紧急式按钮装有蘑菇形钮帽，以便于紧急操作；旋钮式按钮用于扭动旋钮来进行操作。

常见按钮有LA系列和LAY1系列。LA系列按钮的额定电压为交流500 V、直流440 V，额定电流为5 A；LAY1系列按钮的额定电压为交流380 V、直流

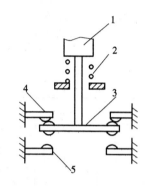

1—按钮帽；2—复位弹簧；3—动触头；
4—常闭触头；5—常开触头

图1-31 控制按钮的结构示意图

220 V，额定电流为5 A。按钮帽有红、绿、黄、白等颜色，一般红色用作停止按钮，绿色用作启动按钮。按钮的选择主要根据所需的触点数、使用场合及颜色来决定。按钮颜色的含义如表1-4所示。

表1-4 按钮颜色的含义

颜色	颜色含义	典 型 应 用
红	急情出现时动作 停止或断开	急停 ① 总停 ② 停止一台或几台电动机 ③ 停止机床的一部分 ④ 停止循环(如果操作者在循环期间按此按钮，机床在有关循环完成后停止) ⑤ 断开开关装置 ⑥ 兼有停止作用的复位
黄	干预	排除反常情况或避免不希望的变化，当循环尚未完成时，把机床部件返回到循环起始点并按压黄色按钮，可以超越预选的其他功能

颜色	颜色含义	典 型 应 用
绿	启动或接通	① 总启动 ② 开动一台或几台电动机 ③ 开动机床的一部分 ④ 开动辅助功能 ⑤ 闭合开关装置 ⑥ 接通控制电路
蓝	红、黄、绿三种颜色未包含的任何特定含义	① 红、黄、绿含义未包括的特殊情况，可以用蓝 ② 蓝色：复位
黑灰白	—	除专用"停止"功能按钮外，可用于任何功能，如黑色为点动，白色为控制与工作循环无直接关系的辅助功能

控制按钮的型号含义和电气符号如图1-32所示。

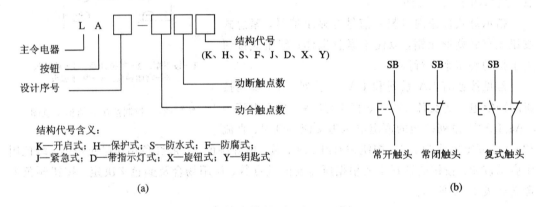

(a) (b)

图1-32 控制按钮的型号含义和电气符号

(a)型号含义；(b)电气符号

1.7.2 行程开关

行程开关又称位置开关或限位开关。它的作用与按钮相同，只是其触点的动作不是靠手动操作，而是利用生产机械某些运动部件上的挡铁碰撞其滚轮使触头动作来实现接通或分断电路。

行程开关的结构分为三个部分：操作机构、触头系统和外壳。行程开关的外形如图1-33所示。行程开关分为单滚轮、双滚轮及径向传动杆等形式。其中，单滚轮和径向传动杆行程开关可自动复位，双滚轮为碰撞复位。

常见的行程开关有LX19系列、LX22系列、JLXK1系列和JLXW5系列。其额定电压为交流500 V、380 V，直流440 V、220 V，额定电流为20 A、5 A和3 A。

在选用行程开关时，主要根据机械位置对开关形式的要求，控制线路对触头数量和触头性质的要求，闭合类型（限位保护或行程控制）和可靠性以及电压、电流等级确定其型号。

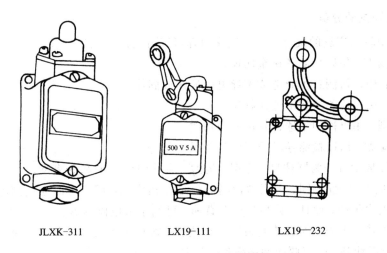

JLXK-311 LX19-111 LX19—232

图 1 - 33 行程开关的外形图

行程开关的型号含义和电气符号如图 1 - 34 所示。

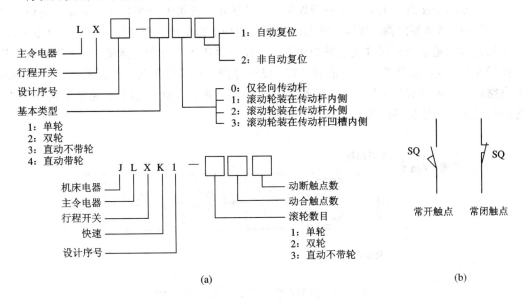

(a) (b)

图 1 - 34 行程开关的型号含义和电气符号

（a）型号含义；（b）电气符号

1.7.3 接近开关

接近开关是一种无需与运动部件进行机械接触而可以操作的位置开关，即当物体接近开关的感应面到动作距离时，不需要机械接触及施加任何压力即可使开关动作，从而驱动交流或直流电器，或给计算机装置提供控制指令。接近开关是一种开关型传感器（即无触点开关），它既有行程开关所具备的行程控制及限位保护特性，同时又可用于高速计数、检测金属体的存在、测速、液位控制、检测零件尺寸以及用作无触点式按钮等。

接近开关的动作可靠、性能稳定、频率响应快、使用寿命长、抗干扰能力强，并具有防水、防震、耐腐蚀等特点。

1. 接近开关的分类

目前应用较为广泛的接近开关按工作原理可以分为以下几种类型：

高频振荡型：用以检测各种金属体。

电容型：用以检测各种导电或不导电的液体或固体。

光电型：用以检测所有不透光物质。

超声波型：用以检测不透过超声波的物质。

电磁感应型：用以检测导磁或不导磁金属。

按其外部形状可分为圆柱型、方型、沟型、穿孔（贯通）型和分离型。圆柱型比方型安装方便，但其检测特性相同。沟型的检测部位是在槽内侧，用于检测通过槽内的物体。穿孔型在我国很少生产，而日本则应用较为普遍，可用于水位监测等。

接近开关按供电方式可分为直流型和交流型，按输出形式又可分为直流两线制、直流三线制、直流四线制、交流两线制和交流三线制。

2. 高频振荡型接近开关的工作原理

高频振荡型接近开关的工作原理如图 1-35 所示，它属于一种有开关量输出的位置传感器，由 LC 高频振荡器、整形检波电路和放大处理电路组成。振荡器产生一个交变磁场，当金属物体接近这个磁场并达到感应距离时，在金属物体内将产生涡流。这个涡流反作用于接近开关，使接近开关的振荡能力衰减，以至停振。振荡器振荡及停振的变化被后级放大电路处理并转换成开关信号，进而控制开关的通或断，由此识别出有无金属物体接近。这种接近开关所能检测的物体必须是金属物体。

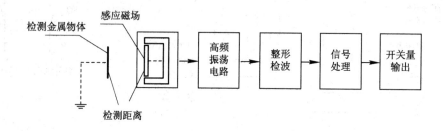

图 1-35　高频振荡型接近开关的工作原理

3. 接近开关的选型

对于不同材质的检测体和不同的检测距离，应选用不同类型的接近开关，以使其在系统中具有高的性能价格比，为此在选型中应遵循以下原则：

（1）当检测体为金属材料时，应选用高频振荡型接近开关，该类型接近开关对铁镍合金、A3 钢类检测体的检测最灵敏，对铝、黄铜和不锈钢类检测体的检测灵敏度较低。

（2）当检测体为非金属材料时，如木材、纸张、塑料、玻璃和水等，应选用电容型接近开关。

（3）金属体和非金属体要进行远距离检测和控制时，应选用光电型接近开关或超声波型接近开关。

（4）当检测体为金属时，若检测灵敏度要求不高，则可选用价格低廉的磁性接近开关或霍尔式接近开关。

接近开关的电气符号如图 1-36 所示。

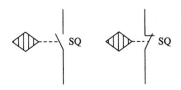

图 1-36　接近开关的电气符号

1.7.4　万能转换开关

万能转换开关是一种多挡式、控制多回路的主令电器，一般可作为多种配电装置的远距离控制，也可作为电压表、电流表的换相开关，还可作为小容量电动机的启动、制动、调速及正反向转换的控制。由于其触头挡数多，换接线路多，用途广泛，故有"万能"之称。

万能转换开关主要由操作机构、面板、手柄及数个触点座等部件组成，用螺栓组装成为整体。触点座可有 1～10 层，每层均可装三对触点，并由其中的凸轮进行控制。由于每层凸轮可做成不同的形状，因此当手柄转到不同位置时，通过凸轮的作用，可使各对触点按需要的规律接通和分断。

常见的万能转换开关的型号为 LW5 系列和 LW6 系列。选用万能开关时，可从以下几方面入手：若用于控制电动机，则应预先知道电动机的内部接线方式，根据内部接线方式、接线指示牌以及所需要的转换开关断合次序表，画出电动机的接线图，只要电动机的接线图与转换开关的实际接法相符即可。其次，需要考虑额定电流是否满足要求。若用于控制其他电路，则只需考虑额定电流、额定电压和触头对数。

万能转换开关的原理图和电气符号如图 1-37 所示。

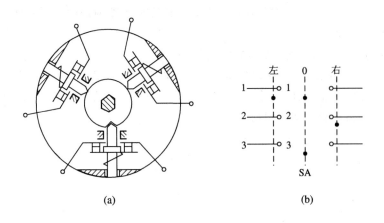

(a)　　　　　　　　　(b)

图 1-37　万能转换开关的原理图和电气符号
（a）原理图；（b）电气符号

小　结

本章主要介绍了接触器、继电器、低压断路器、刀开关、保护及主令电器等常用低压电器，重点介绍了电气元件的基本结构、工作原理及其主要参数、型号与图形符号。

电气元件的技术参数是选用的主要依据，需要时可查阅产品样本和电工手册。

习　题

1.1　拆装常用低压电器，掌握其结构和各部件的作用。

1.2　灭弧的基本原理是什么？低压电器常用的灭弧方法有哪几种？

1.3　熔断器有哪些用途？一般应如何选用？在电路中应如何连接？

1.4　刀开关、万能转换开关的作用是什么？它们分别如何选择？

1.5　交流接触器主要由哪些部分组成？在运行中交流接触器有时会产生很大的噪音，试分析产生该故障的原因。

1.6　交流电磁线圈误接入直流电源或直流电磁线圈误接入交流电源，会出现什么情况？为什么？

1.7　交流接触器的主触头、辅助触头和线圈各接在什么电路中？应如何连接？

1.8　什么是继电器？它与接触器的主要区别是什么？在什么情况下可用中间继电器代替接触器启动电动机？

1.9　空气阻尼式时间继电器是利用什么原理达到延时目的的？如何调整延时时间的长短？

1.10　热继电器有何作用？如何选用热继电器？在实际使用中应注意哪些问题？

1.11　两相热继电器和三相热继电器能互相代替使用吗？为什么？

1.12　低压断路器具有哪些脱扣装置？试分别叙述其功能。

1.13　什么是速度继电器？其作用是什么？速度继电器内部的转子有什么特点？若其触头过早动作，应如何调整？

1.14　常用主令电器有哪些？其特点有哪些？

1.15　某生产设备采用△连接的异步电动机，其 $P_N = 5.5$ kW，$U_N = 380$ V，$I_N = 12.5$ A，$I_S = 6.5 I_N$。现用按钮进行启动、停止控制，应有短路、过载保护。试选用相应的接触器、按钮、熔断器、热继电器和组合开关。

第2章　继电器—接触器控制电路的基本环节

机械设备中,原动机拖动生产机械运动的系统叫做拖动系统。常见的拖动系统有电力拖动、气动、液压驱动等方式。电动机作为原动机拖动生产机械运动的方式叫做电力拖动。电气控制是指对拖动系统的控制。常用的电气控制方式主要有继电接触式的控制方式。电气控制线路是由各种接触器、继电器、按钮、行程开关等电器元件组成的控制电路。复杂的电气控制线路由基本控制电路(环节)组合而成。电动机常用的控制电路有启停控制、正反转控制、降压启动控制、调速控制和制动控制等基本控制环节。

本章将介绍电气控制系统图的有关标准,并重点介绍三相异步电动机的启动、运行、制动控制电路及电磁阀液压控制回路,还将简单介绍一些电路的逻辑表达式,为以后学习PLC部分奠定一定的基础。

2.1　电气控制系统图

电气控制系统图包括电气原理图、接线图、电器元件布置图等。

在保证图面布局紧凑、清晰和使用方便的原则下选择图纸幅面尺寸。图纸分为横图和竖图。国家标准 GB 2988.2—86 规定的图纸幅面尺寸及其代号见表 2-1。应优先选用 A4~A0 号幅面尺寸。需要加长的图纸可采用 A4×5~A3×3 的幅面。若上面所列幅面仍不能满足要求,可按照 GB 4457.1—84《机械制图　图纸幅面及格式》的规定加大幅面。

表 2-1　电气图幅面尺寸及其代号

代　　号	尺寸/mm	代　　号	尺寸/mm
A0	841×1189	A3×3	420×891
A1	594×841	A3×4	420×1189
A3	420×594	A4×3	297×630
A4	297×420	A4×4	297×841
A5	210×297	A4×5	297×1051

为了便于确定各组成部分的位置,可以在各种幅面的图纸上分区,分区的长度一般介于 25~75 mm。每个分区内竖边方向用大写拉丁字母,横边方向用阿拉伯数字分别编号。编号的顺序应从标题栏相对的左上角开始。分区代号用该区域的字母和数字表示,如B3、C5。

2.1.1　电气原理图

电气原理图习惯上称为电路图,它是指用图形符号和项目代号表示电路及各个电器元件连接关系的图。通过原理图，可详细地了解电路、电气设备控制系统的组成和工作原理，并可在测试和寻找故障时提供足够的信息，同时它也是编制接线图的重要依据。

原理图中的所有电器元件不画出实际外形图，而采用国家标准规定的图形符号和文字符号(参见本书附录 A)。原理图注重表示电气电路各电器元件间的连接关系，而不考虑其实际位置，甚至可以将一个元件分成几个部分绘于不同图纸的不同位置，但必须用相同的文字符号标注。

电路图的绘制规则由国家标准 GB 6988.4 给出。图 2-1 给出了某设备电路图绘制的具体实例。

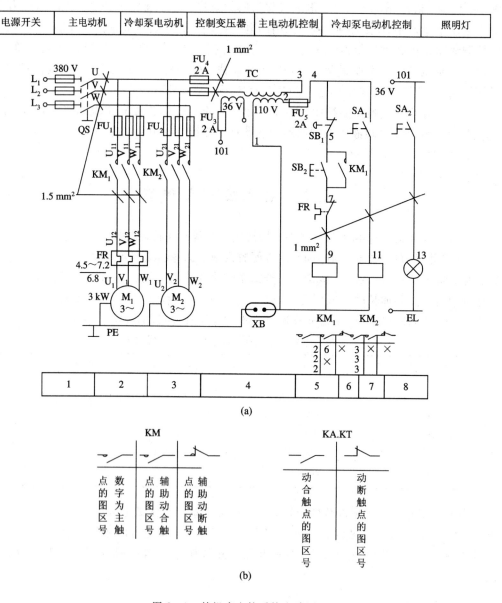

图 2-1 某机床电控系统电路图

(a) 控制电路图；(b) 触点位置表示

一般工厂设备的电路图绘制规则可简述如下：

1．电路绘制

在电路图中，一般主电路和控制电路分成两部分画出。主电路是设备的驱动电路，它在控制电路的控制下，根据控制要求由电源向用电设备供电。控制电路由接触器和继电器线圈及各种电器的动合、动断触点组合构成。主电路、控制电路和其他辅助的信号照明电路、保护电路一起构成电控系统。

电路图中的电路可水平布置或者垂直布置。水平布置时电源线垂直画，其他电路水平画，控制电路中的耗能元件画在电路的最右端。垂直布置时，电源线水平画，其他电路垂直画，控制电路中的耗能元件画在电路的最下端。

2．元器件绘制和器件状态

电路图中所有电器元件的可动部分通常表示在电器非激励或不工作的状态和位置，其中常见的器件状态有：

（1）继电器和接触器的线圈处在非激励状态。

（2）断路器和隔离开关在断开位置。

（3）零位操作的手动控制开关在零位状态，不带零位的手动控制开关在图中规定的状态（一般是断开）。

（4）机械操作开关和按钮在非工作状态或不受力状态。

（5）保护类元器件处在设备正常工作状态，特别情况在图样上说明。

3．图区和触点位置索引

工程图样通常采用分区的方式建立坐标，以便于阅读与查找。电路图常采用在图的下方沿横坐标方向划分的方式，并用数字标明图区，同时在图的上方沿横坐标方向划区，分别标明该区电路的功能，如图 2－1(a)所示。

元件的相关触点位置的索引用图号、页次和区号组合表示如下：

当某图号仅有一页图样时，只写图号和图区的行、列号（无行号时，只写列号）；在只有一个图号多页图样时，则图号可省略；而当元件的相关触点只出现在一张图样上时，只标出图区号（或列号）。

继电器和接触器的触点位置采用附图的方式表示，附图可画在电路图中相应线圈的下方（此时，可只标出触点的位置索引），也可画在电路图上的其他地方。附图上的触点表示方法如图 2－1(b)所示，其中，触点图形符号可省略不画。

4．电路图中技术数据的标注

电路图中元器件的数据和型号，一般用小号字体标注在电器代号的下面，如图 2－1(a)中热继电器动作电流和整定值的标注。电路图中导线截面积也可如图 2－1(a)那样标注。

2.1.2　电器元件布置图

电器布置图中绘出了机械设备上所有电气设备和电器元件的实际位置，是机械电气控制设备制造、安装和维修时必不可少的技术文件。布置图根据设备的复杂程度可集中绘制在一张图上，控制柜、操作台的电器元件布置图也可以分别绘出。绘制布置图时机械设备轮廓用虚线画出，对于所有可见的和需要表达清楚的电器元件及设备，用粗实线绘出其简单的外形轮廓即可。

2.1.3　电气接线图

电气接线图主要用于安装接线、线路检查、线路维护和故障处理，它表示在设备电控系统各单元和各元器件间的接线关系，并标注出所需数据，如接线端子号、连接导线参数等。实际应用中，接线图通常与电路图和位置图一起使用。图2-2是根据图2-1所示机床电路图绘制的接线图。图中标明了该机床电气控制系统的电源进线、用电设备和各电器元件之间的接线关系，并用虚线分别框出了电气柜、操作台等接线板上的电气元件，画出了虚线框之间的连接关系，同时还标出了连接导线的根数、截面积和颜色以及导线保护外管的直径和长度。

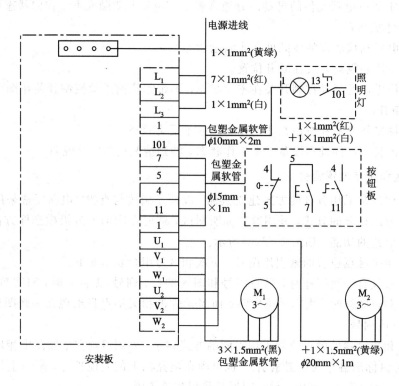

图2-2　某机床电控系统接线图

2.2　电路的逻辑表示及逻辑运算

逻辑代数又叫布尔代数或开关代数。逻辑代数的变量只有"1"和"0"两种取值，"0"和"1"分别代表两种对立的、非此及彼的概念，如果"1"代表"真"，"0"即为"假"；"1"代表"有"，"0"即为"无"；"1"代表"高"，"0"即为"低"。在机械电器控制线路中的开关触点只有"闭合"和"断开"这两种截然不同的状态；电路中的执行元件如继电器、接触器、电磁阀的线圈也只有"得电"和"失电"两种状态；在数字电路中某点的电平只有"高"和"低"两种状态等。因此，这种对应关系使得逻辑代数在50多年前就被用来描述、分析和设计电气控制线路。随着科学技术的发展，逻辑代数已成为分析电路的重要数学工具。

2.2.1 电器元件的逻辑表示

电气控制系统由开关量构成控制时，电路状态与逻辑函数之间存在着对应关系。为将电路状态用逻辑函数式的方式描述出来，通常对电器做如下规定：

用 KM、KA、SQ 等分别表示接触器、继电器、行程开关等电器的动合（常开）触点状态；用$\overline{KM}$、$\overline{KA}$、$\overline{SQ}$等表示动断（常闭）触点状态。

（1）线圈状态：

KA＝1：继电器线圈处于通电状态。

KA＝0：继电器线圈处于断电状态。

（2）触点处于激励或非工作的原始状态：

KA：继电器处于动合触点状态。

$\overline{KA}$：继电器处于动断触点状态。

SB：按钮处于动合触点状态。

$\overline{SB}$：按钮处于动断触点状态。

（3）触点处于激励或工作状态：

KA：继电器处于动合触点状态。

$\overline{KA}$：继电器处于动断触点状态。

SB：按钮处于动合触点状态。

$\overline{SB}$：按钮处于动断触点状态。

2.2.2 电路状态的逻辑表示

电路中触点的串联关系可用逻辑"与"即逻辑乘（•）的关系表达；触点的并联关系可用逻辑"或"即逻辑加（＋）的关系表达。图 2-3 为一启动控制电路中接触器 KM 线圈的启动控制电路，其逻辑函数式可写为

$$f(KM) = \overline{SB_1} \cdot (SB_2 + KM)$$

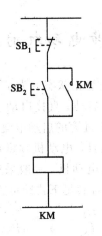

图 2-3 启动控制电路

2.2.3 电路化简的逻辑法

用逻辑函数表达的电路可用逻辑代数的基本定律和运算法则进行化简。图 2-4(a) 的逻辑式为

$$f(\mathrm{KM}) = \mathrm{KA}_1 \cdot \mathrm{KA}_2 + \overline{\mathrm{KA}_1} \cdot \mathrm{KA}_3 + \mathrm{KA}_2 \cdot \mathrm{KA}_3$$

化简后为

$$
\begin{aligned}
f(\mathrm{KM}) &= \mathrm{KA}_1 \cdot \mathrm{KA}_2 + \overline{\mathrm{KA}_1} \cdot \mathrm{KA}_3 + \mathrm{KA}_2 \cdot \mathrm{KA}_3 \\
&= \mathrm{KA}_1 \cdot \mathrm{KA}_2 + \overline{\mathrm{KA}_1} \cdot \mathrm{KA}_3 + \mathrm{KA}_2 \cdot \mathrm{KA}_3 \cdot (\mathrm{KA}_1 + \overline{\mathrm{KA}_1}) \\
&= \mathrm{KA}_1 \cdot \mathrm{KA}_2 + \overline{\mathrm{KA}_1} \cdot \mathrm{KA}_3 + \mathrm{KA}_2 \cdot \mathrm{KA}_3 \cdot \mathrm{KA}_1 + \mathrm{KA}_2 \cdot \mathrm{KA}_3 \cdot \overline{\mathrm{KA}_1} \\
&= \mathrm{KA}_1 \cdot \mathrm{KA}_2 \cdot (1 + \mathrm{KA}_3) + \overline{\mathrm{KA}_1} \cdot \mathrm{KA}_3 \cdot (1 + \mathrm{KA}_2) \\
&= \mathrm{KA}_1 \cdot \mathrm{KA}_2 + \overline{\mathrm{KA}_1} \cdot \mathrm{KA}_3
\end{aligned}
$$

因此，图 2-4(a) 化简后得到图 2-4(b) 所示电路，并且图 2-4(a) 电路与图 2-4(b) 电路在功能上是等效的。

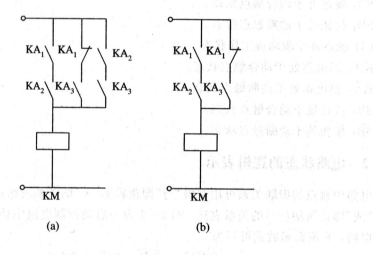

图 2-4　两个相等的函数及其等效电路

2.3　三相异步电动机的启动控制电路

电动机启动是指电动机的转子由静止状态变为正常运转状态的过程。笼型异步电动机有两种启动方式，即直接启动和减压启动。直接启动也叫全压启动。电动机直接启动时启动电流很大，约为额定值的 4～7 倍，过大的启动电流会引起供电线路上很大的压降，影响线路上其他用电设备的正常运行，而且，电动机频繁启动会严重发热，加速线圈老化，缩短电动机的寿命。因而对容量较大的电动机，一般采用减压启动，以减小启动电流。采用何种启动方式，可由经验公式判别，若满足下式即可直接启动：

$$\frac{I_{\mathrm{ST}}}{I_{\mathrm{N}}} \leqslant \frac{3}{4} + \frac{S_{\mathrm{S}}}{4P_{\mathrm{N}}} \tag{2-1}$$

式中：I_{ST}——电动机启动电流（单位为 A）；

I_N——电动机额定电流（单位为 A）；

S_S——电源容量（单位为 kVA）；

P_N——电动机额定功率（单位为 kW）。

有时为了减小和限制启动时对机械设备的冲击，即使允许直接启动，也往往采用减压启动。

2.3.1 全压启动控制电路

对容量较小，满足上式给出的条件，并且工作要求简单的电动机，如小型台钻、砂轮机、冷却泵的电动机，可用手动开关直接接通电源启动，如图 2-5 所示的控制电路。

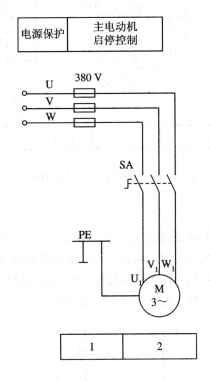

图 2-5 开关直接启动控制电路

一般中小型机床的主电机都采用接触器直接启动，如图 2-6 所示的控制电路。接触器直接启动电路分成主电路和控制电路两部分。主电路（即动力电路）由接触器的主触点接通与断开，控制电路由触点组合，控制接触器线圈的通、断电，实现对主电路的通、断控制。具体分析如下：合总开关 QS，按下常开按钮 SB₂，使得接触器 KM 线圈得电，其常开主触点闭合，三相电源接通，电动机启动并运行。KM 辅助动合触点闭合，启动按钮被短路，暂时失去控制作用。KM 的线圈通电时其辅助动合触点闭合，而辅助动合触点闭合又维持其线圈通电，这一相互依存的现象称为"自锁"或"自保持"。所以松开可复位的按钮 SB₂ 时，该 KM 线圈不失电，电动机得以持续运行。电动机需停止时，按下常闭按钮 SB₁，KM 线圈失电，其常开主触点和辅助触点均断开，电动机脱离三相电源停止转动。

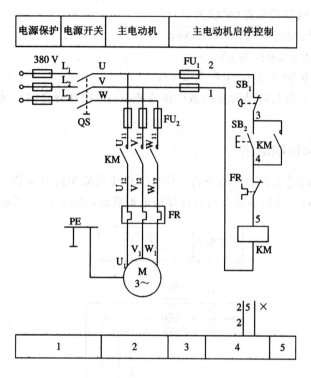

图 2-6　接触器直接启动控制电路

2.3.2　点动控制电路

机械设备长时间运转，即电动机持续工作，称为长动。实际工作中，除要求电动机长期运转外，有时还需短时或瞬时工作，称为点动。比如机床调整时，需主轴稍转一下，如图 2-7(a)所示。当按下按钮 SB 时，KM 线圈得电，其主触头闭合，电动机转动，松开 SB，按钮复位断开，KM 线圈断电，其主触头断开，电动机停止。

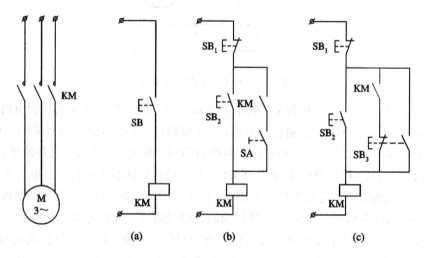

图 2-7　具有点动控制的电路

长动控制电路中的接触器线圈得电后能自锁，而点动控制电路却不能自锁。当机械设备要求电动机既能持续工作，又能方便瞬时工作时，电路必须同时具有长动和点动的控制功能，如图 2-7(b)、(c)所示。

图 2-7(b)中，需电动机点动时，开关 SA 断开，当按下按钮 SB 时，线圈 KM 得电，但由于不能构成自锁，因此能实现点动功能。需电动机长期工作时，开关 SA 合上，当按下按钮 SB 时，线圈 KM 得电，其常开辅助触头闭合，即可形成自锁，实现电动机的长期工作。

图 2-7(c)中，按下按钮 SB$_2$ 时，线圈 KM 得电，其常开辅助触头闭合，即可形成自锁，实现电动机长期工作。当按下按钮 SB$_3$ 时，其常闭触点先断开，常开触点再闭合，线圈 KM 得电，其常开辅助触头闭合，但由于没有形成自锁，因此可实现点动功能。

2.3.3 笼形异步电动机 Y-△ 减压启动控制电路

减压启动是指在启动时，在电源电压不变的情况下，通过某种方法，降低加在电动机定子绕组上的电压，待电动机启动后，再将电压恢复到额定值。因为电动机的启动电流与电压成正比，所以降低启动电压可以减小启动电流。但电动机的转矩与电压的平方成正比，所以启动转矩也大为降低，因而减压启动只适用于对启动转矩要求不高或在空载、轻载下启动的设备。常用的减压启动方式有 Y-△（星形—三角形）降压启动、串电阻降压启动、自耦变压器降压启动和延边三角形降压启动。

电动机启动时接成 Y 连接，绕组电压降为额定电压的 $1/\sqrt{3}$，正常运转时换接成 △ 连接。由电工知识可知：$I_{\triangle L}=3I_{YL}$（分别代表两种接法时的线电流）。接成 Y 连接时，启动电流仅为 △ 连接时的 1/3，相应的启动转矩也是 △ 连接时的 1/3。因此，Y-△ 启动仅适用于正常运行时按 △ 连接的电动机的空载或轻载启动。

在电动机启动时，定子绕组首先接成星形，至启动即将完成时再换接成三角形。图 2-8 是 Y-△ 减压启动的控制电路。图中，主电路由三组接触器主触点分别将电动机的定子绕组接成三角形或星形。当 KM$_3$ 线圈得电，主触点闭合时，绕组接成星形；当 KM$_2$ 主触点闭合时，接为三角形。KM$_1$ 用来接通电源。两种接线方式的切换需在极短的时间内完成，在控制电路中采用了时间继电器，可定时自动切换。

控制电路的逻辑表达式为

$$KM_1 = \overline{FR} \cdot \overline{SB_1} \cdot (SB_2 + KM_1)$$

$$KM_2 = \overline{FR} \cdot \overline{SB_1} \cdot (SB_2 + KM_1) \cdot \overline{KM_3} \cdot (KT + KM_3)$$

$$KM_3 = \overline{FR} \cdot \overline{SB_1} \cdot (SB_2 + KM_1) \cdot \overline{KM_2} \cdot \overline{KT}$$

$$KT = \overline{FR} \cdot \overline{SB_1} \cdot (SB_2 + KM_1) \cdot \overline{KM_2}$$

由逻辑函数表达式可看出各个线圈通、断电的控制条件，例如 KM$_1$ 线圈的切断条件有两个，即当电动机超载时热继电器的动断触点断开，切断电路，或者是停车时按下停车按钮 SB$_1$；接通条件是启动按钮 SB$_2$ 压下，或者自锁触点 KM$_1$ 闭合。

控制电路的逻辑表达式用于分析电路的控制条件，电路的工作过程可通过电器动作顺序表来描述。Y-△ 减压启动控制电路的工作过程如下：合上开关 QS，为启动做准备；按下启动按钮 SB₂ 时，KM₁、KM₃、KT 线圈同时得电，KM₁ 辅助触头闭合形成自锁；KM₁，KM₃ 主触头闭合，电动机以星形启动，当 KT 延时时间到时，其常闭触头断开，常开触头闭合，KM₃ 线圈断电，KM₂ 线圈得电自锁，KM₃ 主触头断开，KM₂ 主触头闭合，电动机转为三角形正常运行；当电动机正常运行时，KM₂ 常闭辅助触头断开，可让 KT 线圈断电，以节约电能；需电动机停止时，按下 SB₁ 即可。

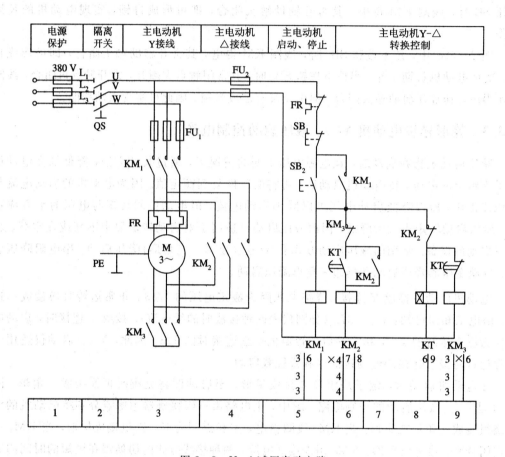

图 2-8 Y-△减压启动电路

电路图中常闭触点 KM₂ 和 KM₃ 构成了互锁，保证电动机绕组只能连接成一种形式，即星形或三角形，以防止同时连接成星形或三角形而造成电源短路，使电路可靠工作。

2.3.4 自耦变压器(补偿器)减压启动控制电路

自耦变压器一次侧电压、电流和二次侧电压、电流的关系为

$$\frac{U_1}{U_2} = \frac{I_2}{I_1} = K \qquad (2-2)$$

式中，K 为自耦变压器的变压比。启动转矩正比于电压的平方，定子每相绕组上的电压降低到直接启动电压的 $1/K$，启动转矩也将降低为直接启动的 $1/K^2$。因此，启动转矩的大小可通过改变变压比 K 得到改变。

补偿器减压启动利用自耦变压器来降低启动时的电压，以达到限制启动电流的目的。启动时，电源电压加在自耦变压器的高压绕组上，电动机的定子绕组与自耦变压器的低压绕组连接，当电动机的转速达到一定值时，将自耦变压器切除，电动机直接与电源相接，在正常电压下运行。

自耦变压器减压启动分手动控制和自动控制两种。工厂常采用 XJ01 系列自动补偿器实现减压启动的自动控制，其控制电路如图 2-9 所示。

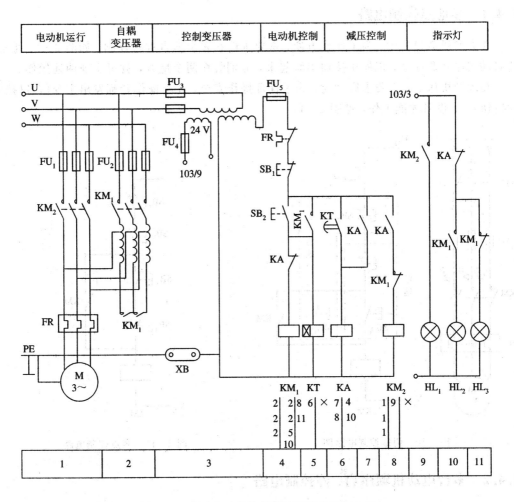

图 2-9　自动启动的补偿器减压启动控制电路

控制电路可分为三个部分：主电路、控制电路和指示灯电路。KM_1 为自耦变压器减压启动接触器，KM_2 为全压运行接触器，KA 为中间继电器，KT 为自动切换用时间继电器，HL_1 为正常运行指示灯，HL_2 为减压启动指示灯，HL_3 为电源指示灯。

电动机启动工作过程如下：当电路中变压器得电时，电源指示灯 HL_3 亮；按下启动按钮 SB_2，KM_1 及 KT 线圈得电自锁，电动机经自耦变压器启动，HL_2 亮；KT 延时时间到时，其常开触点闭合，KA 线圈得电自锁，KM_1 线圈失电，KM_2 线圈得电，减压启动结束，电动机进入正常运行，HL_1 灯亮。停止时，按下 SB_1 即可。

补偿器减压启动适用于负载容量较大，正常运行时定子绕组连接成 Y 形而不能采用星形—三角形启动方式的笼形异步电动机。但这种启动方式设备费用大，通常用于启动大型的和特殊用途的电动机。

2.4 三相异步电动机的运行控制电路

2.4.1 多地点控制电路

在大型机床设备中，为了操作方便，常要求能在多个地点进行控制。如图 2-10 所示，把启动按钮并联起来，把停止按钮串联起来，分别装在两个地方，就可实现两地操作。

在大型机床上，当要求启动时，为了保证操作安全，几个操作者都发出主令信号（按启动按钮）后，设备才能工作，见图 2-11。

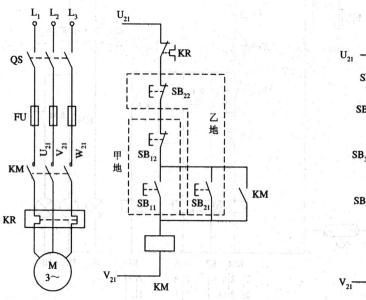

图 2-10　两地控制电路图　　　　　图 2-11　多点控制电路

2.4.2 多台电动机顺序启、停控制电路

在装有多台电动机的生产机械上，各电动机所起的作用不同，有时需要按一定的顺序启动才能保证操作过程的合理和工作的安全可靠。例如，在铣床上就要求先启动主轴电动机，然后才能启动进给电动机。又如，带有液压系统的机床，一般都要先启动液压泵电动机，然后才能启动其他电动机。这些顺序关系反映在控制电路上，称为顺序控制。

图 2-12 所示是两台电动机 M_1 和 M_2 的顺序控制电路。该电路的特点是，电动机 M_2 的控制电路是接在接触器 KM_1 的常开辅助触点之后。这就保证了只有当 KM_1 接通，M_1 启动后，M_2 才能启动。如果由于某种原因（如过载或失压等）使 KM_1 失电，M_1 停转，那么 M_2 也立即停止，即 M_1 和 M_2 同时停止。

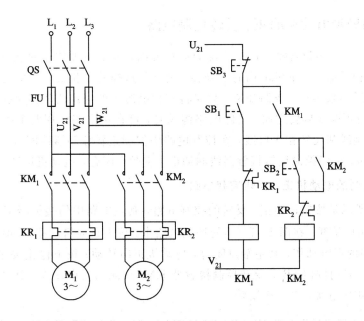

图 2-12 顺序控制电路

图 2-13 所示是其他两种顺序控制电路(主电路未画出)。图 2-13(a)的特点是,将接触器 KM_1 的另一常开触点串联在接触器 KM_2 线圈的控制电路中,同样保持了图 2-12 的顺序控制作用;该电路还可实现 M_2 单独停止。

图 2-13(b)的特点是,由于在 SB_{12} 停止按钮两端并联着一个 KM_2 的常开触点,因此只有先使接触器 KM_2 线圈断电,即电动机 M_2 停止后,才能按下 SB_{12},断开接触器 KM_1 线圈电路,使电动机 M_1 停止。

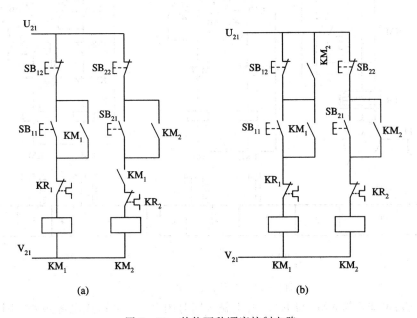

图 2-13 其他两种顺序控制电路

2.4.3　三相异步电动机的正、反转控制电路

生产实践中，很多设备需要两个相反的运行方向，例如主轴的正向和反向转动，机床工作台的前进和后退，起重机吊钩的上升和下降等，这样两个相反方向的运动均可通过电动机的正转和反转来实现。我们知道，只要将三相电源中的任意两相交换就可改变电源相序，而电动机就可改变旋转方向。实际电路构成时，可在主电路中用两个接触器的主触点实现正转相序接线和反转相序接线，在控制电路中控制正转接触器线圈得电，其主触点闭合，电动机正转，或者控制反转接触器线圈通电，主触点闭合，电动机反转。

1. 按钮控制的电动机正、反转控制电路

图 2-14 所示是按钮控制正、反转的控制电路，其主电路中的接触器 KM_1 和 KM_2 构成正、反转的相序接线。在图 2-14(a) 的控制电路中，按下正向启动按钮 SB_2，正转控制接触器 KM_1 线圈的得电动作，其主触点闭合，电动机正向转动；按下停止按钮 SB_1，电动机停转；按下反向启动按钮 SB_3，反转控制接触器 KM_2 线圈的得电动作，其主触点闭合，给电动机送入反相序电源，电动机反转。

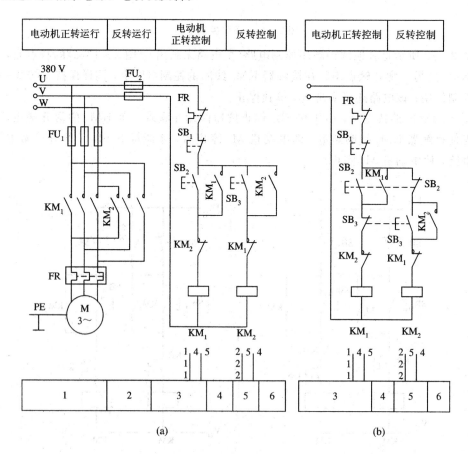

图 2-14　两种正、反转控制电路

由主电路可知，若 KM_1 与 KM_2 的主触点同时闭合，将会造成电源短路，因此任何时候，只能允许一个接触器通电工作。要实现这样的控制要求，通常是在控制电路中将两接

触器的动断触点分别串接在对方的工作线圈电路里，如图 2-14(a)中 KM$_1$ 与 KM$_2$ 的动断触点那样，这样可以构成互相制约关系，以保证电路安全正常的工作。这种互相制约的关系称为"联锁"，也称为"互锁"。

在图 2-14(a)的控制电路中，当变换电动机转向时，必须先按下停止按钮，才能实现反向运行，这样很不方便。图 2-14(b)的控制电路利用复合按钮 SB$_3$、SB$_2$，可直接实现由正转变为反转的控制(反之亦然)。

复合按钮具有联锁功能。当某一线圈工作时，按下其回路中的动断触点，此线圈失电，而后另一线圈得电。

2. 往复自动循环控制电路

机械设备中如机床的工作台、高炉的加料设备等均需在一定的距离内能自动往复不断循环，以实现所要求的运动。图 2-15 所示是机床工作台往返循环的控制电路。它实质上是用行程开关来自动实现电动机正、反转的。组合机床、铣床等的工作台常用这种电路来实现往返循环。图 2-15 中，SQ$_1$、SQ$_2$、SQ$_3$、SQ$_4$ 为行程开关，按要求安装在床身固定的位置上，反映加工终点与原位(即行程)的长短。当撞块压下行程开关时，其常开触点闭合，常闭触点打开。即在一定行程的起点和终点用撞块压下行程开关，以代替人工操作按钮。

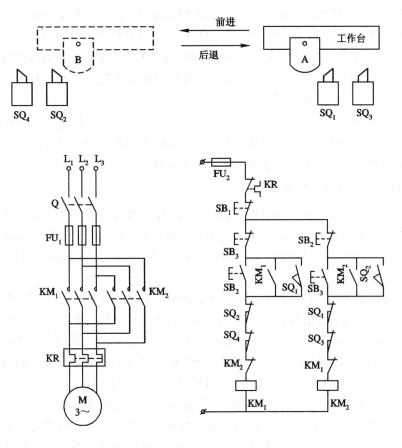

图 2-15 工作台往返循环的控制电路

合上电源开关 QS，按下正向启动按钮 SB$_2$，接触器 KM$_1$ 得电动作并自锁，电动机正转使工作台前进，当运行到 SQ_2 位置时，其常闭触点断开，KM_1 线圈失电，电动机脱离电源，同时，SQ_2 常开触点闭合，使 KM_2 线圈通电，电动机实现反转，工作台后退。当撞块又压下 SQ_1 时，使 KM_2 线圈断电，KM_1 线圈又得电，电动机又正转使工作台前进，这样可一直循环下去。

SB_1 为停止接钮，SB_3 与 SB_2 为不同方向的复合启动按钮。之所以用复合按钮，是为了满足改变工作台方向时，不按停止按钮便可直接操作的要求。限位开关 SQ_3 与 SQ_4 安装在极限位置。若由于某种故障使工作台到达 SQ_1（或 SQ_2）位置时未能切断 KM_2（或 KM_1），则工作台继续移动到极限位置，压下 SQ_3（或 SQ_4），此时可最终把控制电路断开，使电动机停止，避免工作台由于越出允许位置所导致的事故。因此，SQ_3、SQ_4 起极限位置保护作用。

上述这种用行程开关按照机床运动部件的位置或机件的位置变化所进行的控制，称为按行程原则的自动控制，或称行程控制。行程控制是机床和机床自动线应用最为广泛的控制方式之一。

2.4.4　双速异步电动机的控制电路

实际生产中，对机械设备常有多种速度输出的要求。通常，采用单速电动机时，需配有机械变速系统以满足变速要求。当设备的结构尺寸受到限制或要求速度连续可调时，常采用多速电动机或电动机调速。由于晶闸管技术的发展，对交流电动机的调速已得到了广泛的应用，但由于其控制电路复杂、造价高，因此普通中小型设备使用较少。实际中应用较多的还是双速交流电动机。

由电工学可知，$n = 60f_1(1-s)/p$ 为电动机转速。电动机的转速与电动机的磁极对数有关，改变电动机的磁极对数即可改变其转速。采用改变磁极对数的变速方法一般可适用笼型异步电动机。本节分析双速电动机及其控制电路。

1. 电动机磁极对数的产生与变化

笼型异步电动机有两种改变磁极对数的方法：第一种是改变定子绕组的连接，即改变定子绕组中电流流动的方向，形成不同的磁极对数；第二种是在定子绕组上设置具有不同磁极对数的两套互相独立的绕组。当一台电动机需要较多级数的速度输出时，也可两种方法同时采用。

双速电动机的定子绕组由两个线圈连接而成，线圈之间有导线引出，如图 2-16 所示。

常见的定子绕组接线有两种：一种是由单星形改为双星形，即将图 2-16(b) 的连接方式换成图 2-16(c) 的连接方式；另一种是由三角形改为双星形，即由图 2-16(a) 的连接方式换成图 2-16(c) 的连接方式。当每相定子绕组的两个线圈串联后接入三相电源时，电流流动方向及电流分布如图 2-16(d) 所示，即形成四极速运行。当每相定子绕组的两个线圈并联时，由中间导线端子接入三相电源，其他两端汇集一点构成双星形连接，电流流动方向及电流分布如图 2-16(e) 所示，此时形成二极速高速运行。这两种接线方式的变换可使磁极数减少一半，使其定子同步转速增加一倍，使转子转速约增加一倍。单星形—双星形的切换适用于拖动恒转矩性质的负载；三角形—双星形的切换适用于拖动恒功率性质的负载。

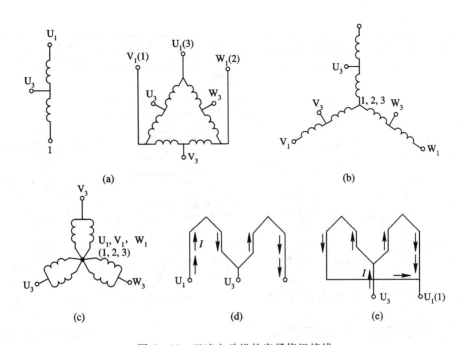

图 2-16 双速电动机的定子绕组接线

（a）三角形；（b）星形；（c）双星形；（d）四极接线电流图；（e）二极接线电流图

2. 双速电动机控制电路

图 2-17 是双速电动机三角形—双星形变换控制电路图。图中，主电路接触器 KM_1 的主触点闭合，构成三角形连接；KM_2 和 KM_3 的主触点闭合构成双星形连接。必须指出，当改变定子绕组接线时，必须同时改变定子绕组的相序，即对调任意两相绕组出线端，以保证调速前后电动机的转向不变。控制电路有三种，分别对应图 2-17 的（a）、（b）和（c）。图 2-17(a)控制电路由复合按钮 SB_2 接通接触器 KM_1 的线圈电路，KM_1 主触点闭合，电动机低速运行。SB_3 接通 KM_2 和 KM_3 的线圈电路，其主触点闭合，电动机高速运行。为防止两种接线方式同时存在，KM_1 和 KM_2 的动断触点在控制电路中构成互锁。具体分析如下：按下低速启动按钮 SB_2，KM_1 线圈得电，其常开辅助触点闭合自锁，常开主触点闭合，电机为三角形接法启动并进入低速运行。需高速运行时，按下 SB_3 按钮，KM_1 线圈失电，常闭辅助触点复位，KM_2 和 KM_3 线圈同时得电并自锁，其主触点闭合，电机转为双星形高速运行。停止时按下常闭按钮 SB_1 即可。图 2-17(b)控制电路采用选择开关 SA，选择接通 KM_1 的线圈电路或 KM_2、KM_3 的线圈电路，即选择低速运行或者高速运行。图 2-17(a)和图 2-17(b)控制电路用于小功率电动机，图 2-17(c)控制电路用于较大功率电动机，选择开关 SA 用来选择低速运行或高速运行。SA 位于"1"的位置（选择低速运行）时，接通 KM_1 线圈电路，直接启动低速运行；SA 位于"2"的位置（选择高速运行）时，首先接通 KM_1 线圈电路低速启动，然后由时间继电器 KT 切断 KM_1 的线圈电路，同时接通 KM_2 和 KM_3 的线圈电路，电动机的转速自动由低速切换到高速。详细工作过程如下：预先选择开关 SA，低速时置"1"（工作过程略），高速时置"2"，KT 线圈得电，常开瞬动触点合上，KM_1 线圈得电，电机启动并进入低速运行。当 KT 延时时间到时，其常闭延时触点断开，KM_1 线圈失电，KT 常开延时触点合上，KM_2 和 KM_3 线圈得电，电机转为双星形高速运行。

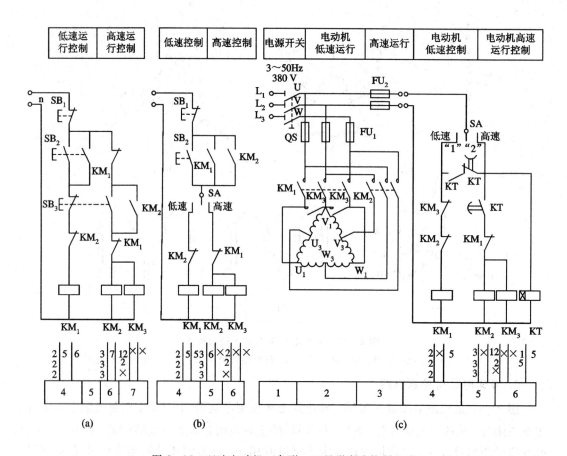

图 2-17 双速电动机三角形—双星形变速控制电路

2.5 三相异步电动机的制动控制电路

许多机床,如万能铣床、卧式镗床、组合机床等都要求迅速停车和准确定位。这就要求对电动机进行立即停车。制动停车的方式有两大类:机械制动和电气制动。机械制动采用机械抱闸或液压装置制动,电气制动实际上是利用电气方法使电动机产生一个与原来转子的转动方向相反的制动转矩来制动。

2.5.1 电磁式机械制动控制电路

在电机被切断电源以后,利用机械装置使电动机迅速停转的方法称为机械制动。应用较普遍的机械制动装置有电磁抱闸和电磁离合器两种。这两种装置的制动原理基本相同,下面以电磁抱闸为例来说明机械制动的原理。

1. 电磁抱闸的结构

电磁抱闸主要包括两部分:制动电磁铁和闸瓦制动器。制动电磁铁由铁芯、衔铁和线圈三部分组成。闸瓦制动器由闸轮、闸瓦、杠杆和弹簧等部分组成。闸轮与电动机装在同一根轴上。

2. 机械制动控制电路

机械制动控制电路有断电制动和通电制动两种。

（1）断电制动控制电路。在电梯、起重机，卷扬机等一类升降机械上，采用的制动闸平时处于"抱住"的制动装置，其控制电路见图 2-18。其工作原理为：合上电源开关 QS，按下启动按钮 SB_1，其接触器 KM 通电吸合，电磁抱闸线圈 YA 通电，使抱闸的闸瓦与闸轮分开，电动机启动；当需要制动时，按下停止按钮 SB_2，接触器 KM 断电释放，电动机的电源被切断。同时，电磁抱闸线圈 YA 也断电，在弹簧的作用下，闸瓦与闸轮紧紧抱住，电动机迅速制动。这种制动方法不会因中途断电或电气故障而造成事故，比较安全可靠。但缺点是电源切断后，电动机轴就被制动刹住不能转动，不便调整，而有些机械（如机床等），有时还要用人工将电动机的转轴转动，这时应采用通电制动控制电路。

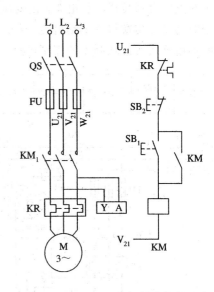

图 2-18　电磁抱闸断电制动控制电路

（2）通电制动控制电路。像机床这类经常需要调整加工工件位置的机械设备，一般采用制动闸平时处于"松开"状态的制动装置。图 2-19 为电磁抱闸通电制动控制电路，该控制电路与断电制动型不同，制动的结构也不同。其工作原理为：在主电路有电流流过时，电磁抱闸没有电压，这时抱闸与闸轮松开；按下停止按钮 SB_2 时，主电路断电，通过复合按钮 SB_2 的常开触点闭合，使 KM_2 线圈通电，电磁抱闸 YA 的线圈通电，抱闸与闸轮抱紧进行制动；当松开按钮 SB_2 时，电磁抱闸 YA 线圈断电，抱闸又松开。这种制动方法在电动机不转动的常态下，电磁抱闸线圈无电流，抱闸与闸轮也处于松开状态。这样，如用于机床，在电动机未通电时，可以用手扳动主轴以调整和对刀。

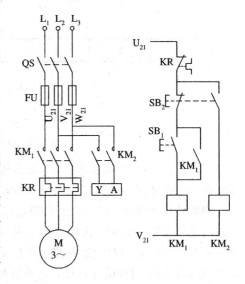

图 2-19　电磁抱闸通电制动控制电路

2.5.2　电气制动控制电路

1. 能耗制动控制电路

能耗制动是指在三相电动机停车切断三相电源后，将一直流电源接入定子绕组，产生一个静止磁场，此时电动机的转子由于惯性继续沿原来的方向转动，惯性转动的转子在静止的磁场中切割磁力线，产生一个与惯性转动方向相反的电磁转矩，对转子起制动作用，制动结束后切除直流电源。图2-20是实现上述控制过程的控制电路。图中，接触器KM_1的主触点闭合后接通三相电源。由变压器和整流元件构成的整流装置提供直流电源，KM_2接通时将直流电源接入电动机定子绕组。图2-20(a)与图2-20(b)分别是用复合按钮和用时间继电器实现能耗制动的控制电路。

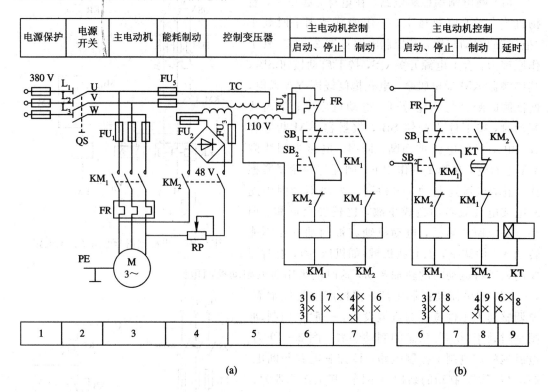

图2-20 能耗制动控制电路

(a) 采用复合按钮；(b) 采用时间继电器

在图2-20(a)控制电路中，当复合按钮SB_1按下时，其动断触点切断接触器KM_1的线圈电路，同时其动合触点将KM_2的线圈电路接通，接触器KM_1和KM_2的主触点在主电路中断开三相电源，接入直流电源进行制动，松开SB_1，KM_2线圈断电，制动停止。由于采用的是复合按钮控制，因此制动过程中按钮必须始终处于压下状态，这样操作很不方便。图2-20(b)采用时间继电器实现自动控制，当复合按钮SB_1压下时，KM_1线圈失电，KM_2和KT的线圈得电并自锁，电动机被制动，松开SB_1复位，制动结束后，由时间继电器KT的延时动断触点断开KM_2线圈电路。

能耗制动的制动转矩大小与静止磁场的强弱及电动机的转速n有关。在同样的转速下，直流电流大，磁场强，制动作用就强。一般接入的直流电流为电动机空载电流的3～5倍，过大会烧坏电动机的定子绕组。该电路采用在直流电源回路中串接可调电阻的方法，来调节制动电流的大小。

能耗制动时制动转矩随电动机惯性转速的下降而减小，因而制动平稳。这种制动方法将转子惯性转动的机械能转换成电能，又消耗在转子的制动上，所以称为能耗制动。

2. 反接制动控制电路

反接制动实质上是通过改变异步电动机定子绕组中三相电源相序，产生一个与转子惯性转动方向相反的反向转矩来进行制动的。当进行反接制动时，首先将三相电源相序切换，然后在电动机转速接近零时，将电源及时切除。当三相电源不能及时切除时，电动机将会反向升速，发生事故。其控制电路采用速度继电器来判断电动机的零速点，并及时切断三相电源。速度继电器的转子与电动机的轴相连，当电动机正常转动时，速度继电器的动合触点闭合；当电动机停车转速接近零时，动合触点打开，切断接触器的线圈电路。

图 2-21 为反接制动控制电路。图中主电路由接触器 KM_1 和 KM_2 两组主触点构成不同相序的接线，因电动机反接制动电流很大，所以在制动电路中串接有电阻，以限制制动电流。当电动机正常运转时，KM_1 通电吸合，KS 的一对常开触点闭合，为反接制动做好准备。停车并制动时，按下控制电路中的复合按钮 SB_1，KM_1 线圈失电，KM_2 线圈由于 KS 的动合触点在转子惯性转动下仍然闭合而通电并自锁，电动机实现反接制动。当电动机转速下降到接近 120 r/min 时，KS 的动合触点断开，使 KM_2 的线圈失电，制动结束。

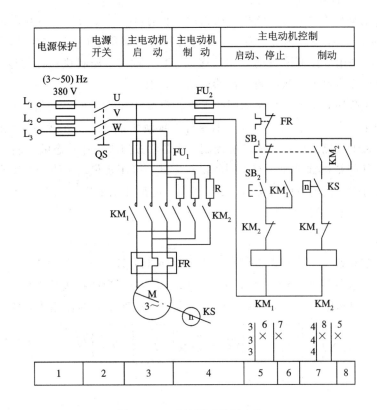

图 2-21 反接制动控制电路

反接制动的制动转矩是反向转矩，因此其制动力矩大，制动效果显著，但在制动时有冲击，制动不平稳，且能量消耗大。

要注意的是，能耗制动与反接制动相比，其制动平稳、准确、能量消耗少，但制动力矩较弱，特别在低速时制动效果差，并且还需提供直流电源。在实际使用中，应根据设备的工作要求选用合适的制动方法。

2.6 电液控制电路

液压传动系统相对电动机容易提供较大的驱动力，并且运动传递平稳、均匀、可靠、控制方便。当液压系统和电气控制系统组合构成电液控制系统时，很容易实现自动化。因此，电液控制被广泛应用在各种自动化设备上。电液控制通过电气控制系统控制液压传动系统，按给定的工作运动要求完成动作。

1. 液压系统组成

液压传动系统主要由四个部分组成：

(1) 动力装置（液压泵及驱动电动机）；

(2) 执行机构（液压缸或液压马达）；

(3) 控制调节装置（压力阀、调速阀、换向阀等）；

(4) 辅助装置（油箱、油管等）。

液压泵由电动机拖动，为系统提供压力油，推动执行件压力缸活塞移动或者使液压马达转动，输出动力。在控制调节装置中，压力阀和调速阀用于调定系统的压力和执行件的运动速度。方向阀用于控制液流的方向或接通、断开油路，控制执行件的运动方向，构成液压系统工作的不同状态，从而满足各种运动的要求。

液压系统工作时，压力阀和调速阀的工作状态是预先设定的不变值，只有方向阀可根据工作循环的运动要求变换工作状态，形成各工步液压系统的工作状态，完成不同的运动输出。因此对液压系统工作自动循环的控制，就是对方向阀工作状态的控制。

换向阀因其阀结构的不同而有不同的操作方式，可用机械、液压和电动方式改变阀的工作状态，从而改变液流方向或接通、断开油路。电液控制采用电磁铁吸合推动阀心移动，来改变阀的工作状态，实现控制。

2. 电磁换向阀

由电磁铁推动改变工作状态的阀称为电磁换向阀，其图形符号见图 2-22。电磁换向阀的工作原理在液压传动课程中已讲述。从图 2-22(a)可知两位阀的工作状态，当电磁阀线圈通电时，换向阀位于不通油状态，线圈失电时，在弹簧力的作用下，换向阀复位于通

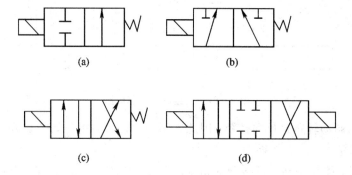

(a)   (b)

(c)   (d)

图 2-22 电磁换向阀的图形符号

(a) 二位二通阀；(b) 二位三通阀；(c) 二位四通阀；(d) 三位四通阀

油状态，电磁阀线圈的通、断电控制了油路的切换。图 2 - 22(d)为三位阀，阀上装有两个线圈，分别控制阀的两种通油状态，当两电磁阀线圈都不通电时，换向阀处于中间位的通油状态。需要注意的是，两个电磁阀线圈不能同时得电，以免阀的状态不确定。

电磁换向阀有两种，即交流电磁换向阀和直流电磁换向阀（这是由电磁阀线圈所用的电源种类确定的），实际使用中要根据控制系统和设备需要而定。电液控制系统中，控制电路根据液压系统的工作要求，控制电磁换向阀线圈的通、断电，以实现所需运动输出。

3. 液压系统工作自动循环控制电路举例

液压动力滑台工作自动循环控制是一种典型的电液控制。下面将其作为例子，分析液压系统工作自动循环的控制电路。

液压动力滑台是机床加工工件时完成进给运动的动力部件，它由液压系统驱动，可自动完成加工的自动循环。滑台工作循环的工步顺序内容，各工步之间的转换主令，如同电动机驱动工作循环控制一样，由设备的工作循环图给出。电液控制系统的分析通常分为三步：工作循环图分析，以确定工步顺序及每步的工作内容，明确各工步的转换主令；液压系统分析，分析液压系统的工作原理，确定每工步中应通电的电磁阀线圈，并将分析结果和工作循环图给出的条件通过动作表的形式列出，动作表上列有每个工步的内容、转换主令和电磁阀线圈通电转台。控制电路分析，是根据动作表给出的条件和要求，逐步分析电路如何在转换主令的控制下完成电磁阀线圈的通、断电控制。液压动力滑台一次工作进给的控制电路见图 2 - 23。

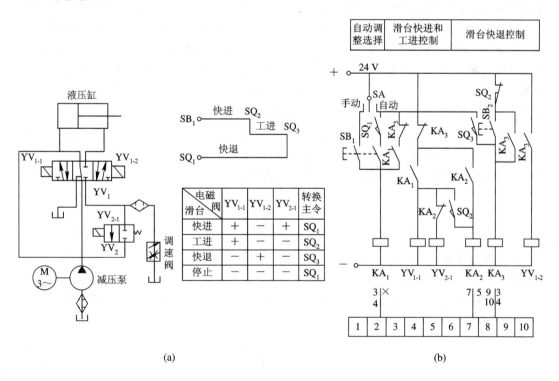

图 2 - 23　液压动力滑台一次工作进给的控制电路

（a）液压原理图及动作表；（b）电气控制原理图

液压动力滑台的自动工作循环共有四个工步：滑台快进、工进、快退及原位停止，分别由行程开关 SQ₂、SQ₃、SQ₁ 及 SB₁ 控制循环的启动和工步的切换。对应于这四个工步，液压系统有四个工作状态，满足液压缸活塞的四个不同运动要求，其工作原理如下：

动力滑台快进，要求电磁换向阀 YV_1 在左位，压力油经换向阀进入液压缸左腔，推动活塞右移，此时电磁换向阀 YV_2 也要求位于左位，使得油缸右腔回油返回液压缸左腔，增大液压缸左腔的进油量，活塞快速向前移动。为实现上述油路工作状态，电磁阀线圈 YV_{1-1} 必须通电，使阀切换到左位，YV_{2-1} 通电，使 YV_2 切换到左位。动力滑台前移到工进起点时，压下行程开关 SQ₂，动力滑台进入工步。动力滑台工进时，活塞运动方向不变，但移动速度变慢，此时控制活塞运动方向的阀 YV_1 仍在左位，但控制液压缸右腔的回油经调速阀回油箱，调速阀节流控制回油的流量，从而限定活塞以给定的工进速度继续向右移动，保持 YV_{1-1} 通电，使阀 YV_1 仍在左位，但是 YV_{2-1} 断电，使阀在弹簧力的复位作用下切换到右位，满足工进油路的工作状态。工进结束后，动力滑台在终点位压动终点限位开关 SQ₃，转入快退工步。滑台快退时，活塞的运动方向与快进、工进时相反，此时液压缸右腔进油，左腔回油，阀 YV_1 必须切换到右位，改变油的通路。阀 YV_1 切换以后，压力油经阀 YV_1 进入液压缸的右腔，左腔回油经 YV_1 直接回油箱，通过切断 YV_{1-1} 的线圈电路使其失电，同时接通 YV_{1-2} 的线圈电路使其通电吸合，阀 YV_1 切换到右位，满足快退时液压系统油路的工作状态。动力滑台快速退回到原位以后，压动原位行程开关 SQ₁，即进入停止状态。此时要求阀 YV_1 位于中间位的油路状态，YV_2 处于右位，当电磁阀 YV_{1-1}、YV_{1-2}、YV_{2-1} 线圈均失电时，即可满足液压系统使滑台停在原位的工作要求。

控制电路中的 SA 为选择开关，用于选定滑台的工作方式，即自动循环还是手动调整的工作方式。SA 开关扳在自动循环工作方式时，按下启动按钮 SB₁，循环工作开始，其工作过程如电器动作顺序表所示。SA 扳到手动调整工作方式时，电路不能自锁而持续供电，按下按钮 SB₁，可接通 YV_{1-1} 与 YV_{2-1} 线圈电路，滑台快速前进，松开 SB₁，YV_{1-1}、YV_{1-2} 线圈失电，滑台立即停止移动，从而实现点动向前调整的动作。SB₂ 为滑台快速复位按钮，当由于调整前移或工作过程中突然停电等原因，滑台没有停止到原位而不能满足自动循环工作的启动条件（即原位行程开关 SQ₃ 不处于受压状态）时，通过压下复位按钮 SB₂，接通 YV_{1-2}，滑台即可快速返回至原位，压下 SQ₂ 后停机。

小　　结

本章介绍了电气原理图的阅读和分析方法，重点讲解了电动机的启停、正反转、点动、顺序控制、多地多条件控制等基本控制环节，并讨论了笼型三相交流异步电动机的各种启动、制动、调速电路的工作原理。本章还对液压系统的控制电路以及其他保护电路的工作原理进行了分析。

习　　题

2.1　电路图中 QS、FU、KM、KT、SQ、SB 分别是什么电器元件的文字符号？

2.2　如何决定笼型异步电动机是否可采用直接启动法？

2.3 笼型异步电动机的减压启动方法有哪几种？

2.4 笼型异步电动机是如何改变转动方向的？

2.5 制动分为哪几类？

2.6 什么叫能耗制动？什么叫反接制动？它们各有什么特点及适用什么样的场合？

2.7 什么是互锁（联锁）？什么是自锁？试举例说明各自的作用。

2.8 长动与点动的区别是什么？

2.9 图 2-24 中的一些电路是否有错误？工作时现象是怎样的？如有错误，应如何改正？

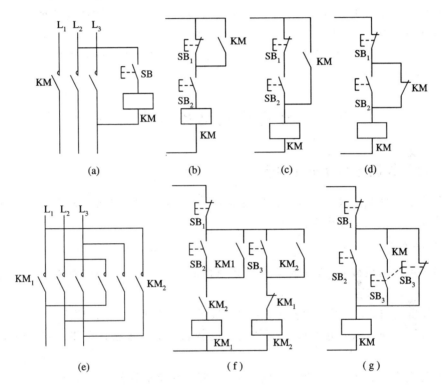

图 2-24 题 2.9 图

2.10 动合触点串联或并联，在电路中起什么样的控制作用？动断触点串联或并联，在电路中起什么样的控制作用？

2.11 如何分析电液控制电路？

2.12 设计一个控制电路，要求第一台电动机启动 10 s 以后，第二台电动机自动启动，运行 5 s 以后，第一台电动机停止转动，同时第三台电动机启动，运转 15 s 以后，电动机全部停止。

2.13 设计一个控制电路，控制一台电动机，要求：（1）可正、反转；（2）可正向点动，两处启停控制；（3）可反接制动；（4）有短路和过载保护。

2.14 对于图 2-15 所示的由行程开关控制的正、反转电路，若在现场调试试车时将电动机的接线相序接错，将会造成什么样的后果？为什么？

第3章 典型机床电气控制电路

金属切削机床素有工作母机之称。本章通过典型机床电气控制线路的实例分析，进一步阐述电气控制系统的分析方法，使读者掌握阅读和分析电气控制系统各种图样资料的方法，培养读图能力，并掌握有代表性的几种典型机床的电气控制线路的原理，了解电气部分在整个设备中所处的地位和作用，为进一步学习和掌握继电接触式电气控制系统的设计方法打下一定的基础。

3.1 电气控制电路分析基础

3.1.1 电气控制电路分析的内容

电气控制电路是电气控制系统各种技术资料的核心文件。电气控制电路分析的具体内容和要求主要包括以下几个方面。

1. 设备说明书

设备说明书由机械（包括液压部分）与电气两部分组成。在分析时首先要阅读这两部分说明书，了解以下内容：

（1）设备的构造，主要技术指标，机械、液压和气动部分的工作原理。

（2）电气传动方式，电动机和执行电器的数目、型号规格、安装位置、用途及控制要求。

（3）设备的使用方法，各操作手柄、开关、旋钮和指示装置的布置以及作用。

（4）与机械和液压部分直接关联的电器（如行程开关、电磁阀、电磁离合器和压力继电器等）的位置、工作状态以及作用。

2. 电气控制原理图

电气控制原理图是控制电路分析的中心内容。原理图主要由主电路、控制电路和辅助电路等部分组成。在分析电气控制原理图时，必须与阅读其他技术资料结合起来。例如，各种电动机和电磁阀等的控制方式、位置及作用，各种与机械有关的位置开关和主令电器的状态等，只有通过阅读说明书才能了解。

3. 电气设备总装接线图

阅读并分析总装接线图，可以了解系统的组成分布状况、各部分的连接方式、主要电气部件的布置和安装要求、导线和穿线管的型号规格等。电气设备总装接线图是安装设备时不可缺少的资料。

3.1.2 电气控制原理图的阅读和分析方法

分析电气控制电路工作原理的常用方法有查线读图法和逻辑代数法。

1. 查线读图法

查线读图法以分析各个执行元件、控制元件和附加元件的作用、功能为基础，根据生产机械的生产工艺过程，分析被控对象的动作情况和电气线路的控制原理。

（1）了解生产工艺与执行电器的关系。在分析电气线路前，应充分了解机械设备的动作及工艺加工过程，明确各个动作之间的关系以及动作与执行电器间的关系，为分析线路提供线索，并奠定基础。

（2）分析主电路。线路的分析一般从电动机主电路入手，根据主电路控制元件的触点、电阻和其他检测、保护器件，大致判定电动机的控制和保护功能。

（3）控制电路的分析方法。根据主电路控制元件主触点和其他电器的文字符号，在控制电路中找出相应控制环节以及环节间的相互关系。对控制电路由上往下、由左往右阅读，然后设想按动某操作按钮，查对线路，观察哪些元件将受控动作，并逐一查看动作元件的触点又是如何控制其他元件动作的，进而查看被驱动的被控对象如何动作。跟踪机械动作，当信号检测元件状态变化时，查对线路并观察执行元件的动作变化。读图过程中要注意器件间相互联系和制约的关系，直至将线路看懂为止。

电气控制电路都是由一些基本控制环节组成的。对于较复杂电路，通常根据控制功能，将控制电路分解成与主电路对应的几个基本环节，一个一个环节地去分析，然后把各个环节串起来。采用这种化整为零的分析方法，就不难看懂较复杂电路的全图了。

查线读图法具有直观性强、容易掌握等优点，因而得到了广泛的应用，但在分析复杂线路原理时叙述较冗长，容易出错，其具体分析方法参见后面章节。

2. 逻辑代数法

逻辑代数法是通过电路逻辑表达式的运算来分析控制电路的工作原理的，因为任何一条电气控制线路的支路都可以用逻辑表达式来描述。逻辑代数法的优点是逻辑关系简洁明了，有助于计算机辅助分析；主要缺点是复杂电路逻辑关系表达式很繁琐，并且电路分析不如查线读图法直观。

3.2 C650卧式车床电气控制电路

C650卧式车床主要由床身、主轴变速箱、尾座、进给箱、丝杠、光杠、刀架和溜板箱组成，主要用作车削外圆、内圆、端面、螺纹螺杆等工作。最大加工工件回转直径1020 mm，最大工件长度3000 mm。车床的主运动是主轴通过卡盘带动工件作旋转运动。进给运动是溜板箱带动刀具作纵向或横向运动。为了满足机械加工工艺的要求，主轴旋转运动与带动刀具溜板箱的工步进给运动由同一台主轴电动机驱动。车床结构简图略。

3.2.1 电力拖动的控制要求及特点

（1）主轴负载主要为切削性恒功率负载，要求正反转、反接制动和调速控制，系统采用齿轮变速箱的机械调速方式，要求电气控制系统实现正反转和反接制动控制。

（2）由于 C650 车床床身较长，为减少辅助工作时间，提高加工效率，设置了一台 2.2 kW 的笼型三相交流异步电动机拖动刀架及溜板箱的快速移动，由于快速移动为短时工作制，要求采用点动控制。

（3）为在机加工过程中对刀具进行冷却，车床的冷却液循环系统采用一台 125 W 的三相交流异步机驱动冷却泵运转，冷却泵电机要求采用启停控制。

3.2.2 主电路分析

C650 车床的电气控制电路如图 3-1 所示，主电路中组合开关 QS 为电源开关，开关右侧分别为电动机 M_1、M_2、M_3 的主电路。根据控制要求，主电路用接触器 KM_1、KM_2 主触点接成主轴电动机 M_1 的正、反转控制电路；电阻 R 在反接制动和点动控制时起限流作用；接触器 KM_3 在运行时起旁路限流电阻 R 的作用；电流互感器 TA、电流表 PA 和时间继电器 KT 用于检测主轴电机 M_1 启动结束后的工作电流，启动过程中 KT 常闭延开触点闭合，电流表 PA 被旁路，启动结束，KT 常闭延时断开触点打开，电流表 PA 投入工作，监视电动机运行时的定子工作电流。熔断器 FU_1 用于电动机 M_1 的短路保护，热继电器 FR_1 用于过载保护，速度继电器 KS 用于检测电动机 M_1 转动速度的过零点。接触器 KM_4 控制冷却泵电动机 M_2 的启动和停止，FR_2 用于电动机 M_2 的过载保护。接触器 KM_5 用于控制快速移动电动机 M_3 工作，由于快速移动为短时操作，故电动机 M_3 不设过载保护。

3.2.3 控制电路分析

控制电路采用变压器 TC 隔离降压的 110 V 电源供电，熔断器 FU_3 用作控制电路的短路保护。控制电路由主轴电机、刀架拖板快速移动电机和冷却泵电机等三部分电路组成。

1. 主轴电机 M_1 的控制

主轴电动机 M_1（30 kW）不要求频繁启动，采用直接启动方式，要求供电变压器的容量足够大，主轴电机能够实现正/反转、正向点动、反接制动等电气控制，控制电路如图 3-2 所示。下面具体叙述各种控制原理。

正、反转控制：按动正向启动按钮 SB_3 时，两个常开触点同时闭合，SB_3 右侧常开触点使接触器 KM_3 通电、时间继电器 KT 线圈通电延时，中间继电器 KA 线圈通电自锁，SB_3 左侧常开触点使接触器 KM_1 线圈通电并通过 KA 的两个常开触点自锁，主电路的主轴电动机 M_1 启动（全压）。时间继电器 KT 延时时间到，启动过程结束，主电机 M_1 进入正转工作状态，主电路 KT 常闭延开触点断开，电流表 PA 投入工作，动态指示电动机运行工作的线电流。在电动机正转工作状态，控制电路线圈通电工作的电器有 KM_1、KM_3、KT、KA 等。

反向启动的控制过程与正向启动类似，SB_4 为反向启动按钮，在 M_1 反转运行状态，控制电路线圈通电工作的电器有 KM_2、KM_3、KT、KA 等。

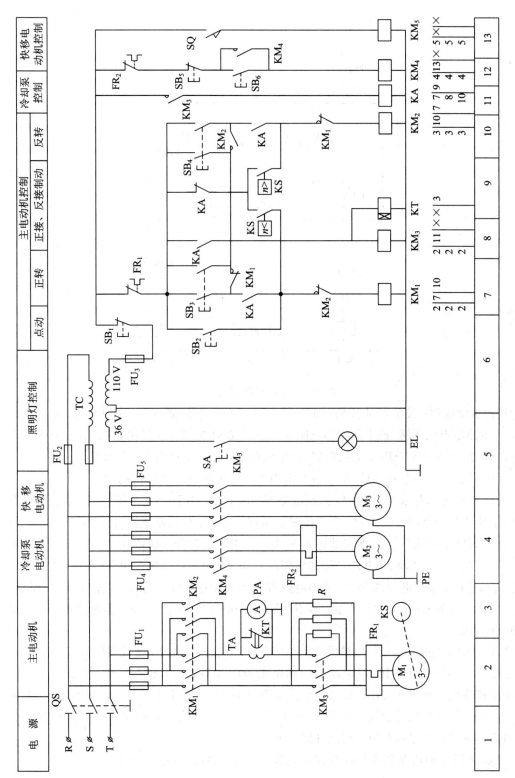

图 3-1　C650 车床控制电路

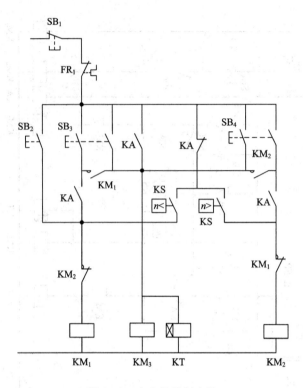

图 3-2　主电机控制电路

正向点动控制：按下点动按钮 SB_2（手不松开）时，接触器 KM_1 线圈通电（无自锁回路），主电路电源经 KM_1 的主触点和电阻 R 送入主电动机 M_1，主轴电动机 M_1 作定子串 R 的正向点动。松开按钮 SB_2 后，接触器 KM_1 线圈断电，主电动机 M_1 点动停止。

反接制动：电动机 M_1 的控制电路能实现正、反转状态下的反接制动。下面首先讨论正转的反接制动，M_1 正转过程中，控制电路 KM_1、KM_3、KT、KA 线圈通电，速度继电器 KS 的正转常开触点（$n>0$）闭合，为反接制动做好了准备。按动停止按钮 SB_1，依赖自锁环节通电的 KM_1、KM_3、KT、KA 线圈均失电，自锁电路打开，触点复位；松开停止按钮 SB_1 后，控制电流经 SB_1、KA、KM_1 的常闭触点和 KS（$n>0$）的常开触点（动合）使接触器 KM_2 线圈通电，主轴电动机 M_1 定子串电阻 R 接入反相序电源进行反接制动，当电动机转速接近于零时，KS（$n>0$）的常开触点断开，KM_2 线圈断电，电动机 M_1 主电路断电，反接制动过程结束。

反转时的反接制动与正转时的反接制动相类似，在反转过程中，速度继电器 KS（$n<0$）常开触点闭合，按下停止按钮 SB_1，反转时通电电器的线圈失电、触点复位，松开停止按钮 SB_1 后，控制电流经 KA、KM_2 的常闭触点和 KS（$n<0$）的常开触点（动合）使 KM_1 线圈通电，电动机 M_1 进行反转的反接制动，$n=0$ 时，KS（$n<0$）的常开触点断开，KM_1 线圈断电，主轴电机 M_1 主电路断电，制动过程结束。

熔断器 FU_1 和热继电器 FR 分别实现电动机 M_1 的短路和过载保护。

2. 冷却泵电动机 M_2 的控制

冷却泵电动机 M_2 为连续运行工作方式，控制按钮 SB_5、SB_6 和接触器 KM_4 构成电动机

M_3 的启停控制电路,热继电器 FR_2 起过载保护作用。熔断器 FU_4 用做主电路的短路保护。

3. 刀架快速移动电动机 M_3 的控制

转动刀架手柄,压下位置开关 SQ,接触器 KM_5 线圈通电,电动机 M_3 启动,经传动机构驱动溜板箱带动刀架快速移动。刀架手柄复位时,SQ 复位,KM_5 线圈失电,快移电动机 M_3 停转,快移结束。熔断器 FU_5 用做电动机 M_3 主电路的短路保护。由于电动机 M_3 工作在手动操作的短时工作状态,故未设过载保护。

车床照明电路采用 36 V 安全供电,钮子开关 SA 为照明灯 EL 的控制开关,熔断器 FU_6 作照明电路的短路保护。

3.3 X62W 卧式万能铣床电气控制电路

在金属切削机床中,铣床在数量上占第二位,仅次于车床。铣床可用来加工平面、斜面和沟槽等,装上分度头后还可以铣削直齿齿轮和螺旋面,装上圆工作台还可以铣削凸轮和弧形槽。铣床的种类很多,有卧铣、立铣、龙门铣及各种专用铣床等。现以应用广泛的 X62W 卧式万能铣床为例进行分析。

3.3.1 结构、运动形式和控制要求

1. 主要结构

图 3-3 为卧式万能铣床外形结构图,它主要由底座、床身、悬梁、刀杆支架、工作台、溜板和升降台等部分组成。床身固定在底座上,内装有主轴的传动机构和变速操作机构。床身顶部有水平导轨,悬梁可沿导轨水平移动。刀杆支架装在悬梁上,可在悬梁上水平移动。升降台可沿床身前面的垂直导轨上下移动。溜板在升降台的水平导轨上可作平行于主轴轴线方向的横向移动。工作台安装在溜板的水平导轨上,可沿导轨作垂直于主轴轴线的纵向移动。

此外,溜板可绕垂直轴线左右旋转 45°,所以工作台还能在倾斜方向进给,以加工螺旋槽。

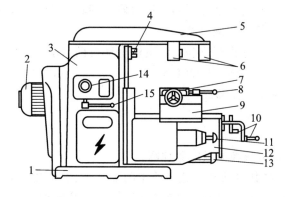

1—底座;2—主轴电动机;
3—床身;4—主轴;5—悬梁;
6—刀杆支架;7—工作台;
8—工作台左右进给操作手柄;
9—溜板;
10—工作台前后进给操作手柄;
11—进给变速手柄及变速盘;
12—升降台;
13—进给电动机;
14—主轴变速盘;
15—主轴变速手柄

图 3-3 卧式万能铣床外形结构示意图

2. 运动形式

卧式铣床有 3 种运动形式：

（1）主运动：指主轴带动铣刀的旋转运动。

（2）进给运动：铣床的进给运动是指工作台带动工件在上、下、左、右、前、后 6 个方向上的直线运动或圆形工作台的旋转运动。

（3）辅助运动：铣床的辅助运动是指工作台带动工件在上、下、左、右、前、后 6 个方向上的快速移动。

3. 控制要求

由于铣床的主运动和进给运动之间没有严格的速度比例关系，因此铣床采用单独拖动的方式，即主轴的旋转和工作台的进给分别由两台笼型异步电动机拖动。进给电动机与进给箱均安装在升降台上，这样快速移动也由进给电动机快速传动链来获得。

（1）主轴电动机：为了满足铣削过程中顺铣和逆铣的加工方式，要求主轴电动机能实现正、反旋转；由于在加工过程中不需改变主轴电动机旋转方向，只需在加工前预先设置主轴电动机的旋转方向，故采用倒顺开关实现主轴电动机的正反转。

由于铣刀是一种多刃刀具，其铣削过程是断续的，为了减小负载波动对加工质量的影响，主轴上装有飞轮，其转动惯性较大，要求主轴电动机能实现制动停车，以提高工作效率。

（2）进给运动：采用一台进给电动机拖动 3 根进给丝杆实现工作台在 6 个方向上的进给运动，每根丝杆代表纵向、横向和垂直不同的方向；纵向、横向和垂直 6 个方向的选择由机械手柄操纵，每根丝杆的正反向旋转由电动机的正反转实现，要求进给电动机能正反转，还需要有快速移动和限位控制。

为了保证机床、刀具的安全，在铣削加工时，只允许工件同一时刻做某一方向的进给运动。另外，在用圆工作台进行加工时，要求工作台不能移动，因此，各方向的进给运动之间应有联锁保护。

（3）变速冲动控制：为保证主轴和进给变速时变速箱内齿轮易于啮合，减小齿轮端面冲击，要求有变速冲动，即变速时电动机能点动一下。

（4）顺序控制和多地点控制：根据工艺要求，主轴转速和工作台进给应有先后顺序控制的联锁关系，即进给运动要在铣刀旋转之后才能进行。铣刀停止旋转，进给运动应该同时停止或提前停止，否则易造成工件和铣刀相碰事故。

为了操作者在铣床的正面、侧面方便地进行操作，对主轴电动机的启动、停止以及工作台进给运动的选向和快速移动，设置了多地点控制方案。

（5）冷却：冷却泵电动机提供铣削用的冷却液。

3.3.2　主电路分析

图 3-4 是 X62W 卧式万能铣床的电气控制系统原理图。

主轴电动机 M_1 由接触器 KM_1 控制其启动和停止。铣床的加工方式（顺铣和逆铣）在开始工作前即已选定，在加工过程中是不改变的，因此 M_1 的正反转的转向由转换开关 SA_5 预先确定。转换开关 SA_5 有"正转"、"停止"、"反转"3 个位置，各触头的通断情况见表 3-1。

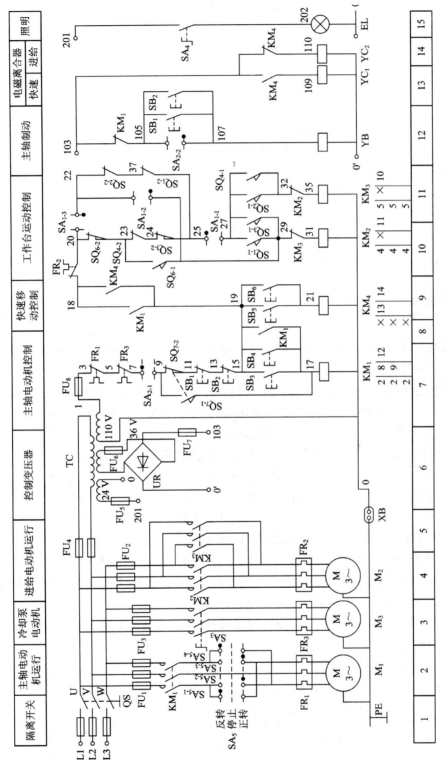

图 3-4 X62W 卧式万能铣床电气控制系统原理图

表 3 - 1 转换开关 SA$_5$ 触头通断情况

触 头	所在图区	操作手柄位置		
		正转	停止	反转
SA$_{5-1}$	2	－	－	＋
SA$_{5-2}$	2	＋	－	－
SA$_{5-3}$	2	＋	－	－
SA$_{5-4}$	2	－	－	＋

进给电动机 M$_2$ 在工作过程中频繁变换转动方向，因此采用接触器 KM$_2$、KM$_3$ 组成正、反转控制电路。

冷却泵电动机 M$_3$ 根据加工需要提供冷却液，采用转换开关 SA$_3$ 直接接通或断开电动机电源。

热继电器 FR$_1$、FR$_2$、FR$_3$ 分别作 M$_1$、M$_2$、M$_3$ 的过载保护。

3.3.3 控制电路分析

1. 主轴电动机的控制

1）启动与停车制动

主轴电动机 M$_1$ 正常运转时，主轴上刀制动开关 SA$_2$ 的触头 SA$_{2-1}$ 闭合而 SA$_{2-2}$ 断开，主轴瞬时点动开关 SQ$_7$ 的常闭触头 SQ$_{7-2}$ 闭合而 SQ$_{7-1}$ 断开。

主轴电动机空载直接启动，启动前，由组合开关 SA$_5$ 选定电动机的转向；控制电路中选择开关 SA$_2$ 选定主轴电动机为正常工作方式，即触头 SA$_{2-1}$ 闭合而 SA$_{2-2}$ 断开，在非变速状态下，SQ$_7$ 不受压，即 SQ$_{7-1}$ 断开而 SQ$_{7-2}$ 闭合。然后按下启动按钮 SB$_3$ 或 SB$_4$，使接触器 KM$_1$ 得电吸合并自锁，其主触点闭合，主轴电动机按给定方向启动旋转，KM$_1$ 的辅助常闭触头 KM$_1$（103 - 105）断开，确保 YB 不能得电，其常开触头 KM$_1$（18 - 19）闭合，接通控制电路电源。按下停止按钮 SB$_1$ 或 SB$_2$，主轴电动机停转。SB$_3$ 与 SB$_4$、SB$_1$ 与 SB$_2$ 分别位于两个操作板上（一个在工作台上，一个在床身），从而实现主轴电动机的两地操作控制。为使主轴能迅速停车，控制电路采用电磁制动器 YB 进行主轴的停车制动。按下停车按钮 SB$_1$ 或 SB$_2$，其常闭触点 SB$_1$（11 - 13）或 SB$_2$（13 - 15）断开，使接触器 KM$_1$ 失电释放，电动机 M$_1$ 定子绕组脱离电源，同时其常开触点 SB$_1$（105 - 107）或 SB$_2$（105 - 107）闭合，接通电磁制动器 YB 的线圈电路，对主轴实施停车制动。

需要指出的是，停止按钮 SB$_1$ 或 SB$_2$ 要按到底，否则电磁制动器 YB 不能得电，主轴电动机 M$_1$ 只能实现自然停车。

2）换刀制动

转换开关 SA$_2$ 为主轴上刀制动开关，其触头工作状态见表 3 - 2。

表 3 - 2　主轴上刀制动开关 SA$_2$ 触头工作状态

触 头	接线端标号	所在图区	操作手柄位置	
			主轴正常工作	主轴上刀制动
SA$_{2-1}$	7 - 9	7	＋	－
SA$_{2-2}$	105 - 107	12	－	＋

由表 3-2 可知，主轴上刀制动时，SA_2 的 SA_{2-2} 闭合而 SA_{2-1} 断开。

当进行换刀和上刀操作时，为了上刀方便并防止主轴意外转动造成事故，主轴也需处在失电停车和制动的状态下。此时工作状态选择开关 SA_2 由正常工作状态位置扳到上刀制动状态位置，即触点 SA_{2-1} 断开，切断接触器 KM_1 线圈电路，使主轴电动机不能启动，触点 SA_{2-2} 闭合，接通电磁制动器 YB 的线圈电路，使主轴处于制动状态不能转动，保证上刀换刀工作的顺利进行。

当换刀结束后，将工作状态选择开关 SA_2 由上刀制动状态扳回到正常工作位置，这时触头 SA_{2-1} 闭合，触头 SA_{2-2} 断开，为启动主轴电动机 M_1 作准备。

3）主轴变速冲动的控制

所谓主轴变速冲动，是指为了便于齿轮间的啮合，在主轴变速时主轴电动机的轻微转动。

行程开关 SQ_7 为主轴变速瞬时点动开关，其触头工作状态见表 3-3。

表 3-3 主轴变速瞬时点动行程开关 SQ_7 触头工作状态

触 头	接线端标号	所在图区	操作手柄位置	
			主轴正常工作	变速瞬时点动
SQ_{7-1}	9-17	7	—	+
SQ_{7-2}	9-11	7	+	—

变速时，变速手柄被拉出，然后转动变速手轮进行转速选择，转速选定后将变速手柄复位。由于变速是通过机械变速机构实现的，变速手轮选定应进入啮合的齿轮后，齿轮啮合到位即可输出选定转速。但是当齿轮没有进入正常啮合状态时，需要主轴有瞬时点动的功能，以调整齿轮位置，使齿轮进入正常啮合。主轴变速冲动是利用变速操纵手柄与行程开关 SQ_7，通过机械上的联动机构进行点动控制的。主轴变速冲动既可以在停车时变速，也可以在主轴电动机 M_1 运行时变速，只不过在变速完成后，需要重新启动电动机。

具体操作过程为，首先将主轴变速手柄向下压并向外拉出，通过机械联动机构，压动行程开关 SQ_7，其常开触头 SQ_{7-1} 闭合，使接触器 KM_1 得电吸合，主轴电动机 M_1 转动；SQ_7 的常闭触头 SQ_{7-2} 断开，切断 KM_1 的自锁，使电路随时可被切断。变速手柄复位后，松开行程开关 SQ_7，其常开触头 SQ_{7-1} 断开，使 KM_1 失电，电动机停转，完成一次瞬时点动。

当主轴电动机 M_1 转动时，可以不按停止按钮 SB_1 或 SB_2 直接进行变速操作。由于变速手柄向前拉时，压合行程开关 SQ_7，SQ_{7-2} 首先断开，使接触器 KM_1 失电释放，并切除 KM_1 的自锁，然后 SQ_{7-1} 闭合，接触器 KM_1 得电吸合，主轴电动机 M_1 瞬时点动。当变速手柄拉到前面后，行程开关 SQ_7 复位，M_1 失电释放，主轴变速冲动结束。然后重新按启动按钮 SB_3 或 SB_4，使 KM_1 得电吸合并自锁，电动机 M_1 继续转动。

2. 工作台进给电动机 M_2 的控制

根据联锁要求，工作台的进给运动需在主轴电动机 M_1 启动之后进行。当接触器 KM_1 得电吸合后，其辅助常开触头（18-19）闭合，工作台进给控制电路接通。工作台的上、下、左、右、前和后 6 个方向的进给运动均由进给电动机 M_2 的正反转拖动实现，M_2 的正反转由正、反转接触器 KM_2、KM_3 控制，而正、反转接触器则是由两个操纵机构控制的，其中一个为纵向机械操纵手柄，另一个为十字形（垂直与横向）机械操纵手柄。在操纵机械手柄的同时，完成机械挂挡(分别接通三根线杆)和压下相应的行程开关 $SQ_1 \sim SQ_4$，从而接通正、反转接触器 KM_2 或 KM_3，启动进给电动机 M_2，拖动工作台按预定方向运动。这两个机械操纵手柄各有两套，分别安装在工作台的前面和侧面，实现两地控制。

图中转换开关 SA_1 为工作台选择开关，其触头工作状态见表 3-4。

表 3-4　主工作台状态选择开关 SA_1 触头工作状态

触　头	接线端标号	所在图区	操作手柄位置	
			接通圆工作台工作	断开圆工作台
SA_{1-1}	25-27	10	—	+
SA_{1-2}	22-29	11	+	—
SA_{1-3}	20-22	11	—	+

1) 水平工作台左右(纵向)进给运动的控制

矩形工作台纵向进给运动由操作手柄与行程开关 SQ_1、SQ_2 组合控制。SQ_1、SQ_2 分别为工作台向右、向左进给行程开关。纵向操作手柄各位置对应的行程开关 SQ_1、SQ_2 的工作状态见表 3-5。

表 3-5　工作台纵向操作手柄与离合器、纵向进给行程开关 SQ_1、SQ_2 的工作状态

触　头	左、右(纵向)手柄操作位		
	右	中(停止)	左
纵向离合器 YC_1	挂上	脱开	挂上
SQ_{1-1}	+	—	—
SQ_{1-2}	—	+	+
SQ_{2-1}	—	—	+
SQ_{2-2}	+	+	—

纵向操作手柄有左、右两个工作位和一个中间不工作位。手柄扳到工作位时(左或右)，带动机械离合器，接通纵向进给运动的机械传动链，同时压下行程开关 SQ_1 或 SQ_2，其常开触头 SQ_{1-1}(27-29)或 SQ_{2-1}(27-32)闭合，使接触器 KM_2 或 KM_3 得电吸合，其主触头闭合，进给电动机正转或反转，驱动工作台向右或向左移动进给，行程开关的常闭触头 SQ_{1-2}(37-25)、SQ_{2-2}(22-37)在运动联锁控制电路部分具有联锁控制功能。

工作台纵向进给过程的电器动作顺序表示如下：

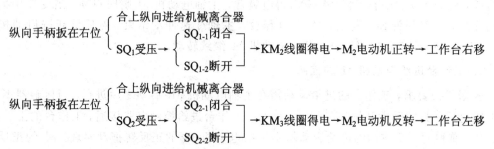

2) 水平工作台横向和垂直进给运动控制

水平工作台横向和垂直进给运动的选择和联锁通过十字复式手柄和行程开关 SQ_3、

SQ_4组合控制。SQ_3、SQ_4分别为工作台横向、垂直行程开关。横向、垂直操作手柄各位置对应的行程开关 SQ_3、SQ_4 的工作状态见表 3-6。

表 3-6　工作台横向和垂直操作手柄与离合器、进给行程开关 SQ_3、SQ_4 的工作状态

离合器和限位开关	垂直和横向操作手柄				
	向上	向下	中(停止)	向后	向前
垂直离合器	脱开	挂上	脱开	脱开	挂上
横向离合器	挂上	脱开	脱开	挂上	脱开
SQ_{3-1}	−	+	−	−	+
SQ_{3-2}	+	−	+	+	−
SQ_{4-1}	+	−	−	+	−
SQ_{4-2}	−	+	+	−	+

十字复式操作手柄有上、下、前、后 4 个工作位置和 1 个中间不工作位置。扳动手柄到选定运动方向的工作位，即可接通该运动方向的机械传动链，同时压动行程开关 SQ_3 或 SQ_4，行程开关的常开触头闭合，使控制进给电动机转动的接触器 KM_2 或 KM_3 得电吸合，电动机 M_2 转动，工作台在相应的方向上移动。行程开关的常闭触头如纵向行程开关一样，在联锁电路中，构成运动的联锁控制。

启动条件：左、右(纵向)操作手柄居中(SQ_1、SQ_2 不受压)，控制圆工作台选择开关 SA_2 置于"断开"位置；SQ_6 置于正常工作位置(不受压)，主电动机 M_1 已启动(接触器 KM_1 得电吸合)。

工作台横向与垂直方向进给过程的电器动作顺序表示如下：

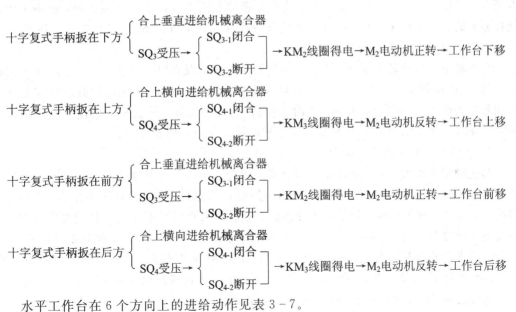

水平工作台在 6 个方向上的进给动作见表 3-7。

表 3-7　工作台运动及操纵手柄位置表

手柄位置		工作台运动方向	离合器接通的丝杆	行程开关	动作的接触器	运转的电动机	工作台运行方向
纵向手柄	向左	向左	纵向丝杆	SQ_2	KM_3	反	向左
	向右	向右	纵向丝杆	SQ_1	KM_2	正	向右
	中间	停止	—	—	—	—	—
十字复式手柄	向上	向上(或快速向上)	横向丝杆	SQ_4	KM_3	反	向上
	向下	向下(或快速向下)	垂直丝杆	SQ_3	KM_2	正	向下
	向前	向前(或快速向前)	垂直丝杆	SQ_3	KM_2	正	向前
	向后	向后(或快速向后)	横向丝杆	SQ_4	KM_3	反	向后
	中间	垂直(横向)进给停止	—	—	—	—	—

3）水平工作台进给运动的联锁控制

由于操作手柄在工作时只存在一种运动选择，因此，只要铣床直线进给运动之间的联锁满足两操作手柄之间的联锁即可。联锁控制电路由两条电路并联组成，纵向操作手柄的行程开关 SQ_1、SQ_2 的常闭触头 SQ_{1-2} 或 SQ_{2-2} 串联在一条支路上，十字复式手柄控制的行程开关 SQ_3、SQ_4 常闭触头 SQ_{3-2}、SQ_{4-2} 串联在另一条支路上。扳动任一操作手柄，只能切断其中一条支路，另一条支路仍能正常得电，使接触器 KM_2 或 KM_3 不失电；若同时扳动两个操作手柄，则两条支路均被切断，接触器 KM_2 或 KM_3 都失电，工作台立即停止移动，从而防止机床设备事故。

4）水平工作台快速移动的控制

在慢速移动过程中：按下快速移动点动按钮 SB_5 或 SB_6（两地控制），使接触器 KM_4 得电吸合，其常闭触头（103-110）断开，使正常进给电磁离合器 YC_2 线圈失电，水平工作台便在原来的移动方向上作快速移动。当松开快速移动点动按钮 SB_5 或 SB_6 时，接触器 KM_4 失电释放，恢复水平工作台的工作进给。

在主轴电动机停转情况下：先将主轴转换开关 SA_5 扳在"停止"位置上，然后按下主轴电动机 M_1 启动按钮 SB_3 或 SB_4，使接触器 KM_1 得电吸合并自锁（主轴电动机不转），然后再扳动相应进给方向上的操纵手柄，进给电动机 M_2 启动旋转，最后按下快速移动点动按钮 SB_5 或 SB_6，工作台便可以在主轴电动机不转的情况下进行快速移动。

5）工作台进给变速冲动控制

与主轴变速类似，为了使齿轮变速时易于啮合，控制电路中也设置了瞬时冲动控制环节。变速应在工作台停止移动时进行，操作过程是：变速时，先将变速手柄拉出，使齿轮脱离啮合，转动变速盘至所选择的进给速度挡，然后用力将变速手柄向外拉到极限位置，再将变速手柄复位。变速手柄在复位过程中压动瞬时点动行程开关 SQ_6，使其常开触头 SQ_{6-1} 闭合，致使接触器 KM_2 短时得电吸合，进给电动机 M_2 短时转动，SQ_6 的常闭触头 SQ_{6-2} 断开，切断 KM_2 的自锁。由于行程开关 SQ_6 短时受压，因此进给电动机 M_2 只是瞬时转动一下，从而拖动进给变速机构瞬动，变速冲动过程到此结束。

3. 圆工作台控制

1）接通

在使用圆工作台时，要将圆工作台转换开关置于"接通"位置，而且必须将左右操作手柄和十字操作手柄置于中间停止位置。按下启动按钮 SB_3 或 SB_4，接触器 KM_1 得电吸合并自锁，主轴电动机 M_1 启动旋转，KM_1 的辅助常开触头（18 - 19）闭合，接通控制电路电源，并使 KM_2 得电吸合，其通路为 $SQ_{6-2} \rightarrow SQ_{4-2} \rightarrow SQ_{3-2} \rightarrow SQ_{1-2} \rightarrow SQ_{2-2} \rightarrow SA_{1-2} \rightarrow KM_3$（29 - 31）$\rightarrow KM_2$ 线圈得电，KM_2 主触头闭合，使进给电动机 M_2 正转，并经传动机构带动圆工作台作单向回转运动。由于接触器 KM_3 无法得电，因此圆工作台不能实现正、反向回转。

2）停止

若要圆工作台停止工作，则只需按下主轴停止按钮 SB_1 或 SB_2 即可。

3）圆工作台和矩形工作台进给运动间的联锁

圆工作台工作时，不允许机床工作台在 6 个进给方向上有任何移动。工作台转换开关 SA_1 扳到接通"圆工作台"位置时，SA_{1-1}、SA_{1-3} 切断了机床工作的进给控制回路，使机床工作台不能作任何方向的进给运动。圆工作台的控制电路中还串联了 SQ_{1-2}、SQ_{2-2}、SQ_{3-2}、SQ_{4-2} 常闭触头，因此扳动任一方向进给手柄，都将使圆工作台停止转动，实现了圆工作台和机床工作台进给运动间的联锁控制。

4. 冷却泵电动机的控制

冷却泵电动机 M_3 的启停由转换开关 SA_3 直接控制，无失压保护功能，不影响安全操作。

3.4 T68卧式镗床电气控制电路

镗床主要用于加工精确的孔和各孔间相互位置要求较高的零件。T68 卧式镗床是镗床中使用较广的一种，主要用于钻孔、镗孔、铰孔及加工端平面等。使用附件后，还可车削螺纹。

3.4.1 结构、运动形式和控制要求

1. 主要结构

图 3 - 5 为 T68 卧式镗床外形结构示意图，它主要由床身、前立柱、镗头架、工作台、后立柱、尾座、上溜板、下溜板等部分组成。

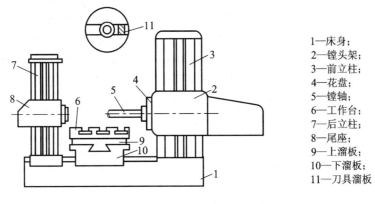

1—床身；
2—镗头架；
3—前立柱；
4—花盘；
5—镗轴；
6—工作台；
7—后立柱；
8—尾座；
9—上溜板；
10—下溜板；
11—刀具溜板

图 3 - 5 T68 卧式镗床结构示意图

镗床的床身是一个整体的铸件,在它一端固定有前立柱,在前立柱的垂直导轨上装有镗头架,镗头架可沿垂直导轨上下移动。镗头架里集中装有主轴、变速器、进给箱和操纵机构等部件。切削刀具一般装在镗轴前端的锥形孔里,或装在花盘的刀具溜板上。在切削过程中,镗轴一面旋转,一面沿轴向作进给运动,而花盘只能旋转,装在它上面的刀具溜板可作垂直于主轴轴线方向的径向进给运动。镗轴和花盘轴分别通过各自的传动链传动,因此可独立运动。

在床身的另一端装有后立柱,后立柱可沿床身导轨在镗轴轴线方向调整位置。在后立柱导轨装有尾座,用来支撑镗杆的末端,尾座与镗头架同时升降,保证两者的轴心在同一水平线上。

工作台安置在床身中部的导轨上,可以借助上、下溜板作横向、纵向水平移动,工作台相对于上溜板可作回转运动。

2. 运动形式

(1)主运动:指镗轴和花盘的旋转运动。

(2)进给运动:指镗轴的轴向移动、花盘上刀具溜板的径向移动、工作台的横向移动、工作台的纵向移动和镗头架的垂直进给。

(3)辅助运动:指工作台的旋转、尾座随同镗头架的升降和后立柱的水平移动。镗床的加工实例示意图如图3-6所示。

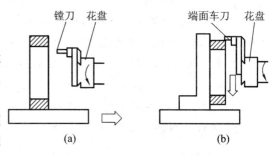

图 3-6 镗床的加工实例示意图
(a)镗大孔;(b)车端面

3. 控制要求

主运动和进给运动用同一台电机拖动。机床采用机电联合调速,即用变速箱进行机械调速,用交流双速电机完成电气调速。主轴电机可以正转、反转、点动、双速调速和制动。

为了缩短调整工件和刀具间相对位置的时间,机床各部分还可以用快速移动电动机进行拖动。

根据镗床的工作特点,对电气控制电路的要求如下:

(1)机床的主轴运动和进给运动用同一台双速电机 M_1 来拖动。机械齿轮变速和电动机变极调速相结合,既可获得较宽广的调速范围,又能简化机械传动机构。

(2)为避免机床和刀具的损坏,主轴刀具作旋转运动时,镗杆带动刀具作主轴进给运动或工作台带工件作进给运动,两者只允许选择其一,要求主轴进给和工作台进给必须互锁。

(3)主轴及进给变速可在启动前预选,也可在工作过程中进行变速。为保证变速后齿轮的良好啮合,主轴变速和进给变速时主轴电动机应有变速冲动。

(4)采用快速移动电机 M_2 拖动各进给部分快速移动。

3.4.2 主电路分析

T68卧式镗床电气控制电路如图3-7所示。

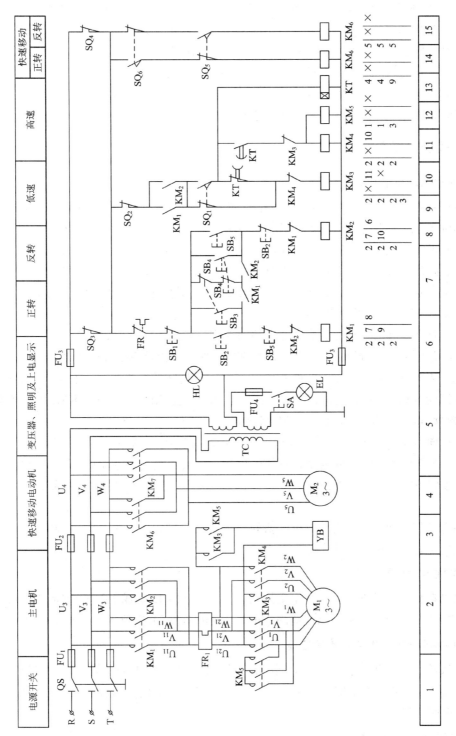

图 3－7　T68 卧式镗床电气控制原理图

接触器 KM_1 和 KM_2 的主触点控制主轴电动机 M_1 的正、反转,接触器 KM_3 的主触点在低速时将定子绕组接成三角形,接触器 KM_4、KM_5 的主触点在高速时将定子绕组接成双星形。在三角形和双星形接法的电动工作状态,主轴断电制动型电磁铁 YB 线圈通电,松开抱闸,电动机运转;停转时,电动机 M_1 断电,电磁铁 YB 线圈断电,电动机抱闸制动,迅速停车。主电路的热继电器 FR_1 用作电动机 M_1 的过载保护。

接触器 KM_6 和 KM_7 的主触点控制快速移动电机 M_2 的正、反转。由于 M_2 只作点动操作,运行时间较短,因此电路不需要设置过载保护。

3.4.3 控制电路分析

1. 主轴电动机的启动

主轴电动机的启动方法有正、反向的高、低速启动和正、反向点动控制。高速启动时,为减小启动电流,先低速启动,然后切换至高速启动并运行。电路中,控制按钮 SB_2、SB_5 为高、低速正、反向启动按钮,SB_3、SB_4 为正、反向点动控制按钮。

(1)正向低速启动。主轴电动机变速手柄在低速位置,位置开关 SQ_1 为原态。按动启动按钮 SB_2,接触器 KM_1 线圈通电自锁,接触器 KM_3 线圈通电,断电制动电磁铁 YB 线圈通电,电动机 M_1 松闸做低速启动和运行。

(2)正向高速启动。主轴电动机变速手柄在高速位置,压下位置开关 SQ_1。按动启动按钮 SB_2,接触器 KM_1 线圈通电自锁,通电延时型时间继电器 KT 线圈通电,接触器 KM_3 线圈通电,断电制动电磁铁 YB 线圈通电,电动机 M_1 松闸做低速启动;时间继电器 KT 线圈通电的同时开始延时,延时时间到后,接触器 KM_3 线圈断电,接触器 KM_4 和 KM_5 线圈通电(电磁铁 YB 维持通电),电动机 M_1 高速启动并运行。

(3)正向点动。按下正向点动按钮 SB_3,接触器 KM_1 线圈通电(无自锁),位置开关 SQ_1 为原态,接触器 KM_3 线圈通电,制动电磁铁 YB 线圈通电,电动机 M_1 松闸做低速点动。松开按钮 SB_3,接触器 KM_1、KM_3、YB 线圈失电,主轴电动机 M_1 松闸制动,停止工作。

主轴电动机反向高、低速启动和点动的控制按钮分别为 SB_5 和 SB_4,控制过程的分析方法与正向类似,读者可自行分析。

2. 主轴电动机的制动

主轴电动机转动过程中,按下停止按钮 SB_1,接触器 KM_1 或 KM_2 线圈断电,KM_3 或 KM_4 和 KM_5 线圈断电,电磁铁 YB 线圈断电,主轴电动机 M_1 抱闸制动,迅速停车。

3. 主轴进给和工作台进给的互锁

主轴进给手柄扳到进给位置,压下限位开关 SQ_3,工作台进给手柄扳到进给位置时压下限位开关 SQ_4,若两个手柄均扳在进给位置,则 SQ_3、SQ_4 的常闭触点都断开,切断控制电路,实现两者间的互锁。

4. 主轴变速或进给变速

镗床主轴变速或进给变速时,主轴电动机可获得自动低速正向启动,以利于齿轮啮合。该机床的主轴变速和进给变速是在主轴电动机运转中进行的。

拉出主轴变速操作盘或进给变速手柄，限位开关 SQ_2 受压断开，接触器 KM_3 或 KM_4、KM_5 线圈断电，时间继电器 KT 线圈断电，电磁铁 YB 线圈断电，主轴电动机 M_1 抱闸制动并停转。选择好主轴转速后，推回变速操作盘，则 SQ_2 复位闭合，接触器 KM_3 线圈通电，主轴电动机 M_1 自动低速启动。若齿轮未啮合好，变速操作盘推不上，此时只要拉出主轴变速操作盘或进给变速手柄，位置开关 SQ_2 就会受压断开，主轴电动机 M_1 停转，来回推拉，可以使电动机 M_1 产生变速冲动，直至变速操作盘或手柄推回原位，齿轮正确啮合为止。

5. 快速移动

快速电动机 M_2 拖动镗床各部件的快速移动，快速手柄扳到正向或反向快速位置时，压动限位开关 SQ_6 或 SQ_5，接触器 KM_6 或 KM_7 线圈通电，电动机 M_2 正向或反向转动，运动部件按照所选方向快速移动。

3.4.4 辅助电路分析

控制变压器 TC 将 380 V 的交流电降到 36 V，供照明电路使用。熔断器 FU_4 是照明电路的短路保护。开关 SA 控制照明灯电路的通断。EL 是电源指示信号灯，当控制变压器有电时，信号灯亮。

3.5　摇臂钻床电气控制系统

钻床用来对工件进行钻孔、扩孔、绞丝、锪平面和攻螺纹等加工，在有工装的条件下还可以进行镗孔。钻床的形式很多，主要有台式钻床、立式钻床、摇臂钻床和专用钻床等。台式钻床和立式钻床结构简单，应用的灵活性及范围受到一定的限定，摇臂钻床操作方便、灵活，适用范围广，具有典型性，多用于中、大型零件的加工，是常见的机加工设备。下面以 Z3040 型摇臂钻床为例，介绍摇臂钻床电气控制系统的工作原理。

3.5.1 主要结构及运动情况

Z3040 型摇臂钻床最大钻孔直径 40 mm，跨距 1200 mm，主要由底座、内外立柱、摇臂、主轴箱、主轴及工作台等部分组成，结构外形如图 3−8 所示。摇臂钻床的内立柱固定在底座上，外立柱可绕内立柱回转 360°（不要沿一个方向连续转动以防扭断内立柱中的电线）；摇臂可以借助丝杆在外立柱上作升降运动，并可以与外立柱一起沿内立柱作回转运动；主轴箱可以沿摇臂上的导轨作水平移动。回转、升降、水平三种形式的运动构成主轴箱带动刀具在立体空间的三维运动，加工前，可以将主轴上安装

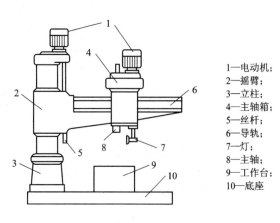

1—电动机；
2—摇臂；
3—立柱；
4—主轴箱；
5—丝杆；
6—导轨；
7—灯；
8—主轴；
9—工作台；
10—底座

图 3−8　摇臂钻床外形结构

的刀具移至固定在底座上工件的任一加工位置。加工时，使用液压机构驱动夹紧装置将主

轴箱夹紧固定在摇臂导轨上，摇臂夹紧在外立柱上，外立柱夹紧在内立柱上，然后用主轴的旋转与进给带动刀具对工件进行孔的加工。

摇臂钻床主要运动形式如下。

1. 主轴带刀具的旋转与进给运动

主轴的旋转与进给运动由一台三相交流异步电动机(3 kW)驱动，主轴的转动方向由机械及液压装置控制。

2. 各运动部件的移位运动

主轴在三维空间的移位运动有主轴箱沿摇臂长度方向的水平移动(手动)，摇臂沿外立柱的升降运动(摇臂的升降运动由一台1.1 kW笼型三相异步电动机拖动)，外立柱带动摇臂沿内立柱的回转运动(手动)等三种。各运动部件的移位运动用于实现主轴的对刀移位。

3. 移位运动部件的夹紧与放松

摇臂钻床的三种对刀具移位装置对应三套夹紧与放松装置，对刀移动时，需要将装置放松，机加工过程中，需要将装置夹紧。三套夹紧装置分别为摇臂夹紧(摇臂与外立柱之间)、主轴箱夹紧(主轴箱与摇臂导轨之间)、立柱夹紧(外立柱和内立柱之间)等。通常主轴箱和立柱的夹紧/放松同时进行。摇臂的夹紧与放松则要与摇臂升降运动结合进行。Z3040摇臂钻床夹紧与放松机构液压原理如图3-9所示，图中液压泵采用双向定量泵。液压泵电动机 M_3(0.6 kW)正、反转时，驱动液压缸中活塞的左、右移动，实现夹紧装置

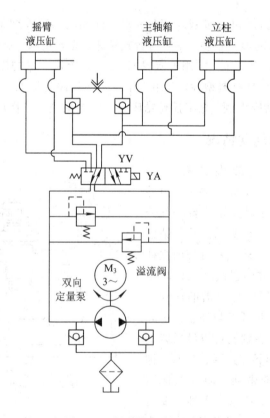

图3-9 摇臂钻床液压原理

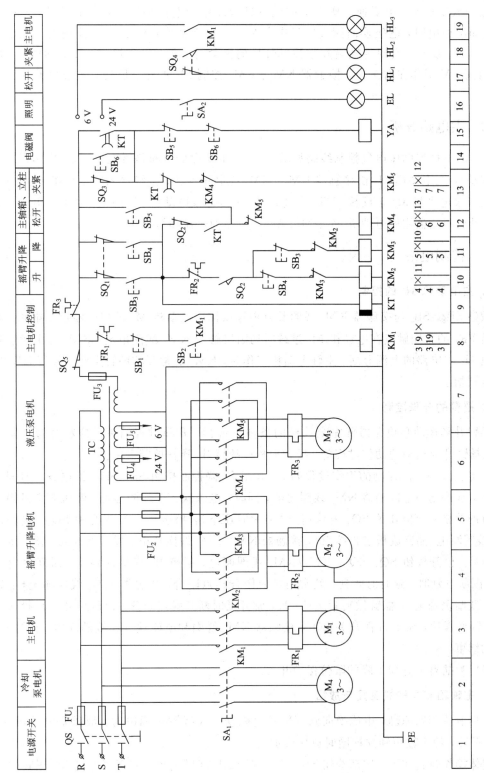

图 3-10 Z3040 摇臂钻床控制电路

的夹紧与放松运动。电磁换向阀 YV 的电磁铁 YA 用于选择夹紧、放松的对象,电磁铁 YA 线圈不通电时,电磁换向阀 YV 工作在左工位,接触器 KM_4、KM_5 控制液压泵电动机 M_3 的正、反转,实现主轴箱和立柱(同时)的夹紧与放松;电磁铁 YA 线圈通电时,电磁换向阀 YV 工作在右工位,接触器 KM_4、KM_5 控制 M_3 的正、反转,实现摇臂的夹紧与放松。

3.5.2 主电路分析

Z3040 型摇臂钻床电气控制线路见图 3-10。电源由低压断路器引入(FU_1 用作系统的短路保护),主电动机 M_1 由接触器 KM_2、KM_3 控制正反转;接触器 KM_4、KM_5 的主触点控制液压泵电动机 M_3 正反转,FR_2 作过载保护;冷却泵电动机 M_4 的工作由组合开关 SA_1 控制,低压断路器用做电动机 M_1、M_2、M_3 主电路的过流和短路保护。

3.5.3 控制电路

1. 主电动机 M_1 的控制

按钮 SB_1、SB_2 与接触器 KM_1 线圈及自锁触点构成电动机 M_1 的启—停控制电路。热继电器 FR_1 的常闭触点在电动机 M_1 过载时切断接触器 KM_1 线圈电流,KM_1 的主触点将电动机 M_1 主电路的电源分断。主轴电动机工作时,KM_1 的常开辅助触点使信号灯 HL_3 通电作运行指示。

2. 摇臂的升降控制

摇臂升降运动必须在摇臂完全放松的条件下进行,升降过程结束后应将摇臂夹紧固定。故摇臂升降运动的动作过程为:摇臂放松→摇臂升/降→摇臂夹紧。

摇臂上升与下降控制的工作过程如下:按下升/降控制按钮 SB_3/SB_4,断电延时时间继电器 KT 线圈通电,接触器 KM_4 线圈通电,同时,电磁铁 YA 线圈通电,液压夹紧机构实现摇臂的放松;行程开关 SQ_3 复位(摇臂夹紧时压下),松至压下行程开关 SQ_2,接触器 KM_4 线圈断电(摇臂放松过程结束),接触器 KM_2/KM_3 线圈通电,摇臂上升或下降;至需要高度后,松开按钮 SQ_3/SQ_4,KM_2/KM_3 线圈断电,摇臂升/降运动停止;时间继电器 KT 线圈断电延时,延时时间到,其常闭延时闭合触点闭合,接触器 KM_5 线圈通电(电磁铁 YA 线圈仍通电),摇臂做夹紧运动;KT 常开延时断开触点断开,行程开关 SQ_3 投入工作,摇臂夹紧后,压下行程开关 SQ_3,接触器 KM_5 线圈和电磁铁 YA 线圈断电。摇臂升/降运动结束。

SQ_1 为摇臂上升和下降的限位保护开关。

3. 主轴箱和立柱的夹紧与放松

根据液压回路原理,电磁换向阀 YV 的电磁铁 YA 线圈不通电时,液压泵电动机 M_3 的正、反转,使主轴箱和立柱同时放松或加紧。

具体操作过程如下:按动按钮 SB_5,接触器 KM_4 线圈通电,液压泵电机 M_3 正转(YA 不通电),主轴箱和立柱的夹紧装置放松,完全放松后位置开关 SQ_4 不受压,指示灯 HL_1 作主轴箱和立柱的放松指示,松开按钮 SB_5,KM_4 线圈断电,液压泵电机 M_3 停转,放松过程结束。HL_1 放松指示状态下，可手动操作外立柱带动摇臂沿内立柱的回转动作，以及主轴箱沿摇臂长度方向水平移动。

按动按钮 SB_6，接触器 KM_5 线圈通电，主轴箱和立柱的夹紧装置夹紧，夹紧后压下位置开关 SQ_4，指示灯 HL_2 作夹紧指示，松开按钮 SB_6，接触器 KM_5 线圈断电，主轴箱和立柱的夹紧状态保持。在 HL_2 的夹紧指示状态下，可以进行孔加工(此时不能手动移位)。

3.6 桥式起重机电气控制系统

起重机是用来起吊和放下重物，并能使重物短距离水平移动的机械设备，是现代化生产不可缺少的工具之一。起重机的种类很多，有门式起重机、塔式起重机、桥式起重机等，其中以桥式起重机(俗称行车)应用最为广泛。

3.6.1 结构、运动形式和控制要求

1. 结构及运动形式

桥式起重机一般由桥架、小车及大车移动机构和装在小车上的提升机构等组成。其结构示意图如图 3-11 所示。

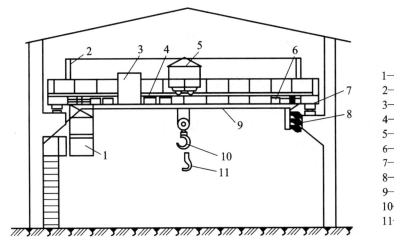

1—驾驶室；
2—辅助滑线架；
3—交流磁力控制盘；
4—电阻箱；
5—起重小车；
6—大车移动机构；
7—端梁；
8—主滑线；
9—主梁；
10—主钩；
11—副钩

图 3-11　桥式起重机的主要结构

1) 桥架

桥架是起重机的基体，由主梁、端梁、走道等部分组成。主梁横跨在车间中间，其两端有端梁，组成箱式桥架，两侧设有走道。一侧安装大车移行机械传动装置，使桥架可在沿车间长度铺设的轨道上作纵向运动。另一侧安装小车所有电气设备，主梁上铺有小车移动轨道，使小车可以横向移动。

2) 大车

大车移行机构由大车电动机、制动器、传动机构、车轮等组成。大车的拖动可以由一

台电动机经减速装置拖动两个主动轮同时移动，也可以用两台电动机经减速装置分别拖动两个主动轮同时移动。

3）小车

小车俗称跑车，由小车架、提升机构、小车移动机构和限位开关等组成。15 t 以上的桥式起重机有两套提升机构，即主提升机构（主钩）和副提升机构（副钩）。

2. 控制要求

桥式起重机由交流电网供电。由于必须经常移动，小型起重机（10 t 以下）常采用软电缆供电，大车在导轨上移动以及小车在大车的导轨上移动时，供电电缆随之伸展或叠卷；中、大型起重机（20 t 以上）采用滑线和电刷供电，车间电源连接到 3 根主滑线上，通过电刷将电源引入起重机电气设备。滑线通常用圆钢、角钢、V 形钢或钢轨制成。

起重机的工作条件十分恶劣，常用于有粉尘、高温、高湿度的环境下，负载性质属于短时重复工作制，经常处于频繁带载启动、制动、正反转状态，要承受较大的过载和机械冲击。为提高起重机的生产效率和可靠性，对电力拖动提出如下要求：

（1）由于电动机频繁启动，且经常是有载启动，启动转矩要大，启动电流要小，通常采用绕线式异步电动机拖动，转子回路串电阻启动。

（2）提升机构要具有一定的调速范围，空载、轻载要快，重载慢；在起吊和重物快要下降到地面时要有适当的低速区。起重机属恒转矩负载，采用恒转矩调速方法，普通起重机的调速范围为 3，要求较高时可达 5～10。

（3）提升的第一挡作为预备挡，用以消除传动间隙、张紧钢丝绳，以避免过大的机械冲击。

（4）当负载下放时，根据负载大小，电动机可自动转换到电动状态、倒拉反接状态或再生制动状态。

（5）由于起重机为短时重复工作制，允许电动机短时过载运行。

（6）采用电气和电磁机械双重制动。

（7）应具有必要的零位、短路、过载和终端保护。

3.6.2 主电路分析

图 3-12 是 20 t/5 t 中级通用吊钩式桥式起重机的电气控制系统原理图。

QS_1 为三相电源开关，大车、小车、主钩、副钩电源用接触器 KM 控制，主钩控制电源用 QS_2 控制。

（1）提升机构：桥式起重机有两个提升机构，主钩额定起重量为 20 t，副钩额定起重量为 5 t，分别用 M_5 和 M_1 拖动，用电磁制动器 YA_5 和 YA_1 制动；主钩电动机容量较大，用主令控制器 SA_2 控制接触器，再由接触器控制电动机 M_5。副钩用凸轮控制器 QM_1 控制。

（2）大车采用 M_3 和 M_4 分别拖动，共用一台凸轮控制器 QM_3 控制，采用电磁制动器 YA_3 和 YA_4 制动。

（3）小车由 M_2 拖动。小车移行机构用一台凸轮控制器 QM_2 控制，采用电磁制动器 YA_2 制动。

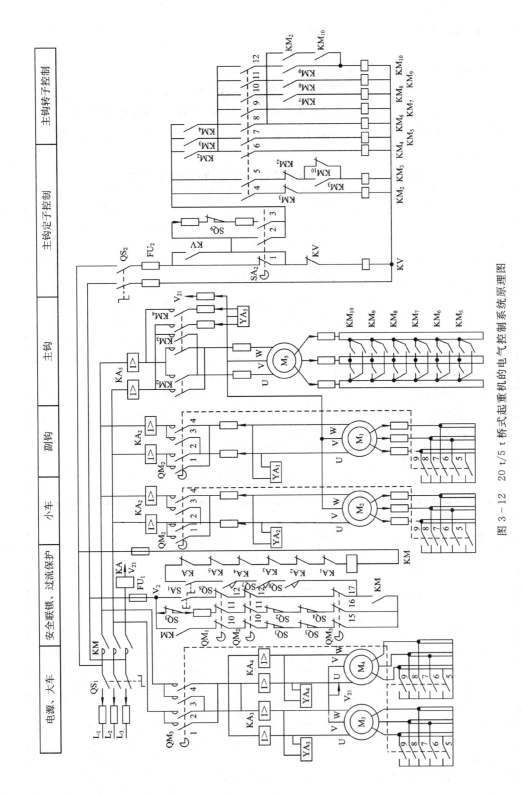

图 3-12 20 t/5 t 桥式起重机的电气控制系统原理图

3.6.3 控制电路分析

1. 大车、小车和副钩控制电路

大车、小车、副钩所用凸轮控制器控制线路基本相同,下面以小车移动机构控制电路为例进行分析。小车移动机构控制电路主要由凸轮控制器 QM_2、制动电磁铁 YA_2、保护用继电器 KA_2、电动机 M_2、转子电阻器 R_2 组成。表 3-8 是大车、小车、副钩凸轮控制器触点闭合表。

表 3-8 大车、小车、副钩凸轮控制器触点闭合表

状态 触点	向后					0	向前				
位置	5	4	3	2	1		1	2	3	4	5
QM_2(小车控制)											
1							+	+	+	+	+
2	+	+	+	+	+						
3							+	+	+	+	+
4	+	+	+	+	+						
5	+	+	+	+				+	+	+	+
6	+	+	+						+	+	+
7	+	+								+	+
8	+										+
9	+										+
10						+	+	+	+	+	+
11	+	+	+	+	+	+					
12						+					
状态 触点	向上					0	向下				
位置	5	4	3	2	1		1	2	3	4	5
QM_1(副钩控制)											
1							+	+	+	+	+
2	+	+	+	+	+						
3							+	+	+	+	+
4	+	+	+	+	+						
5	+	+	+	+				+	+	+	+
6	+	+	+						+	+	+
7	+	+								+	+
8	+										+
9	+										+
10						+	+	+	+	+	+
11	+	+	+	+	+	+					
12						+					

触点 \\ 位置（状态）	向右					0	向左				
	5	4	3	2	1	0	1	2	3	4	5
QM$_3$（大车控制）											
1							+	+	+	+	+
2	+	+	+	+	+						
3							+	+	+	+	+
4	+	+	+	+	+						
5	+	+	+					+	+	+	+
6	+	+	+						+	+	+
7	+	+								+	+
8	+										+
9	+										+
10	+	+	+	+				+	+	+	+
11	+	+	+						+	+	+
12	+	+								+	+
13	+										+
14	+										+
15						+	+	+	+	+	+
16	+	+	+	+	+	+					
17						+					

　　小车移动机构控制用的凸轮控制器除 0 位置外，向前（正转）和向后（反转）各有 5 挡工作位置、12 对触点。从表 3-8 可以看出，在 0 位置时，有 9 对动合触点，3 对动断触点，其中 4 对动合触点（1~4）用于控制电动机的正反转，另外 5 对动合触点用于短接转子电阻，控制电机的转速。3 对动断触点用于保护电路。

　　电源经开关 QS$_1$ 和接触器 KM 的 3 个动合主触点引入，其中一相经电流继电器 KA 直接接到电动机定子端 V，另外两相则经电流继电器 KA$_2$ 和凸轮控制器 QM$_2$ 的 1~4 触点接到电动机定子端 U、W。在定子出线端并联有三相交流制动电磁铁 YA$_2$，当定子加上电压启动时，YA$_2$ 通电，将制动器松开。

　　凸轮控制器的触点 5~9 与转子回路电阻相连，转子串接电阻采用不对称接法，在凸轮控制器的左右 5 挡操纵位置，可逐级切除电阻，从而得到不同转速。在位置 1 时，转子电阻全部接入，电机转速最低；在位置 5 时，电阻被全部切除，电机转速最高。

2. 主钩升降机构控制电路

1）主钩升降运动的特点及电动机运行的状态

主钩升降有以下几种情况：

（1）当主钩向上提升重物时，由摩擦产生的阻力矩与重物产生的位能力矩相加成为负载力矩，电动机工作在正向电动状态，转速方向为正（向上提升），电动机电磁力矩方向和转速方向相同，负载力矩方向和转速方向相反，属于恒转矩负载。改变串接在转子电路中的电阻，可以分级调节电动机的转速。

（2）当下放较轻货物时，位能力矩小于摩擦力矩，欲使轻物下放，电动机需接反向相序电源，使电动机工作在反向电动状态。此时，转速方向为负（下放），电动机电磁力矩方向与转速方向相同，负载力矩等于摩擦阻力矩与位能力矩之差，方向和转速相反。电动机转子绕组串接电阻越大，对应稳定转速越低。

（3）当下放较重货物时，位能负载力矩大于摩擦阻力矩，为控制下放速度不致过快，电动机应接正向相序电源，此时转速方向为负，电动机电磁转矩和转速方向相反，成为制动转矩，电动机工作于反接制动状态。此时串接于电动机转子回路的电阻越大，稳定转速越高。在反接制动下放重物过程中，电动机从轴上输入机械功率，同时从电源吸收电磁功率，这两部分功率主要消耗在转子电路所串电阻上。

（4）当下放较重货物时，如电动机接反向相序电源，在下放转速低于同步转速时，电动机的电磁转矩与转速方向相同，电动机在电磁转矩及位能力矩共同作用下，加速下放重物，直至转速高于同步转速，电磁转矩变为制动转矩，才能达到稳定下放转速，此时电动机工作于回馈制动状态。在回馈制动下放重物时，串接于转子电路的电阻越大，稳定转速越高。此时电动机从转轴上输入的机械功率，大部分变为电能回馈给电源。

2）主钩控制电路分析

电源经开关 QS_1、接触器 KM 的 3 个动合主触点和电流继电器 KA_5、KA 引入后，由接触器 KM_2 和 KM_3 控制电动机的正反转，KM_4 控制三相交流电磁铁 YA_5 的通断。表 3-9 是主钩主令控制器触点闭合表。

表 3-9　主钩主令控制器触点闭合表

状态 触点 ＼ 位置	下降 强力			下降 制动			0	上升					
	5	4	3	2	1	J		1	2	3	4	5	6
1							+						
2	+	+	+										
3				+	+	+		+		+		+	
4	+	+	+										
5				+	+			+	+	+			
6	+	+	+	+	+			+	+	+			
7	+	+	+	+	+			+	+	+			
8	+	+	+		+				+	+	+		
9			+	+							+	+	+
10	+										+		
11	+											+	+
12	+												+

合上电源开关 QS_1、QS_2，主令控制器置于"0"位置，触点 1 闭合，电压继电器 KV 通

过电流继电器 KA_5 的动断触点通电吸合并自锁，为电动机启动作好准备。

当主令控制器手柄置上升"1"挡位置时，根据触点状态表知，触点 3、5、6、7 闭合。触点 3 闭合将提升限位开关 SQ_9 动断触点串入电路，起限位保护作用。触点 5 闭合使提升接触器 KM_3 通电吸合并自锁，主钩提升电动机 M_5 定子加正相序电压，KM_3 的辅助动合触点闭合，为切除各级转子串接电阻的接触器 $KM_5 \sim KM_{10}$ 及控制制动电磁铁的接触器 KM_4 作好电源准备。触点 6 闭合，接触器 KM_4 通电，使制动电磁铁 YA_5 随之通电，松开电磁抱闸，提升电动机 M_5 可自由转动。触点 7 闭合使接触器 KM_5 通电吸合，转子电阻被切除一级，电动机 M_5 低速启动。

主令控制器 SA_2 置"2"挡位置时，较"1"挡增加触点 8 闭合，接触器 KM_6 通电，电动机 M_5 转子电阻又被切除一级，电动机转速增加。主令控制器置于 3、4、5 挡时，接触器 KM_7、KM_8、KM_9、KM_{10} 相继通电吸合，电动机转子电阻各段相继被切除，电动机转速逐级增加，至 6 挡时，电动机达到最高转速，转子电阻只剩一段常串电阻。

主钩下降时，主令控制器 SA_2 下降控制挡位也有 6 挡，其中前 3 挡(J、1、2)因触点 3、5 闭合使接触器 KM_3 通电吸合，电动机仍加正相序电压，与提升时相同，而在后 3 挡(3、4、5)，主令控制器触点 2、4 闭合，接触器 KM_2 通电吸合，电动机加反相序电压，与提升时相反。

主令控制器置于下降"J"挡时，触点 3、5、7、8 闭合，此时虽然触点 1 断开，但由于电压继电器 KV 已通电自锁，故 KV 通电状态不受影响。触点 3 闭合，提升限位开关 SQ_9 的动断触点仍串入电路作提升上限保护。触点 5 闭合，使 KM_3 通电吸合并自锁，电动机定子绕组加正相序电压，KM_3 辅助触点闭合，为后面的操作接通电源。触点 7、8 闭合，KM_5、KM_6 通电吸合，转子电阻被切除两级。由于 KM_4 尚未吸合，电磁抱闸未松开，电机尚不能转动，其作用是使齿轮等传动部件铰合好，以免重物下降时产生冲击。所以"J"挡是下降的准备挡，在此停留时间不能太长，以免烧坏电气设备。

主令控制器置于下降"1"挡时，触点 3、5、6、7 闭合。其中触点 6、7 闭合，使 KM_4、KM_5 通电吸合，YA_5 通电，电磁抱闸松开，转子电阻被切除一级。此时，若重物较重，负载力矩大于电动机电磁力矩，则电动机在负载力矩倒拉下，低速放下重物，电动机工作于反接制动状态；若重物较轻，负载力矩小于电动机电磁力矩，则电动机工作于正向电动状态，重物不但不下放，反而被提升，此时应迅速将主令控制器转换到下一个挡位。

主令控制器置于下降"2"挡时，触点 3、5、6 闭合，电动机仍加正相序电压，产生正向电动力矩，转子电阻全部加入，所以负载力矩大于电磁力矩，重物下降的速度较"1"挡高些。若负载力矩小于电磁力矩，则重物仍将被提升，此时应迅速转换到下一个挡位。

主令控制器置于下降"3"挡时，触点 2、4、6、7、8 闭合。触点 2 闭合为下面的控制接通电源。触点 4、6 闭合，KM_2、KM_4 通电吸合，电磁抱闸松开，电动机加反相序电压，产生反向电磁力矩。KM_2 辅助触点闭合为下面的操作接通电源。触点 7、8 闭合将转子电阻切除两级，电动机处于反向电动状态，重物下降。负载越重，下降速度越快。

主令控制器置于下降"4"、"5"挡位置时，电动机工作状态与下降"3"挡时相同，转子电阻被逐级切除，仅剩一段常串电阻，轻载下降速度较"3"挡高，重载下降速度较"3"挡低。

3）保护与联锁

略(请读者自行分析)

本章在前面讲述的常用电器和电气控制基本环节的基础上，应用电气原理图的查线分析法对典型的机床设备（车、铣、磨、镗床）和起重设备的电气控制电路进行了分析。通过典型电路的分析，可使学生掌握电气控制电路的分析方法，为设备故障的判断、维修打下一定的基础。

习　　题

3.1　电气原理图常用什么分析方法？简述机床电气原理图的分析步骤。

3.2　分析 C650 车床反向启动过程和反转停车过程。

3.3　试分析 T68 卧式镗床的控制电路，并解释：

(1) 它有哪些主运动？有哪些进给运动？由哪个电动机拖动？各行程开关起什么作用？

(2) 双速电动机高速时如何接？低速时如何接？

3.4　分析 Z3040 摇臂钻床摇臂升降的过程，并说明上刀制动原理。

3.5　X62W 万能铣床电气控制电路中设置主轴及进给冲动控制环节的作用是什么？请简述主轴变速冲动控制的工作原理。

3.6　请叙述 X62W 万能铣床工作台向左移动的电路工作原理。

3.7　请叙述 X62W 万能铣床控制线路中圆工作台控制过程及连锁保护的工作原理。

3.8　在 20 t/5 t 桥式起重机控制电路中，为什么不采用熔断器和热继电器作短路和过载保护，而要采用过电流继电器？

3.9　根据起重机主钩下降过程中各挡位的工作特点，说明操作时应注意哪些事项。

3.10　根据表 3-8 分析 20 t/5 t 桥式起重机的大车控制电路，说明如何改变运动方向，如何调整，并分析有关的保护。

第4章 可编程控制器简介

可编程控制器是在继电器控制和计算机技术的基础上，逐渐发展成的以微处理器为核心，集微电子技术、自动化技术、计算机技术、通信技术为一体，以工业自动化控制为目标的新型控制装置，目前已在工业、交通运输、农业、商业等领域得到了广泛应用，成为各行业的通用控制核心产品。本章先简单介绍了 PLC 的产生与发展、特点与分类，然后以 S7-200 系列 PLC 为例，介绍了 PLC 的组成和工作原理，内部元器件，输入、输出及扩展以及编程语言。

4.1 概　　述

4.1.1 可编程控制器的产生与发展

研究自动控制装置的目的，是为了最大限度地满足人们对机械设备的要求。曾一度在控制领域占主导地位的继电器控制系统，存在着控制能力弱，可靠性低的缺点，而且设备的固定接线控制装置不利于产品的更新换代。20 世纪 60 年代末期，在技术改造浪潮的冲击下，为使汽车结构及外形不断改进，品种不断增加，需要经常变更生产工艺。人们希望在控制成本的前提下，尽可能缩短产品的更新换代周期，以满足生产的需求，使企业在激烈的市场竞争中取胜。为此，美国通用汽车公司(GM)1968 年提出了汽车装配生产线改造项目——控制器的十项指标，即新一代控制器应具备的十项指标：

(1) 编程简单，可在现场修改和调试程序；

(2) 维护方便，采用插入式模块结构；

(3) 可靠性高于继电器控制系统；

(4) 体积小于继电器控制柜；

(5) 能与管理中心计算机系统进行通信；

(6) 成本可与继电器控制系统相竞争；

(7) 输入量为 115 V 交流电压(美国电网电压是 110 V)；

(8) 输出量为 115 V 交流电压，输出电流在 2 A 以上，能直接驱动电磁阀；

(9) 系统扩展时，原系统只需做很小改动；

(10) 用户程序存储器容量至少 4 K 字节。

1969 年，美国数字设备公司(DEC)首先研制出第一台符合要求的控制器，即可编程逻辑控制器，并在美国 GE 公司的汽车自动装配线上试用成功。此后，这项研究迅速得到发展，从美国、日本、欧洲普及到全世界。我国从 1974 年开始了研制工作，并于 1977 年应用于工业。目前，世界上已有数百家厂商生产 PLC，型号多达数百种。

早期的可编程控制器是为了取代继电器控制线路,采用存储器程序指令完成顺序控制而设计的。它仅有逻辑运算、定时、计数等功能,用于开关量控制,实际上只能进行逻辑运算,所以被称为可编程逻辑控制器,简称 PLC(Programmable Logic Controller)。进入 20 世纪 80 年代后,以 16 位和少数 32 位微处理器构成的控制器取得了飞速进展,使得可编程逻辑控制器在概念、设计、性能上都有了新的突破。采用微处理器之后,控制器的功能不再局限于当初的逻辑运算,而是增加了数值运算、模拟量处理、通信等功能,成为真正意义上的可编程控制器(Programmable Controller),简称为 PC。但为了与个人计算机 PC (Personal Computer)相区别,常将可编程控制器仍简称为 PLC。

随着可编程控制器的不断发展,其定义也在不断变化。国际电工委员会(IEC)曾于 1982 年 11 月颁布了可编程逻辑控制器标准草案第一稿,1985 年 1 月发表了第二稿,1987 年 2 月又颁布了第三稿。1987 年颁布的可编程逻辑控制器的定义为:"可编程逻辑控制器是专为在工业环境下应用而设计的一种数字运算操作的电子装置,是带有存储器,可以编制程序的控制器。它能够存储和执行命令,进行逻辑运算、顺序控制、定时、计数和算术运算等操作,并通过数字式和模拟式的输入/输出,控制各种类型的机械或生产过程。可编程控制器及其有关的外围设备,都应按易于工业控制系统形成一个整体、易于扩展其功能的原则设计。"

事实上,由于可编程控制技术的迅猛发展,许多新产品的功能已超出上述定义。

4.1.2 可编程控制器的特点和分类

1. 可编程控制器的特点

(1) 可靠性高。可靠性指的是可编程控制器的平均无故障工作时间。可靠性既反映了用户的要求,又是可编程控制器生产厂家着力追求的技术指标。目前,各生产厂家的 PLC 平均无故障安全运行时间都远大于国际电工委员会(IEC)规定的 10 万小时的标准。

可编程控制器在设计、制作,元器件的选取上,采用了精选、高度集成化和冗余量大等一系列措施,延长了元器件的使用工作寿命,提高了系统的可靠性。在抗干扰性上,采取了软、硬件多重抗干扰措施,使其能安全地工作在恶劣的工业环境中。国际大公司制造工艺的先进性,也进一步提高了可编程控制器的可靠性。

(2) 控制功能强。可编程控制器不但具有对开关量和模拟量的控制能力,还具有数值运算、PID 调节、数据通信、中断处理的功能。PLC 除具有扩展灵活的特点外,还具有功能的可组合性,如运动控制模块可以对伺服电机和步进电机速度与位置进行控制,实现对数控机床和工业机器人的控制。

(3) 组成灵活。可编程控制器品种很多。小型 PLC 为整体结构,并可外接 I/O 扩展机箱构成 PLC 控制系统。中大型 PLC 采用分体模块式结构,设有各种专用功能模块(开关量、模拟量输入/输出模块,位控模块,伺服、步进驱动模块等)供选用和组合,可由各种模块组成大小和要求不同的控制系统。PLC 外部控制电路虽然仍为硬接线系统,但当受控对象的控制要求改变时,还是可以在线使用编程器修改用户程序来满足新的控制要求的,这就极大限度地缩短了工艺更新所需要的时间。

(4) 操作方便。PLC 提供了多种面向用户的语言,如常用的梯形图 LAD(Ladder

Diagram），指令语句表 STL（Statement List），控制系统流程图 CSF（Control System Flowchart）等。PLC 的最大优点之一就是采用了易学易懂的梯形图语言。该语言以计算机软件技术构成人们惯用的继电器模型，直观易懂，极易被现场电气工程技术人员掌握，为可编程控制器的推广应用创造了有利条件。

现在的 PLC 编程器大都采用个人计算机或手持式编程器两种形式。手持式编程器有键盘、显示功能，通过电缆线与 PLC 相连，具有体积小，重量轻，便于携带，易于现场调试等优点。用户也可以用个人计算机对 PLC 进行编程及系统仿真调试，监控系统运行情况。目前，国内各厂家都编辑出版了适用于个人计算机使用的编程软件，编程软件的界面汉化，非常有利于 PLC 的学习和推广应用。同时，直观的梯形图显示，使程序输入及运行的动态监视更方便、更直观。PC 机程序的键盘输入和打印、存储设备，更是极大地丰富了 PLC 编程器的硬件资源。

2. 可编程控制器的分类

目前，可编程控制器产品的种类很多，型号和规格也不统一，通常只能按照其用途、功能、结构、点数等进行大致分类。

（1）按点数和功能分类。可编程控制器对外部设备的控制，外部信号的输入及 PLC 运算结果的输出都要通过 PLC 输入/输出端子来进行接线，输入/输出端子的数目之和被称作 PLC 的输入/输出点数，简称 I/O 点数。

为满足不同控制系统处理信息量的要求，PLC 具有不同的 I/O 点数、用户程序存储量和功能。由 I/O 点数的多少可将 PLC 分成小型（含微型）、中型和大型机（或称作高、中、低档机）。

小型（微型）PLC 的 I/O 点数小于 256 点，以开关量控制为主，具有体积小、价格低的优点，适用于小型设备的控制。

中型 PLC 的 I/O 点数在 256～1024 之间，功能比较丰富，兼有开关量和模拟量的控制功能，适用于较复杂系统的逻辑控制和闭环过程控制。

大型 PLC 的 I/O 点数在 1024 点以上，用于大规模过程控制、集散式控制和工厂自动化网络。

各厂家的可编程控制器产品自我定义的大型、中型、小型机各有不同。如有的厂家建议小型 PLC 为 512 点以下，中型 PLC 为 512～2048 点，大型 PLC 为 2048 点以上。

（2）按结构形式分类。根据结构形式的不同，可编程控制器可分为整体式结构和模块式结构两大类。

小型 PLC 一般采用整体式结构（即将所有电路集于一个箱内）为基本单元，该基本单元可以通过并行接口电路连接 I/O 扩展单元。

中型以上 PLC 多采用模块式结构，不同功能的模块可以组成不同用途的 PLC，适用于不同要求的控制系统。

（3）按用途分类。根据可编程控制器的用途，PLC 可分为通用型和专用型两大类。

通用型 PLC 作为标准装置，可供各类工业控制系统选用。

专用型 PLC 是专门为某类控制系统设计的，由于其具有专用性，因此其结构设计更为合理，控制性能更完善。

随着可编程控制器的应用与普及，专为家庭自动化设计的超小型 PLC 也正在形成家用微型系列。

3. PLC 的应用与发展

自从可编程控制器在汽车装配生产线的首次成功应用以来，PLC 在多品种、小批量、高质量的生产设备中得到了广泛的推广应用。PLC 控制已成为工业控制的重要手段之一，与 CAD/CAM、机器人技术一起成为实现现代自动化生产的三大支柱技术。

我国使用较多的 PLC 产品有德国西门子（SIEMENS）的 S7 系列，日本立石公司（OMRON）的 C 系列，三菱公司的 FX 系列，美国 GE 公司的 GE 系列等。各大公司生产的可编程控制器都已形成由小型到大型的系列产品，而且随着技术的不断进步，产品的更新换代很快，周期一般不到 5 年。

通过技术引进与合资生产，我国的 PLC 产品有了一定的发展，生产厂家已达 30 多家，为可编程控制器国产化奠定了基础。

从可编程控制器的发展来看，有小型化和大型化两个趋势。

小型 PLC 有两个发展方向，即小（微）型化和专业化。随着数字电路集成度的提高，元器件体积的减小及质量的提高，可编程控制器的结构更加紧凑，设计制造水平在不断进步。微型化的 PLC 不仅体积小，而且功能也大有提高。过去一些大中型 PLC 才有的功能，如模拟量的处理、通信，PID 调节运算等，均可以被移植到小型机上。同时，PLC 的价格的不断下降，将使它真正成为继电器控制系统的替代产品。

大型化指的是大中型 PLC 向着大容量、智能化和网络化方向发展，使之能与计算机组成集成控制系统，对大规模、复杂系统进行综合性的自动控制。

4.2 S7-200 系列 PLC 的组成和工作原理

S7-200 可编程控制系统由主机（基本单元）、I/O 扩展单元、功能单元（模块）和外部设备等组成。S7-200 PLC 主机（基本单元）的结构形式为整体式结构。下面以 S7-200 系列的 CPU 22X 小型可编程控制器为例，介绍 S7-200 系列 PLC 的构成。

4.2.1 CPU 226 型 PLC 的组成

S7-200 系列 PLC 有 CPU 21X 和 CPU 22X 两代产品，其中，CPU 22X 型 PLC 有 CPU 221、CPU 222、CPU 224 和 CPU 226 四种基本型号。本节以 CPU 226 型 PLC 为重点，来分析一下小型 PLC 的结构特点。

1. CPU 226 型 PLC 的结构分析

小型 PLC 系统由主机（主机箱）、I/O 扩展单元、文本/图形显示器、编程器等组成。CPU 226 主机的结构外形如图 4-1 所示。

CPU 226 主机箱体的外部设有 RS-485 通信接口，用以连接编程器（手持式或 PC 机）、文本/图形显示器、PLC 网络等外部设备；还设有工作方式开关、模拟电位器、I/O 扩展接

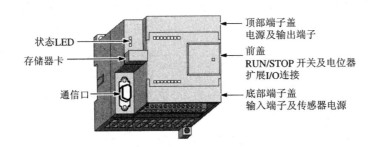

图 4－1　CPU 226 主机的结构外形

口、工作状态指示和用户程序存储卡、I/O 接线端子排及发光指示等。

（1）基本 I/O。CPU 22X 型 PLC 具有两种不同的电源供电电压，输出电路分为继电器输出和晶体管 DC 输出两大类。CPU 22X 系列 PLC 可提供四个不同型号的 10 种基本单元 CPU 供用户选用，其类型及参数如表 4－1 所示。

表 4－1　CPU 22X 系列 PLC 的类型及参数

	类型	电源电压	输入电压	输出电压	输出电流
CPU 221 CPU 222	DC 输入 DC 输出	24V DC	24V DC	24V DC	0.75A，晶体管
CPU 224 CPU 226 CPU 226XM	DC 输入 继电器输出	85～264V AC	24V DC	24V DC 24～230V AC	2A，继电器

CPU 221 集成了 6 输入/4 输出共 10 个数字量 I/O 点，无 I/O 扩展能力，有 6 K 字节的程序和数据存储空间。

CPU 222 集成了 8 输入/6 输出共 14 个数字量 I/O 点，可连接 2 个扩展模块，最大可扩展至 78 路数字量 I/O 或 10 路模拟 I/O 点，有 6 K 字节的程序和数据存储空间。

CPU 224 集成了 14 输入/10 输出共 24 个数字量 I/O 点，可连接 7 个扩展模块，最大可扩展至 168 路数字量 I/O 或 35 路模拟 I/O 点，有 13 K 字节的程序和数据存储空间。

CPU 226 集成了 24 输入/16 输出共 40 个数字量 I/O 点，可连接 7 个扩展模块，最大可扩展至 248 路数字量 I/O 或 35 路模拟 I/O 点，有 13 K 字节的程序和数据存储空间。

CPU 226XM 除程序和数据存储空间为 26 K 字节外，其他的与 CPU 226 相同。

CPU 22X 系列 PLC 的特点是：CPU 22X 主机的输入点为 24 V DC 双向光耦输入电路，输出有继电器和 DC（MOS 型）两种类型（CPU 21X 系列 PLC 的输入点为 24 V DC 单向光耦输入电路，输出有继电器和 DC、AC 三种类型）；具有 30 kHz 高速计数器，20 kHz 高速脉冲输出，RS-485 通信/编程口，PPI、MPI 通信协议和自由口通信能力。CPU 222 及以上 CPU 还具有 PID 控制和扩展的功能，内部资源及指令系统更加丰富，功能更强大。

CPU 226 主机共有 I0.0～I2.7 共 24 个输入点和 Q0.0～Q1.7 共 16 个输出点。CPU 226 的输入电路采用了双向光电耦合器，24 V DC 的极性可任意选择，系统设置 1M 为 I0.0～I1.4 输入端子的公共端，2M 为 I1.5～I2.7 字节输入端子的公共端。在晶体管输出电路中采用了 MOSFET 功率驱动器件，并将数字量输出分为两组，每组有一个独立公共端，共有 1L、2L 两个公共端，可接入不同的负载电源。CPU 226 的外部电路原理如图 4-2 所示。

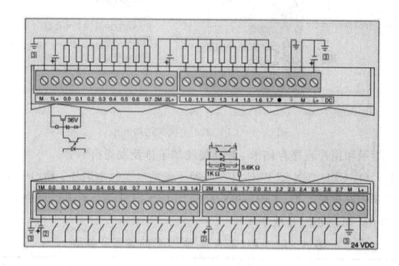

图 4-2　CPU 226 的外部电路原理图

S7-200 系列 PLC 的 I/O 接线端子分为固定式和可拆卸式两种结构。可拆卸式端子能在不改变外部电路硬件接线的前提下方便地拆装，为 PLC 的维护提供了便利。

（2）主机 I/O 及扩展。CPU 22X 系列 PLC 主机的 I/O 点数及可扩展的模块数目见表 4-2。

表 4-2　CPU 22X 系列 PLC 主机的 I/O 点数及可扩展的模块数

型　号	主机输入点数	主机输出点数	可扩展模块
CPU 221	6	4	无
CPU 222	8	6	2
CPU 224	14	10	7
CPU 226	24	16	7

（3）高速反应性。CPU 226 PLC 有六个高速计数脉冲输入端（I0.0～I0.5），最快的响应速度为 30 kHz，用于捕捉比 CPU 扫描周期更快的脉冲信号。

CPU 226 PLC 有两个高速脉冲输出端（Q0.0、Q0.1），输出的脉冲频率可达 20 kHz。用于 PTO（高速脉冲束）和 PWM（宽度可变脉冲输出）高速脉冲输出。

中断信号允许以极快的速度对过程信号的上升沿做出响应。

（4）存储系统。S7-200 CPU 的存储系统由 RAM 和 EEPROM 这两种存储器构成，用以存储用户程序、CPU 组态（配置）及程序数据等，如图 4-3 所示。

当执行程序下载操作时，用户程序、CPU 组态（配置）、程序数据等由编程器送入 RAM 存储器区，并自动拷贝到 EEPROM 区，永久保存。

系统掉电时，会自动将 RAM 中 M 存储器的内容保存到 EEPROM 存储器。

上电恢复时，用户程序及 CPU 组态（配置）将自动从 EEPROM 的永久保存区装载到 RAM 中。如果 V 和 M 存储区内容丢失，则 EEPROM 永久保存区的数据会复制到 RAM

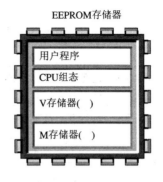

图 4 - 3   S7-200 CPU 的存储区域

中去。

执行 PLC 的上传操作时，RAM 区的用户程序、CPU 组态(配置)将上传到个人计算机(PC)中，RAM 和 EEPROM 中的数据块合并后也会上传到 PC 机中。

(5)模拟电位器。模拟电位器用来改变特殊寄存器(SM32、SM33)中的数值，以改变程序运行时的参数，如定时、计数器的预置值，过程量的控制参数等。

(6)存储卡。该卡位可以选择安装扩展卡。扩展卡有 EEPROM 存储卡、电池和时钟卡等模块。EEPROM 存储模块用于用户程序的拷贝复制。电池模块用于长时间保存数据。使用 CPU 224 内部的存储电容来存储数据，数据的存储时间为 190 小时，而使用电池模块存储数据，数据存储时间可达 200 天。

2. CPU 22X 的主要技术指标

CPU 的技术性能指标是选用 PLC 的依据，S7-200 CPU 的主要技术指标见表 4 - 3。

表 4 - 3   CPU 22X 的主要技术指标

特　性	CPU 221	CPU 222	CPU 224	CPU 226
外形尺寸	$90 \times 80 \times 62$	$90 \times 80 \times 62$	$120.5 \times 80 \times 62$	$190 \times 80 \times 62$
存　储　器				
程序	2048 字	1024 字	4096 字	4096 字
用户数据	1024 字	1024 字	2560 字	2560 字
用户存储器类型	EEPROM	EEPROM	EEPROM	EEPROM
数据后备(超级电容)典型值	50 小时	50 小时	190 小时	190 小时
输入/输出				
本机 I/O	6 入/4 出	8 入/6 出	14 入/10 出	24 入/16 出
扩展模块数量	无	2 个模块	7 个模块	7 个模块
数字量 I/O 映像区大小	256	256	256	256
模拟量 I/O 映像区大小	无	16 入/16 出	32 入/32 出	32 入/32 出

特　　性	CPU 221	CPU 222	CPU 224	CPU 226
指　　令				
33 MHz 下布尔指令执行速度	0.37 μs/指令	0.37 μs/指令	0.37 μs/指令	0.37 μs/指令
I/O 映像寄存器	128I 和 128Q	128I 和 128Q	128I 和 128Q	128I 和 128Q
内部继电器	256	256	256	256
计数器/定时器	256/256	256/256	256/256	256/256
字入/字出	无	16/16	32/32	32/32
顺序控制继电器	256	256	256	256
For/NEXT 循环	有	有	有	有
增数运算	有	有	有	有
实数运算	有	有	有	有
附 加 功 能				
内置高速计数器	4H/W (20 kHz)	4H/W (20 kHz)	6H/W (20 kHz)	6H/W (20 kHz)
模拟量调节电位器	1	1	2	2
脉冲输出	2(20 kHz, DC)	2(20 kHz, DC)	2(20 kHz, DC)	2(20 kHz, DC)
通信中断	1 发送器 2 接收器	1 发送器 2 接收器	1 发送器 2 接收器	2 发送器 4 接收器
定时中断	2(1～255 ms)	2 (1～255 ms)	2 (1～255 ms)	2 (1～255 ms)
硬件输入中断	4	4	4	4
实时时钟	有(时钟卡)	有(时钟卡)	有(内置)	有(内置)
口令保护	有	有	有	有
通　　信				
通信口数量	1 (RS-485)	1 (RS-485)	1 (RS-485)	1 (RS-485)
支持协议 0 号口 1 号口	PPI, DP/T, 自由口 N/A	PPI, DP/T, 自由口 N/A	PPI, DP/T, 自由口 N/A	PPI, DP/T, 自由口 PPI, DP/T, 自由口
PROFIBUS 点到点	NETR/NETW	NETR/NETW	NETR/NETW	NETR/NETW

4.2.2　工作原理

1. 扫描周期

S7-200 CPU 连续执行用户任务的循环序列称为扫描。可编程控制器的一个机器扫描周期是指用户程序运行一次所经过的时间，它分为读输入(输入采样)、执行程序、处理通信请求、执行 CPU 自诊断及写输出(输出刷新)等五个阶段。PLC 运行状态按输入采样、程序执行、输出刷新等步骤，周而复始地循环扫描工作，如图 4-4 所示。

图 4-4　S7-200 CPU 的扫描周期

（1）读输入阶段，对数字量和模拟量的输入信息进行处理。

① 对数字量输入信息的处理：每次扫描周期开始，先读数字输入点的当前值，然后将该值写到输入映像寄存器区域。在之后的用户程序执行过程中，CPU 将访问输入映像寄存器区域，而并非读取输入端口状态，因此输入信号的变化不会影响输入映像寄存器的状态。通常要求输入信号有足够的脉冲宽度，才能被响应。

② 对模拟量输入信息的处理：在处理模拟量的输入信息时，用户可以对每个模拟通道选择数字滤波器，即对模拟通道设置数字滤波功能。对变化缓慢的输入信号，可以选择数字滤波，而对高速变化信号不能选择数字滤波。

如果选择了数字滤波器，则可以选用低成本的模拟量输入模块。CPU 在每个扫描周期将自动刷新模拟输入，执行滤波功能，并存储滤波值（平均值）。当访问模拟量时，读取该滤波值。

对于高速模拟信号，不能采用数字滤波器，只能选用智能模拟量输入模块。CPU 在扫描过程中不能自动刷新模拟量输入值，当访问模拟量时，CPU 每次直接从物理模块读取模拟量。

（2）执行程序。在用户程序执行阶段，PLC 按照梯形图的顺序，自左而右、自上而下地逐行扫描。在这一阶段，CPU 从用户程序第一条指令开始执行，直到最后一条指令结束，程序运行结果放入输出映像寄存器区域。在此阶段，允许对数字量立即 I/O 指令和不设置数字滤波的模拟量 I/O 指令进行处理。在扫描周期的各部分，均可对中断事件进行响应。

（3）处理通信请求。在扫描周期的信息处理阶段，CPU 处理从通信端口接收到的信息。

（4）执行 CPU 自诊断测试。在此阶段，CPU 检查其硬件、用户程序存储器和所有的 I/O 模块状态。

（5）写输出。每个扫描周期的结尾，CPU 把存在输出映像寄存器中的数据输出给数字量输出端点（写入输出锁存器中），更新输出状态。当 CPU 操作模式从 RUN 切换到 STOP 时，数字量输出可设置为输出表中定义的值或保持当前值；模拟量输出保持最后写的值；缺省设置时，默认为关闭数字量输出（参见系统块设置）。

按照扫描周期的主要工作任务，也可以把扫描周期简化为读输入、执行用户程序和写输出三个阶段。

2. CPU 的工作方式

（1）S7-200 CPU 有两种工作方式：

① STOP（停止）。CPU 在停止工作方式时不执行程序，此时可以向 CPU 装载程序或进行系统设置。

② RUN（运行）。CPU 在 RUN 工作方式下运行用户程序。

CPU 前面板上用两个发光二极管显示当前的工作方式。在程序编辑、上/下载等处理过程中，必须把 CPU 置于 STOP 方式。

（2）改变工作方式的方法：

① 使用 PLC 上的方式开关来改变工作方式。

② 使用 STEP7 – Micro/WIN32 编程软件设置工作方式。

③ 在程序中插入一个 STOP 指令，CPU 可由 RUN 方式进入 STOP 工作方式。

（3）使用工作方式开关改变工作状态。用位于 CPU 模块的出/入口下面的工作方式开关选择 CPU 工作方式。工作方式开关有三个挡位：STOP、TERM(Terminal)、RUN。

① 把方式开关切换到 STOP 位，可以停止程序运行。

② 把方式开关切换到 RUN 位，可以启动程序的执行。

③ 把方式开关切换到 TERM（暂态）或 RUN 位，允许 STEP7 – Micro/WIN32 软件设置 CPU 的工作状态。

如果工作方式开关设置为 STOP 或 TERM，则电源上电时，CPU 自动进入 STOP 工作状态；如果设置为 RUN，则电源上电时，CPU 自动进入 RUN 工作状态。

（4）使用编程软件改变工作方式，详见附录 B。

4.3　S7-200 系列 PLC 内部元器件

PLC 是以微处理器为核心的电子设备。PLC 的指令都是针对元器件状态而言的，使用时可以将它看成是由继电器、定时器、计数器等元器件构成的组合体。PLC 内部设计了编程使用的各种元器件。PLC 与继电器控制的根本区别在于：PLC 采用的是软器件，以程序实现各器件之间的连接。本节从元器件的寻址方式、存储空间、功能等角度，叙述各种元器件的使用方法。

4.3.1　数据存储类型及寻址方式

PLC 内部元器件的功能是相互独立的，在数据存储区为每一种元器件都分配有一个存储区域。每一种元器件用一组字母表示器件类型，字母加数字表示数据的存储地址。例如，I 表示输入映像寄存器（又称输入继电器）；Q 表示输出映像寄存器（又称输出继电器）；M 表示内部标志位存储器；SM 表示特殊标志位存储器；S 表示顺序控制存储器（又称状态元件）；V 表示变量存储器；L 表示局部存储器；T 表示定时器；C 表示计数器；AI 表示模拟量输入映像寄存器；AQ 表示模拟量输出映像寄存器；AC 表示累加器；HC 表示高速计数器等。掌握这些内部器件的定义、范围、功能和使用方法是 PLC 程序设计的基础。

1. 数据存储器的分配

S7-200 按元器件的种类将数据存储器分成若干个存储区域，每个区域的存储单元按字节编址，每个字节由 8 位组成。可以进行位操作的存储单元，每一位都可以看成是有 0、1 状态的逻辑器件。

2. 数值表示方法

（1）数据类型及范围。S7-200 系列在存储单元所存放的数据类型有布尔型（BOOL）、整数型（INT）和实数型（REAL）三种。表 4 - 4 给出了不同长度数值所能表示的整数范围。

表 4 - 4 数据大小范围及相关整数范围

数据大小	无符号整数		符号整数	
	十进制	十六进制	十进制	十六进制
B（字节）8 位值	0～255	0～FF	−128～127	80～7F
W（字）16 位值	0～65 535	0～FFFF	−32 768～32 767	8000～7FFF
D（双字）32 位值	0～4 294 967 295	0～FFFFFFFF	−2 147 483 648～2 147 843 647	80000000～7FFFFFFF

布尔型数据指字节型无符号整数。常用的整型数据包括单字长（16 位）和双字长（32 位）符号整数两类。实数（浮点数）采用 32 位单精度数表示，数据范围是：

正数：$+1.175\ 495E-38$～$+3.402\ 823E+38$；

负数：$-1.175\ 495E-38$～$-3.042\ 823E-38$。

（2）常数。在 S7-200 的许多指令中使用了常数，常数值的长度可以是字节、字或双字。CPU 以二进制方式存储常数，可以采用十进制、十六进制、ASCII 码或浮点数形式书写常数。下面是用上述常用格式书写常数的例子：

十进制常数：30047；

十六进制常数：16♯4E5；

ASCII 码常数："show"；

实数或浮点格式：$+1.175\ 495E-38$（正数），$-1.175\ 495E-38$（负数）；

二进制格式：2♯1010_0101。

3. S7-200 寻址方式

S7-200 将信息存于不同的存储单元，每个单元都有一个唯一的地址，系统允许用户以字节、字、双字为单位存、取信息。提供参与操作的数据地址的方法，称为寻址方式。S7-200 数据的寻址方式有立即数寻址、直接寻址和间接寻址三大类；有位、字节、字和双字四种寻址格式。用立即数寻址的数据在指令中以常数形式出现。下面对直接寻址和间接寻址方式加以说明。

（1）直接寻址方式。直接寻址方式是指在指令中直接使用存储器或寄存器的元件名称和地址编号，直接查找数据。数据直接寻址指的是，在指令中明确指出了存取数据的存储器地址，允许用户程序直接存取信息。数据直接地址表示方法如图 4 - 5 所示。

数据的直接地址包括内存区域标志符，数据大小及该字节的地址或字、双字的起始地址，以及位分隔符和位。其中有些参数可以省略，详见图中说明。

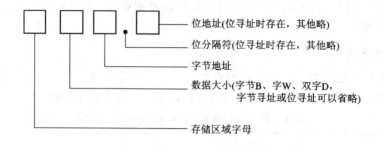

位地址(位寻址时存在，其他略)

位分隔符(位寻址时存在，其他略)

字节地址

数据大小(字节B、字W、双字D，
字节寻址或位寻址可以省略)

存储区域字母

图 4-5 数据直接地址表示方法

位寻址举例如图 4-6 所示。图中，I7.4 表示数据地址为输入映像寄存器的第 7 字节第 4 位的位地址。可以根据 I7.4 地址对该位进行读/写操作。

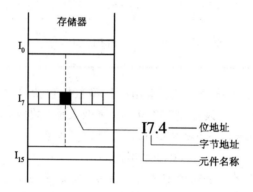

图 4-6 位寻址

可以进行位操作的元器件有：输入映像寄存器(I)、输出映像寄存器(Q)、内部标志位(M)、特殊标志位(SM)、局部变量存储器(L)、变量存储器(V)及状态元件(S)等。

直接访问字节(8 bit)、字(16 bit)、双字(32 bit)数据时，必须指明数据存储区域、数据长度及起始地址。当数据长度为字或双字时，最高有效字节为起始地址字节。对变量存储器的数据操作见图 4-7。

可按字节(Byte)操作的元器件有 I、Q、M、SM、S、V、L、AC、常数。

可按字(Word)操作的元器件有 I、Q、M、SM、S、T、C、V、L、AC、常数。

可按双字(Double Word)操作的元器件有 I、Q、M、SM、S、V、L、AC、HC、常数。

(2) 间接寻址方式。间接寻址是指使用地址指针来存取存储器中的数据。使用前，首先将数据所在单元的内存地址放入地址指针寄存器中，然后根据此地址存取数据。S7-200 CPU 中允许使用指针进行间接寻址的元器件有 I、Q、V、M、S、T、C。

建立内存地址的指针为双字长度(32 位)，故可以使用 V、L、AC 作为地址指针。必须采用双字传送指令(MOVD)将内存的某个地址移入到指针当中，以生成地址指针。指令中的操作数(内存地址)必须使用"&"符号表示内存某一位置的地址(长度为 32 位)。例如：

   MOVD &VB200, AC1

是将 VB200 在存储器中的 32 位物理地址值送给 AC1。VB200 是直接地址编号，& 为地址符号。将本指令中 &VB200 改为 &VW200 或 VD200，指令的功能不变。

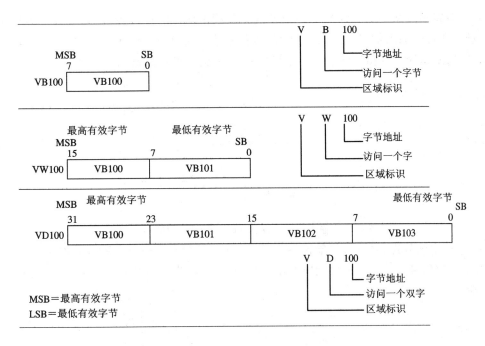

图 4-7 字节、字、双字寻址方式

在使用指针存取数据的指令中，操作数前加有 * 时表示该操作数为地址指针。例如：

MOVW * AC1, AC0

是将 AC1 作为内存地址指针，把以 AC1 中内容为起始地址的内存单元的 16 位数据送到累加器 AC0 中，其操作过程见图 4-8。

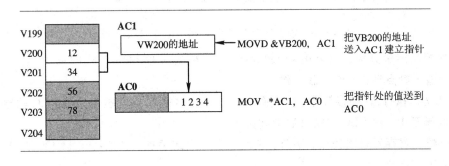

图 4-8 使用指针间接寻址

4.3.2 S7-200 数据存储区及元件功能

1. 输入/输出映像寄存器

输入/输出映像寄存器都是以字节为单位的寄存器，可以按位操作，它们的每一位对应一个数字量输入/输出接点。不同型号主机的输入/输出映像寄存器区域的大小和 I/O 点数可参考主机技术性能指标。扩展后的实际 I/O 点数不能超过 I/O 映像寄存器区域的大小，I/O 映像寄存器区域未用的部分可当作内部标志位 M 或数据存储器（以字节为单位）使用。

（1）输入映像寄存器（又称输入继电器）的工作原理分析：在输入映像寄存器（输入继

电器)的电路示意图 4-9 中,输入继电器线圈只能由外部信号驱动,不能用程序指令驱动。常开触点和常闭触点供用户编程使用。外部信号传感器(如按钮、行程开关、现场设备、热电偶等)用来检测外部信号的变化,它们与 PLC 或输入模块的输入端相连。

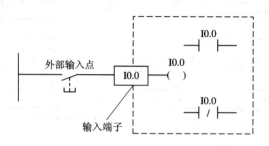

图 4-9　输入映像寄存器(输入继电器)的电路示意图

（2）输出映像寄存器(又称输出继电器)工作原理分析:在输出映像寄存器(输出继电器)等效电路图 4-10 中,输出继电器用来将 PLC 的输出信号传递给负载,只能用程序指令驱动。

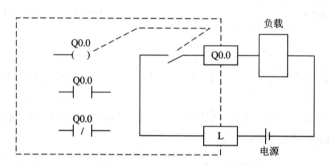

图 4-10　输出映像寄存器(输出继电器)等效电路

程序控制能量流从输出继电器 Q0.0 线圈左端流入时,Q0.0 线圈通电(存储器位置 1),带动输出触点动作,使负载工作。

负载又称执行器(如接触器、电磁阀、LED 显示器等),它们被连接到 PLC 输出模块的输出接线端子上,由 PLC 控制其启动和关闭。

I/O 映像寄存器可以按位、字节、字或双字等方式编址。例如:I0.1、Q0.1(位寻址),IB1、QB5(字节寻址)。

S7-200 CPU 输入映像寄存器区域有 I0~I15 共 16 个字节存储单元,能存储 128 点信息。CPU 224 主机有 I0.0~I0.7、I1.0~I1.5 共 14 个数字量输入接点,其余输入映像寄存器可用于扩展或其他。

输出映像寄存器区域共有 Q0~Q15 共 16 个字节存储单元,能存储 128 点信息。CPU 224 主机有 Q0.0~Q0.7、Q1.0、Q1.1 共 10 个数字量输出端点,其余输出映像寄存器可用于扩展或其他。

2. 变量存储器(V)

变量存储器用以存储运算的中间结果,也可以用来保存工序或与任务相关的其他数据,如模拟量控制、数据运算、设置参数等。变量存储器可按位使用,也可按字节、字或双字使用。变量存储器有较大的存储空间，如 CPU 224 有 VB0.0～VB5119.7 的 5 K 存储字节，CPU 214 有 VB0.0～VB2047.7 的 2 K 存储字节。

3. 内部标志位(M)

内部标志位可以按位使用，作为控制继电器(又称中间继电器)，用来存储中间操作数或其他控制信息；也可以按字节、字或双字来存取存储区的数据，编址范围是 M0.0～M31.7。

4. 顺序控制继电器(S)

顺序控制继电器 S 又称为状态元件，用来组织机器操作或进入等效程序段工步，以实现顺序控制和步进控制。可以按位、字节、字或双字来存取 S 位，编址范围是 S0.0～S31.7。

5. 特殊标志位(SM)

SM 存储器提供了 CPU 与用户程序之间信息传递的方法，用户可以使用这些特殊标志位提供的信息，控制 S7-200 CPU 的一些特殊功能。特殊标志位可以分为只读区和读/写区两大部分。CPU 224 的 SM 编址范围为 SM0.0～SM179.7 共 180 个字节，CPU 214 为 SM0.0～SM85.7 共 86 个字节。其中，SM0.0～SM29.7 的 30 个字节为只读型区域。

例如，特殊标志位存储器的只读字节 SMB0 为状态位，在每次扫描循环结尾时由 S7-200 CPU 更新，用户可使用这些位的信息启动程序内的功能，编制用户程序。SMB0 字节的特殊标志位定义如下：

SM0.0：RUN 监控。PLC 在运行状态时该位始终为 1。

SM0.1：首次扫描时为 1，PLC 由 STOP 转为 RUN 状态时，ON(1 态)一个扫描周期。用于程序的初始化。

SM0.2：当 RAM 中数据丢失时，ON 一个扫描周期。用于出错处理。

SM0.3：PLC 上电进入 RUN 方式，ON 一个扫描周期。可用在启动操作之前给设备提供一个预热时间。

SM0.4：分脉冲，该位输出一个占空比为 50％的分时钟脉冲。可用作时间基准或简易延时。

SM0.5：秒脉冲，该位输出一个占空比为 50％的秒时钟脉冲。可用作时间基准或简易延时。

SM0.6：扫描时钟，一个扫描周期为 ON(高电平)，下一个为 OFF(低电平)，循环交替。

SM0.7：工作方式开关位置指示，0 为 TERM 位置，1 为 RUN 位置。为 1 时，使自由端口通信方式有效。

指令状态位 SMB1 提供不同指令的错误指示，例如表及数学操作。其部分位的定义如下：

SM1.0：零标志，运算结果为 0 时，该位置 1；

SM1.1：溢出标志，运算结果溢出或查出非法数值时，该位置 1；

SM1.2：负数标志，数学运算结果为负时，该位为 1；

特殊标志位 SM 的全部定义及功能详见附录 C。

6. 局部存储器(L)

局部存储器和变量存储器很相似,主要区别在于局部存储器是局部有效的,变量存储器则是全局有效的。全局有效是指同一个存储器可以被任何程序(如主程序、中断程序或子程序)存取,局部有效是指存储区和特定的程序相关联。

S7-200 有 64 个字节的局部存储器,编址范围为 LB0.0~LB63.7。其中的 60 个字节可以用作暂时存储器或者给子程序传递参数,最后 4 个字节为系统保留字节。S7-200 PLC 根据需要分配局部存储器。当主程序执行时,64 个字节的局部存储器分配给主程序;当中断或调用子程序时,将局部存储器重新分配给相应程序。局部存储器在分配时,PLC 不进行初始化,初始值是任意的。

可以用直接寻址方式按字节、字或双字来访问局部存储器,也可以把局部存储器作为间接寻址的指针,但不能作为间接寻址的存储区域。

7. 定时器

PLC 中的定时器相当于时间继电器,用于延时控制。S7-200 CPU 中的定时器是对内部时钟的时间增量计时的设备。

定时器用符号 T 和地址编号表示,编址范围为 T0~T255(22X),T0~T127(21X)。定时器的主要参数有时间预置值、当前计时值和状态位。

(1) 时间预置值。时间预置值为 16 位符号整数,由程序指令给定,详见第 5 章指令系统之内容。

(2) 当前计时值。在 S7-200 定时器中有一个 16 位的当前值寄存器,用以存放当前计时值(16 位符号整数)。当定时器输入条件满足时,当前值从零开始增加,每隔 1 个时间基准增 1。时间基准又称定时精度。S7-200 共有 3 个时基等级:1 ms、10 ms、100 ms。定时器按地址编号的不同,分属各个时基等级。

(3) 状态位。每个定时器除有预置值和当前值外,还有 1 位状态位。定时器的当前值增加到大于等于预置值后,状态位为 1,梯形图中代表状态位读操作的常开触点闭合。

定时器的编址(如 T3)可以用来访问定时器的状态位,也可用来访问当前值。存取定时器数据的实例见图 4-11。

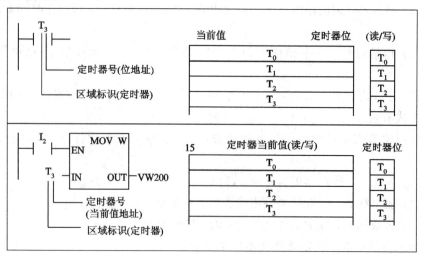

图 4-11　存取定时器数据

8. 计数器

计数器主要用来累计输入脉冲个数。其结构与定时器相似，其设定值（预置值）在程序中被赋予，有一个 16 位的当前值寄存器和 1 位状态位。当前值寄存器用以累计脉冲个数；当计数器当前值大于或等于预置值时，状态位置 1。

S7-200 CPU 提供有三种类型的计数器：一种为增计数，一种为减计数，第三种为增/减计数。计数器用符号 C 和地址编号表示，编址范围为 C0～C255（22X），C0～C127（21X）。

计数器数据存取操作与定时器的类似，可参考图 4-11 理解。

9. 模拟量输入/输出映像寄存器（AI/AQ）

S7-200 的模拟量输入电路将外部输入的模拟量（如温度、电压）等转换成 1 个字长（16位）的数字量，存入模拟量输入映像寄存器区域，可以用区域标识符（AI）、数据长度（W）及字节的起始地址来存取这些值。因为模拟量为 1 个字长，所以起始地址定义为偶数字节地址，如 AIW0，AIW2，…，AIW62，共有 32 个模拟量输入点。模拟量输入值为只读数据。存取模拟量输入值的实例如图 4-12 所示。

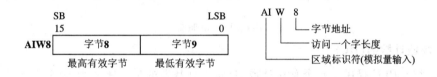

图 4-12　存取模拟量输入值

S7-200 模拟量输出电路将模拟量输出映像寄存器区域的 1 个字长（16 位）数字值转换为模拟电流或电压输出。可以用区域标识符（AQ）、数据长度（W）及字节起始地址来设置。因为模拟量输出数据长度为 16 位，所以起始地址也采用偶数字节地址，如 AQW0，AQW2，…，AQW62，共有 32 个模拟量输出点。用户程序只能给输出映像寄存器区域置数，而不能读取。存取模拟量输出值的实例如图 4-13 所示。

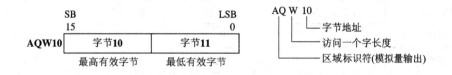

图 4-13　存取模拟量输出值

10. 累加器（AC）

累加器是用来暂存数据的寄存器，可以用来同子程序之间传递参数，以及存储计算结果的中间值。S7-200 CPU 中提供了四个 32 位累加器 AC0～AC3。累加器支持以字节（B）、字（W）和双字（D）的存取。按字节或字为单位存取时，累加器只使用低 8 位或低 16 位，数据存储长度由所用指令决定。累加器的操作见图 4-14。

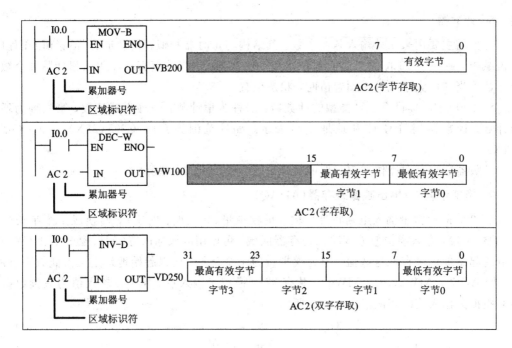

图 4-14 累加器

11. 高速计数器(HC)

CPU 22X PLC 提供了 6 个高速计数器(每个计数器的最高频率为 30 kHz),用来累计比 CPU 扫描速率更快的事件。高速计数器的当前值为双字长的符号整数,且为只读值。高速计数器的地址由符号 HC 和编号组成,如 HC0,HC1,…,HC5。

4.3.3 S7-200 PLC 的有效编程范围

可编程控制器的硬件结构是软件编程的基础,S7-200 PLC 各编程元器件及操作数的有效编程范围分别如表 4-5 和表 4-6 所示。

表 4-5 S7-200 CPU 编程元器件的有效编程范围和特性一览表

描　述	CPU 221	CPU 222	CPU 224	CPU 226
用户程序大小	2 K	2 K	4 K	4 K
用户数据大小	1 K 字	1 K 字	2.5 K 字	2.5 K 字
输入映像寄存器	I0.0～I15.7	I0.0～I15.7	I0.0～I15.7	I0.0～I15.7
输出映像寄存器	Q0.0～Q15.7	Q0.0～Q15.7	Q0.0～Q15.7	Q0.0～Q15.7
模拟量输入(只读)	—	AIW0～AIW30	AIW0～AIW62	AIW0～AIW62
模拟量输出(只写)	—	AQW0～AQW30	AQW0～AQW62	AQW0～AQW62
变量存储器(V)	VB0.0～VB2047.7	VB0.0～VB2047.7	VB0.0～VB5119.7	VB0.0～VB5119.7
局部存储器(L)	LB0.0～LB63.7	LB0.0～LB63.7	LB0.0～LB63.7	LB0.0～LB63.7
位存储器(M)	M0.0～M31.7	M0.0～M31.7	M0.0～M31.7	M0.0～M31.7

描　述	CPU 221	CPU 222	CPU 224	CPU 226
特殊存储器（SM） 只读	SM0.0～SM179.7 SM0.0～SM29.7	SM0.0～SM179.7 SM0.0～SM29.7	SM0.0～SM179.7 SM0.0～SM29.7	SM0.0～SM179.7 SM0.0～SM29.7
定时器范围	T0～T255	T0～T255	T0～T255	T0～T255
记忆延迟 1 ms	T0，T64	T0，T64	T0，T64	T0，T64
记忆延迟 10 ms	T1～T4，T65～T68	T1～T4，T65～T68	T1～T4，T65～T68	T1～T4，T65～T68
记忆延迟 100 ms	T5～T31 T69～T95	T5～T31 T69～T95	T5～T31 T69～T95	T5～T31 T69～T95
接通延迟 1 ms	T32，T96	T32，T96	T32，T96	T32，T96
接通延迟 10 ms	T33～T36 T97～T100	T33～T36 T97～T100	T33～T36 T97～T100	T33～T36 T97～T100
接通延迟 100 ms	T37～T63 T101～T255	T37～T63 T101～T255	T37～T63 T101～T255	T37～T63 T101～T255
计数器	C0～C255	C0～C255	C0～C255	C0～C255
高速计数器	HC0，HC3， HC4，HC5	HC0，HC3， HC4，HC5	HC0～HC5	HC0～HC5
顺序控制继电器	S0.0～S31.7	S0.0～S31.7	S0.0～S31.7	S0.0～S31.7
累加器	AC0～AC3	AC0～AC3	AC0～AC3	AC0～AC3
跳转/标号	0～255	0～255	0～255	0～255
调用/子程序	0～63	0～63	0～63	0～63
中断时间	0～127	0～127	0～127	0～127
PID 回路	0～7	0～7	0～7	0～7
通信端口	0	0	0	0，1

表 4-6　S7-200 CPU 操作数的有效范围

存取方式	CPU 221		CPU 222		CPU 224、CPU 226	
位存取（字节、位）	V	0.0～2047.7	V	0.0～2047.7	V	0.0～5119.7
	I	0.0～15.7	I	0.0～15.7	I	0.0～15.7
	Q	0.0～15.7	Q	0.0～15.7	Q	0.0～15.7
	M	0.0～31.7	M	0.0～31.7	M	0.0～31.7
	SM	0.0～179.7	SM	0.0～179.7	SM	0.0～179.7
	S	0.0～31.7	S	0.0～31.7	S	0.0～31.7
	T	0～255	T	0～255	T	0～255
	C	0～255	C	0～255	C	0～255
	L	0.0～63.7	L	0.0～63.7	L	0.0～63.7

存取方式	CPU 221		CPU 222		CPU 224、CPU 226	
字节存取	VB	0～2047	VB	0～2047	VB	0～5119
	IB	0～15	IB	0～15	IB	0～15
	QB	0～15	QB	0～15	QB	0～15
	MB	0～31	MB	0～31	MB	0～31
	SMB	0～179	SMB	0～179	SMB	0～179
	SB	0～31	SB	0～31	SB	0～31
	LB	0～63	LB	0～63	LB	0～63
	AC	0～3	AC	0～3	AC	0～3
	常数		常数		常数	
字存取	VW	0～2046	VW	0～2046	VW	0～5118
	IW	0～14	IW	0～14	IW	0～14
	QW	0～14	QW	0～14	QW	0～14
	MW	0～30	MW	0～30	MW	0～30
	SMW	0～178	SMW	0～178	SMW	0～178
	SW	0～30	SW	0～30	SW	0～30
	T	0～255	T	0～255	T	0～255
	C	0～255	C	0～255	C	0～255
	LW	0～62	LW	0～62	LW	0～62
	AC	0～3	AW	0～3	AW	0～3
	常数		常数		常数	
双字存取	VD	0～2044	VD	0～2044	VD	0～5116
	ID	0～12	ID	0～12	ID	0～12
	QD	0～12	QD	0～12	QD	0～12
	MD	0～28	MD	0～28	MD	0～28
	SMD	0～176	SMD	0～176	SMD	0～176
	SWD	0～28	SWD	0～28	SWD	0～28
	LD	0～60	LD	0～60	LD	0～60
	AC	0～3	AC	0～3	AC	0～3
	HC	0,3,4,5	HC	0,3,4,5	HC	0～5
	常数		常数		常数	

4.4 输入、输出及扩展

S7-200 系列 PLC 主机基本单元的最大输入/输出点数为 40(CPU 226 为 24 输入，16 输出)。PLC 内部映像寄存器资源的最大数字量 I/O 映像区的输入点 I0～I15 为 16 个字节，输出点 Q0～Q15 也为 16 个字节，共 32 个字节 256 点(32×8)。最大模拟量 I/O 为 64 点，即 AIW0～AIW62 共 32 个输入点，AQW0～AQW62 共 32 个输出点(偶数递增)。S7-200 系统最多可扩展 7 个模块。

PLC扩展模块的使用，不但增加了I/O点数，还增加了PLC的许多控制功能。S7-200 PLC系列目前总共可以提供3大类共9种数字量I/O模块；3大类共5种模拟量I/O模块，两种通信处理模块。扩展模块的种类见表4-7。

表4-7 S7-200常用的扩展模块型号及用途

分类	型号	I/O规格	功能及用途
数字量扩展模块	EM221	DI8×DC24 V	8路数字量24 V DC输入
	EM222	DO8×DC24 V	8路数字量24 V DC输出（固态MOSFET）
		DO8×继电器	8路数字量继电器输出
	EM223	DI4/DO4×DC24 V	4路数字量24 V DC输入、输出（固态）
		DI4/DO4×DC24 V继电器	4路数字量24 V DC输入 4路数字量继电器输出
		DI8/DO8×DC24 V	8路数字量24 V DC输入、输出（固态）
		DI8/DO8×DC24 V继电器	8路数字量24 V DC输入 8路数字量继电器输出
		DI16/DO16×DC24 V	16路数字量24 V DC输入、输出（固态）
		DI16/DO16×DC24 V继电器	16路数字量24 V DC输入 16路数字量继电器输出
模拟量扩展模块	EM231	AI4×12位	4路模拟输入，12位A/D转换
		AI4×热电偶	4路热电偶模拟输入
		AI4×RTD	4路热电阻模拟输入
	EM232	AQ2×12位	2路模拟输出
	EM235	AI4/AQ1×12	4路模拟输入，1路模拟输出，12位转换
通信模块	EM227	PROFIBUS—DP	将S7-200CPU作为从站连接到网络
现场设备接口模块	CP243-2	CPU 22X的AS-I主站	最大扩展124DI/124DO

4.4.1 本机及扩展I/O编址

CPU本机的I/O点具有固定的I/O地址，可以把扩展的I/O模块接至主机右侧来增加I/O点数。扩展模块I/O地址由扩展模块在I/O链中的位置决定。输入与输出模块的地址不会冲突，模拟量控制模块地址也不会影响数字量控制模块。例如，以CPU 224为主机，扩展5块数字、模拟I/O模块，其I/O链的控制连接如图4-15所示。

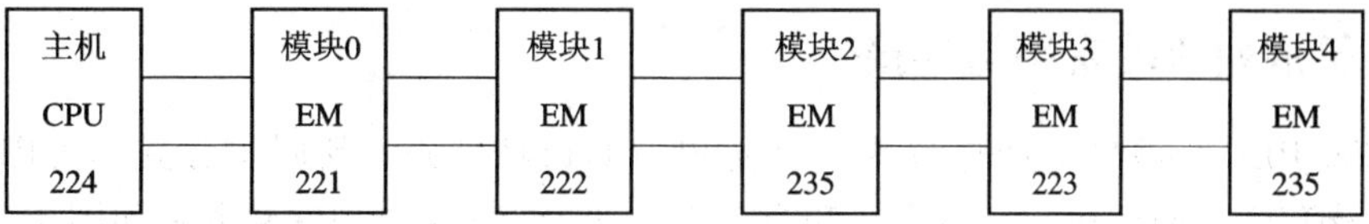

图4-15 I/O链的控制连接

图 4-15 I/O 链中各模块对应的 I/O 地址如表 4-8 所示。

表 4-8 模 块 编 址 表

主机		模块 0	模块 1	模块 2		模块 3		模块 4	
I0.0	Q0.0	I2.0	Q2.0	AIW0	AQW0	I3.0	Q3.0	AIW8	AQW4
I0.1	Q0.1	I2.1	Q2.1	AIW2		I3.1	Q3.1	AIW10	
I0.2	Q0.2	I2.2	Q2.2	AIW4		I3.2	Q3.2	AIW12	
I0.3	Q0.3	I2.3	Q2.3	AIW6		I3.3	Q3.3	AIW14	
I0.4	Q0.4	I2.4	Q2.4						
I0.5	Q0.5	I2.5	Q2.5						
I0.6	Q0.6	I2.6	Q2.6						
I0.7	Q0.7	I2.7	Q2.7						
I1.0	Q1.0								
I1.1	Q1.1								
I1.2									
I1.3									
I1.4									
I1.5									

可用作内部存储器标志位(M 位)的 I/O 映像寄存器

主机	模块 0	模块 1	模块 3	模块 4
Q1.2 ⋮ Q1.7			I4.0 Q3.4 ⋮ I15.7 Q15.7	

不能用的 I/O 映像寄存器

主机	模块 0	模块 1	模块 3	模块 4
I1.6 I1.7		AQW2	I3.4 ⋮ I3.7	AQW6

如果 I/O 物理点与映像寄存器字节内的位数不对应,那么映像寄存器字节剩余位就不会再分配给 I/O 链中的后续模块了。

输出映像寄存器的多余位和输入映像寄存器的多余字节可以作为内部存储器标志位使用。输入模块在每次输入更新时都把保留字节的未用位清零。因此,输入映像寄存器已用字节的多余位,不能作为内部存储器标志位。

模拟量控制模块总是以 2 字节递增方式来分配空间。缺省的模拟量 I/O 点不分配模拟量 I/O 映像存储空间,所以,后续模拟量 I/O 控制模块无法使用未用的模拟量 I/O 点。

4.4.2 扩展模块的安装与连接

S7-200 PLC 扩展模块具有与基本单元相同的设计特点,其固定方式与 CPU 主机相同。主机及 I/O 扩展模块有导轨安装和直接安装两种方式,典型安装方式如图 4-16 所示。

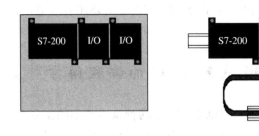

图 4-16　S7-200 PLC 的安装方式

导轨安装方式是在 DIN 标准导轨上的安装，即 I/O 扩展模块安装在紧靠 CPU 右侧的导轨上。该安装方式具有安装方便、拆卸灵活等优点。

直接安装方式是通过安装固定螺孔将模块固定在配电盘上，它具有安装可靠、防震性好等特点。当需要扩展的模块较多时，可以使用扩展连接电缆重叠排布（分行安装）。

扩展模块除了自身需要 24 V 供电电源外，还要从 I/O 总线上获得＋5 V DC 的电源，必要时，需参照表 4-9 校验主机＋5 V DC 的电流驱动能力。

表 4-9　S7-200 CPU 所提供的电流

CPU 22X 为扩展 I/O 提供的 5 V DC 电流/mA		扩 展 模 块 5 V DC 电流消耗/mA	
CPU 222	340	EM221 DI8×DC24 V	30
CPU 224	600	EM222 DO8×DC24 V	50
CPU 226	1000	EM222 DO8×继电器	40
		EM223 DI4/DO4×DC24 V	40
		EM223 DI4/DO4×DC24 V/继电器	40
		EM223 DI8/DO8×DC24 V	80
		EM223 DI8/DO8×DC24 V/继电器	80
		EM223 DI16/DO16×DC24 V	160
		EM223 DI16/DO16×DC24 V/继电器	150
		EM231 AI4×12 位	20
		EM231 AI4×热电偶	60
		EM231 AI4×RTD	60
		EM231 AQ4×12 位	20
		EM231 AI41/AQ1×12 位	30
		EM277 PROFIBUS－DP	150

4.4.3　S7-200 系统块配置

系统块是 PLC 系统模块的简称。系统模块可以通过软件设置其功能，如对数字量和模拟量输入信号的滤波、脉冲截取（捕捉）、输出表的配置等。另外还有对通信口、保存范围、背景时间及密码等的设置。系统模块设置原理及方法详见附录 B。

4.5　S7-200 系列 PLC 的编程语言

S7-200 系列 PLC 支持 SIMATIC 和 IEC1131 – 3 两种基本类型的指令集，编程时可任意选择。SIMATIC 指令集是西门子公司 PLC 专用的指令集，具有专用性强、执行速度快等优点，可提供 LAD、STL、FBD 等多种编程语言。

IEC1131 – 3 指令集是按国际电工委员会（IEC）PLC 编程标准提供的指令系统。该编程语言适用于不同厂家的 PLC 产品，有 LAD 和 FBD 两种编辑器。

学习和掌握 IEC1131 – 3 指令的主要目的是学习如何创建不同品牌 PLC 的程序。其指令执行时间可能较长，有一些指令和语言规则与 SIMATIC 有所区别。

S7-200 可以接受由 SIMATIC 和 IEC1131 – 3 两种指令系统编制的程序，但 SIMATIC 和 IEC1131 – 3 指令系统并不兼容。本教材以 SIMATIC 指令系统为例进行重点描述。

4.5.1　梯形图编辑器

利用梯形图（LAD）编辑器可以建立与电气原理图相类似的程序。梯形图是 PLC 编程的高级语言，很容易被 PLC 编程人员和维护人员接受和掌握，所有 PLC 厂商均支持梯形图语言编程。

梯形图按逻辑关系可分成梯级或网络段，又简称段。程序执行时按段扫描。清晰的段结构有利于程序的阅读理解和运行调试。通过软件的编译功能，可以直接指出错误指令所在段的段标号，有利于用户程序的修正。

图 4 – 17 给出了一个梯形图应用实例。LAD 图形指令有三个基本形式：触点、线圈和指令盒。触点表示输入条件，例如由开关、按钮控制的输入映像寄存器状态和内部寄存器状态等。线圈表示输出结果。利用 PLC 输出点可直接驱动灯、继电器、接触器线圈、内部输出条件等负载。指令盒代表一些功能较复杂的附加指令，例如定时器、计数器或数学运算指令的附加指令。

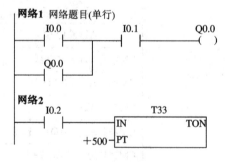

图 4 – 17　梯形图的实例

4.5.2　语句表编辑器

语句表（STL）编辑器使用指令助记符创建控制程序，类似于计算机的汇编语言，适合熟悉 PLC 并且有逻辑编程经验的程序员编程。语句表编程器提供了不用梯形图或功能块图编程器编程的途径。STL 是手持式编程器唯一能够使用的编程语言，是一种面向机器的语言，具有指令简单、执行速度快等优点。STEP7 - Micro/WIN32 编程软件具有梯形图程序和语句表指令的相互转换功能，为 STL 程序的编制提供了方便。

例如，由图 4 - 17 中的梯形图(LAD)程序转换的语句表(STL)程序如下：

```
NETWORK1              //网络题目（单行）
LD      I0.0
O       Q0.0
AN      I0.1
=       Q0.0
NETWORK 2
LD      I0.2
TON     T33，+500
```

4.5.3　功能块图编辑器

STEP7 - Micro/WIN32 功能块图(FBD)是利用逻辑门图形组成的功能块图指令系统。功能块图指令由输入、输出段及逻辑关系函数组成。用 STEP7 - Micro/WIN32 V3.1 编程软件 LAD、STL 与 FBD 编辑器的自动转换功能，可得到与图 4 - 17 相应的功能块图，如图 4 - 18 所示。

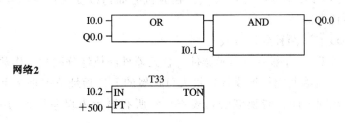

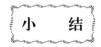

图 4 - 18　由梯形图程序转换成的功能块图程序

<h2 style="text-align:center">小　结</h2>

本章介绍了可编程控制器的产生和定义，以及可编程控制器的主要特点、分类方法和发展方向。通过对本章的学习，可以对可编程控制器有初步的了解。本章以西门子公司的 CPU 22X 系列 PLC 为例，介绍了 PLC 的结构、原理、内部元器件的定义、作用，存储器分配及 I/O 扩展方法，并介绍了三种编程软件。重点内容包括：

（1）PLC 应具备的 10 个指标。

（2）国际电工委员会(IEC)1987 颁布的 PLC 的定义。

（3）PLC 具有可靠性高、控制功能强、组成灵活、控制方便等四项特点。

（4）PLC 的点数、结构、用途的分类方法。

（5）CPU 22X 的输入及输出电路结构和参数。

（6）S7-200 PLC 的扫描周期分为五个阶段，可简化为读输入、执行用户程序和写输出三个主要阶段。

（7）S7-200 将数据存储器分配给各个编程元件，系统设计了 11 类元器件供用户编程使用，本章重点讲述了各元器件的地址分配和操作数范围。

（8）I/O 扩展链与 I/O 地址的分配遵循从左至右的原则。

（9）S7-200 有 LAD、STL 和 FBD 三种编程语言。LAD 指令符号的三种基本形式为触点、线圈和指令盒。

习　题

4.1　简述可编程控制器的定义。

4.2　可编程控制器的主要特点有哪些？

4.3　可编程控制器有哪几种分类方法？

4.4　小型 PLC 的发展方向有哪些？

4.5　S7 系列 PLC 有哪些子系列？

4.6　S7-22X 系列 PLC 有哪些型号的 CPU？

4.7　S7-200 PLC 有哪些输出方式？各适合于什么类型的负载？

4.8　S7-22X 系列 PLC 的用户程序下载后存放在什么存储器中？掉电后是否会丢失？

4.9　S7-200 CPU 的一个机器扫描周期分为哪几个阶段？各执行什么操作？

4.10　S7-200 CPU 有哪些工作模式？在脱机时如何改变工作模式？联机操作时，改变工作模式的最佳方法是什么？

4.11　S7-200 有哪两种寻址方式？

4.12　S7-200 PLC 有哪些内部元器件？各元器件的地址分配和操作数范围怎么确定？

4.13　S7-200 有哪几类扩展模块？最大可扩展的 I/O 地址范围是多大？

4.14　梯形图程序能否转换成语句表程序？所有语句表程序是否均能转换成梯形图程序？

第5章 S7-200 系列 PLC 基本指令

S7-200 系列 PLC 的 SIMATIC 指令有梯形图（LADder programming，LAD）、语句表（STatement List，STL）和功能图（Function Block Diagram，FBD）三种编程语言。梯形图（LAD）程序类似于传统的继电器控制系统，直观、易懂；语句表（STL）类似于计算机汇编语言的指令格式。本章以 S7-200 系列 PLC 的 SIMATIC 指令系统为例，主要讲述基本指令的定义和梯形图、语句表的基本编程方法。功能图可借助编程软件的指令转换功能来阅读理解。

基本指令包括基本逻辑指令，算术、逻辑运算指令，数据处理指令，程序控制指令等。基本指令已能基本满足一般的程序设计要求。

5.1 基本逻辑指令

基本逻辑指令是指构成基本逻辑运算功能指令的集合，包括基本位操作、取非和空操作、置位、复位、边沿触发、定时、计数、比较等逻辑指令。

5.1.1 基本位操作指令

位操作指令是 PLC 常用的基本指令，用来实现基本的位逻辑运算和控制；梯形图指令有触点和线圈两大类，触点又分为常开和常闭两种形式；语句表指令有与、或以及输出等逻辑关系。

1. 指令格式

梯形图指令由触点或线圈符号和直接位地址两部分组成。含有直接位地址的指令又称为位操作指令。基本位操作指令操作数的寻址范围是：I、Q、M、SM、T、C、V、S、L 等。

基本位操作指令格式如表 5-1 所示。

表 5-1 基本位操作指令格式

LAD	STL	功 能
—┤ ├— bit —┤ / ├— bit —( ) bit	LD BIT， LDN BIT A BIT， AN BIT O BIT， ON BIT = BIT	用于网络段起始的常开/常闭触点 常开/常闭触点串联，逻辑与/与非指令 常开/常闭触点并联，逻辑或/或非指令 线圈输出，逻辑置位指令

梯形图的触点符号代表 CPU 对存储器的读操作。当 CPU 运行后扫描到触点符号时，它会到触点位地址指定的存储器位访问，该位数据（状态）为 1 时，触点为动态（常开触点闭合、常闭触点断开）；数据（状态）为 0 时，触点为常态（常开触点断开、常闭触点闭合）。

梯形图的线圈符号代表 CPU 对存储器的写操作。线圈左侧的触点组成逻辑运算关系。当逻辑运算结果为 1 时，能量流可以到达线圈，使线圈通电，CPU 将由线圈位地址指定的存储器位置 1；逻辑运算结果为 0 时，线圈不通电，存储器位置 0（复位）。梯形图利用线圈的通、断电来描述存储器位的置位、复位操作。

综上所述，得出以下两个结论：梯形图的触点代表 CPU 对存储器的读操作，由于计算机系统读操作的次数不受限制，因此在用户程序中，常开、常闭触点使用的次数不受限制；梯形图的线圈符号代表 CPU 对存储器的写操作，由于 PLC 采用自上而下的扫描方式工作，因此在用户程序中，每个线圈只能使用一次，使用次数（存储器写入次数）多于一次时，其状态以最后一次为准。

语句表的基本逻辑指令由指令助记符和操作数两部分组成。操作数由可以进行位操作的寄存器元件及地址组成，如 LD I0.0。常用指令助记符的定义如下所述：

（1）LD（LoaD）：装载指令，对应梯形图从左侧母线开始，连接常开触点。

（2）LDN（LoaD Not）：装载指令，对应梯形图从左侧母线开始，连接常闭触点。

（3）A（And）：与操作指令，用于常开触点的串联。

（4）AN（And Not）：与非操作指令，用于常闭触点的串联。

（5）O（Or）：或操作指令，用于常开触点的并联。

（6）ON（Or Not）：或非操作指令，用于常闭触点的并联。

（7）＝（Out）：置位指令，线圈输出。

【例 5.1】 位操作指令程序应用，其程序如图 5-1 所示。

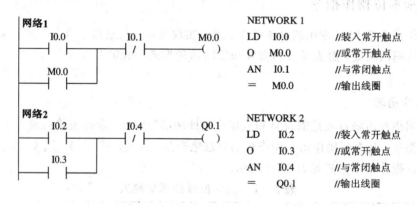

图 5-1 例 5.1 应用程序

工作原理分析：

梯形图逻辑关系：网络 1 　 $M0.0 = (I0.0 + M0.0) \overline{I0.1}$

网络 2 　 $Q0.1 = (I0.2 + I0.3) \overline{I0.4}$

网络 1：当输入点 I0.0 有效（I0.0＝1 态）、I0.1 无效（$\overline{I0.1}$＝1 态）时，线圈 M0.0 通电（内部标志位 M0.0 置 1），其常开触点闭合自锁，即使 I0.0 复位无效（I0.0＝0 态），M0.0 线圈仍然维持导电。M0.0 线圈断电的条件是常闭触点 I0.1 打开（$\overline{I0.1}$＝0），M0.0

自锁回路打开，线圈断电。

网络2：当输入点I0.2或I0.3有效，I0.4无效时，满足网络段2的逻辑关系，输出线圈Q0.1通电（Q0.1置1）。

2. 编程相关问题

（1）I/O端点的分配方法。每一个传感器或开关输入对应一个PLC确定的输入点，每一个负载对应一个PLC确定的输出点。外部按钮（包括启动和停车）一般用常开触点。

（2）输出继电器的使用方法。PLC在写输出阶段要将输出映像寄存器的内容送至输出点Q，输出继电器输出触点动作。当输出端不带负载时，控制线圈应使用内部继电器M或其他寄存器，尽可能不要使用输出继电器Q。

（3）梯形图程序绘制方法。梯形图程序是利用STEP7编程软件在梯形图区按照自左而右、自上而下的原则绘制的。为提高PLC的运行速度，触点的并联网络多连在左侧母线，线圈位于最右侧。

（4）梯形图网络段结构。梯形图网络段的结构是软件系统为程序注释和编译附加的。双击网络题目区，可以在弹出的对话框中填写程序段注释。网络段结构不增加程序长度，并且软件的编译结果可以明确指出程序错误语句所在的网络段，清晰的网络结构有利于程序的调试。正确的使用网络段，有利于程序的结构化设计，使程序简明易懂。

3. STL指令对较复杂梯形图的描述方法

在较复杂梯形图的逻辑电路图中，梯形图无特殊指令，绘制非常简单，但触点的串、并联关系不能全部用简单的与、或、非逻辑关系描述。语句表指令系统中设计了电路块的"与"操作指令和"或"操作指令（电路块是指以LD为起始的触点串、并联网络），以及栈操作指令。下面对这类指令加以说明。

（1）块的"或"操作指令格式：

OLD（无操作元件）

【例5.2】 块的"或"操作示例，其程序如图5-2所示。

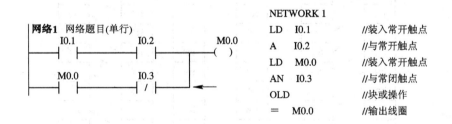

图5-2 例5.2程序

块的"或"操作是将梯形图中以LD起始的电路块与另一个以LD起始的电路块并联起来。

（2）块的"与"操作指令格式：

ALD（无操作元件）

【例5.3】 块的"与"操作示例，其程序如图5-3所示。

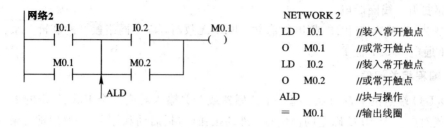

图 5 - 3 例 5.3 程序

块的"与"操作是将梯形图中以 LD 起始的电路块与另一个以 LD 起始的电路块串联起来。

(3) 栈操作指令。LD 装载指令是从梯形图最左侧母线画起的,如果要生成一条分支的母线,则需要利用语句表的栈操作指令来描述。

栈操作语句表指令格式:

  LPS(无操作元件)   //(Logic Push)逻辑堆栈操作指令

  LPD(无操作元件)   //(Logic Read)逻辑读栈指令

  LPP(无操作元件)   //(Logic Pop)逻辑弹栈指令

S7-200 采用模拟栈结构来存放逻辑运算结果以及断点地址,所以其操作又称为逻辑栈操作。在此,仅讨论断点保护功能的栈操作概念。

堆栈操作时将断点的地址压入栈区,栈区内容自动下移(栈底内容丢失)。读栈操作时将存储器栈区顶部的内容读入程序的地址指针寄存器,栈区内容保持不变。弹栈操作时,栈的内容依次按照后进先出的原则弹出,将栈顶内容弹入程序的地址指针寄存器,栈的内容依次上移。栈操作指令对栈区的影响见图 5 - 4,图中,ivx 表示存储在存储器栈区某个程序断点的地址。

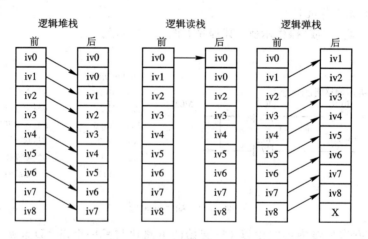

图 5 - 4 LPS、LPD、LPP 指令的操作过程

逻辑堆栈指令(LPS)可以嵌套使用,最多为 9 层。为保证程序地址指针不发生错误,堆栈和弹栈指令必须成对使用,最后一次读栈操作应使用弹栈指令。

【例 5.4】 栈操作指令应用程序,其程序如图 5 - 5 所示。

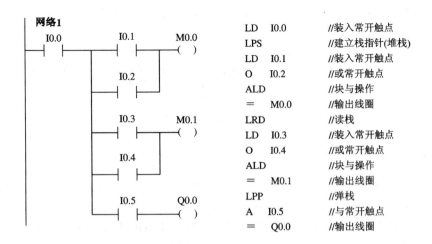

<table>
<tr><td>网络1</td><td>LD</td><td>I0.0</td><td>//装入常开触点</td></tr>
</table>

LD I0.0		//装入常开触点
LPS		//建立栈指针(堆栈)
LD I0.1		//装入常开触点
O I0.2		//或常开触点
ALD		//块与操作
= M0.0		//输出线圈
LRD		//读栈
LD I0.3		//装入常开触点
O I0.4		//或常开触点
ALD		//块与操作
= M0.1		//输出线圈
LPP		//弹栈
A I0.5		//与常开触点
= Q0.0		//输出线圈

图 5-5 栈操作指令应用程序段

5.1.2 取非和空操作指令

取非和空操作指令格式见表 5-2。

表 5-2 取非和空操作指令格式

LAD	STL	功　能
—| NOT |—	NOT	取非
N NOP	NOP N	空操作指令

1. 取非指令(NOT)

取非指令可对存储器位进行取非操作,以改变能量流的状态。梯形图指令用触点形式表示:触点左侧为 1 时,右侧为 0,能量流不能到达右侧,输出无效;反之,触点左侧为 0 时,右侧为 1,能量流可以通过触点向右传递。

2. 空操作指令(NOP)

空操作指令起增加程序容量的作用。当使能输入有效时,执行空操作指令,将可稍微延长扫描周期长度,但不会影响用户程序的执行,不会使能流输出断开。

操作数 N 为执行空操作指令的次数,N=0~255。

3. AENO 指令

梯形图的指令盒指令右侧的输出连线为使能输出端 ENO,用于指令盒或输出线圈的串联(与逻辑),不串联元件时,可作为指令行的结束。

AENO 指令(And ENO)的作用是和前面的指令盒输出端 ENO 相与。AENO 指令只能在语句表中使用。

STL 指令格式:

AENO(无操作数)

【例 5.5】 取非指令和空操作指令应用举例，如图 5－6 所示。

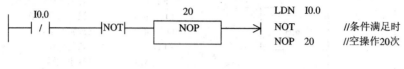

图 5－6　例 5.5 程序

5.1.3　置位、复位指令

普通线圈获得能量流时线圈通电(存储器位置 1)，能量流不能到达时线圈断电(存储器位置 0)。梯形图利用线圈通、断电来描述存储器位的置位、复位操作。置位、复位指令则是将线圈设计成置位线圈和复位线圈两大部分，将存储器的置位、复位功能分离开来。置位线圈受到脉冲前沿触发时，线圈通电锁存(存储器位置 1)，复位线圈受到脉冲前沿触发时，线圈断电锁存(存储器位置 0)，下次置位、复位操作信号到来前，线圈状态保持不变(自锁功能)。为了增强指令的功能，置位、复位指令将置位和复位的位数扩展为 N 位。其指令格式见表 5－3。

表 5－3　置位、复位指令格式

LAD	STL	功　能
S-BIT　　S-BIT —(S)　—(R) 　N　　　N	S　S-BIT，N R　S-BIT，N	从起始位(S-BIT)开始的 N 个元件置 1 从起始位(S-BIT)开始的 N 个元件清 0

操作数 S-BIT 的类型：BIT、S-BIT，位数 N 寻址范围见附录 C。

执行置位(置 1)、复位(置 0)指令时，从操作数的直接位地址(BIT)或输出状态表(OUT)指定的地址参数开始的 N 个点(最多 255 个)都被置位、复位。当置位、复位输入同时有效时，复位优先。

【例 5.6】 置位、复位指令的应用实例，其程序如图 5－7 所示。

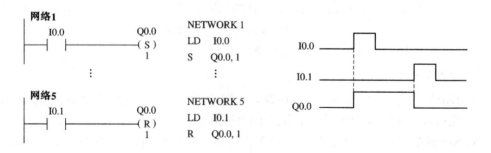

图 5－7　例 5.6 程序

编程时，置位、复位线圈之间间隔的网络个数不限。置位、复位线圈通常成对使用，也可以单独使用或与指令盒配合使用。

5.1.4 边沿触发指令(脉冲生成)

边沿触发是指用边沿触发信号产生一个机器周期的扫描脉冲，通常用作脉冲整形。边沿触发指令分为正跳变触发(上升沿)和负跳变触发(下降沿)两大类。正跳变触发指输入脉冲的上升沿，使触点 ON 一个扫描周期。负跳变触发指输入脉冲的下降沿，使触点 ON 一个扫描周期。边沿触发指令格式见表 5-4。

表 5-4 边沿触发(脉冲形成)指令格式

LAD	STL	功能及注释
─┤ P ├─	EU(Edge Up)	正跳变，无操作元件
─┤ N ├─	ED(Edge Down)	负跳变，无操作元件

【例 5.7】 边沿触发程序示例，其程序如图 5-8 所示。

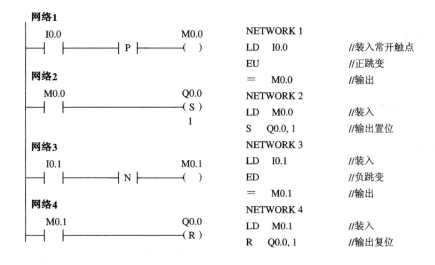

图 5-8 例 5.7 程序

边沿触发程序的运行结果分析如下：

在 I0.0 的上升沿，触点(EU)产生一个扫描周期的时钟脉冲，M0.0 线圈通电一个扫描周期，M0.0 常开触点闭合一个扫描周期，使输出置位线圈 Q0.0 有效(输出线圈 Q0.0=1)，并保持。

在 I0.1 下降沿，触点(ED)产生一个扫描周期的时钟脉冲，驱动输出线圈 M0.1 通电一个扫描周期，M0.1 常开触点闭合一个扫描周期，使输出线圈 Q0.0 复位有效(Q0.0=0)，并保持。

该示例的时序分析见图 5-9。

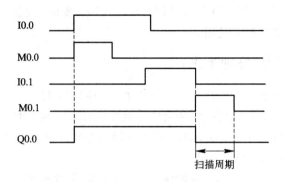

图 5-9 边沿触发示例的时序分析

5.1.5 定时器指令

S7-200 系列 PLC 的定时器为增量型定时器，用于实现时间控制，可以按照工作方式和时间基准（时基）进行分类。时间基准又称为定时精度和分辨率。

1. 工作方式

按照工作方式，定时器可分为通电延时型（TON）、有记忆的通电延时型（保持型）（TONR）和断电延时型（TOF）三种类型。

2. 时基标准

按照时基标准，定时器可分为 1 ms、10 ms 和 100 ms 三种类型。对于不同的时基标准，定时精度、定时范围和定时器的刷新方式不同。

（1）定时精度。定时器的工作原理是：使能输入有效后，寄存器对 PLC 内部的时基脉冲进行增 1 计数，最小计时单位为时基脉冲的宽度。故时间基准代表着定时器的定时精度，又称分辨率。

（2）定时范围。使能输入有效后，寄存器对时基脉冲进行递增计数，当计数值大于或等于定时器的预置值后，状态位置 1。从定时器输入有效，到状态位输出有效经过的时间为定时时间，即定时时间 T＝时基 ＊ 预置值，时基越大，定时时间越长，但精度越差。

（3）定时器的刷新方式。定时器的刷新方式有以下几种：

1 ms 定时器：每隔 1 ms 定时器刷新一次。定时器刷新与扫描周期和程序处理无关。扫描周期较长时，定时器一个周期内可能多次被刷新（多次改变当前值）。

10 ms 定时器：在每个扫描周期开始时刷新。在每个扫描周期之内，当前值不变。如果定时器的输出与复位操作时间间隔很短，那么调节定时器指令盒与输出触点在网络段中位置是必要的。

100 ms 定时器：使定时器指令执行时被刷新，下一条执行的指令即可使用刷新后的结果，非常符合正常思维，使用方便可靠。但应当注意，如果该定时器的指令不是每个周期都执行（比如条件跳转时），那么定时器就不能及时刷新，可能会导致出错。

CPU 22X 系列 PLC 的 256 个定时器分属 TON（TOF）和 TONR 工作方式，具有三种时基标准。TOF 与 TON 共享同一组定时器，不能重复使用。其详细分类方法及定时范围见表 5-5。

表 5 - 5　定时器的工作方式及类型

工作方式	分辨率/ms	最大当前值/s	定时器号
TONR	1	32.767	T0，T64
	10	327.67	T1～T4，T65～T68
	100	3276.7	T5～T31，T69～T95
TON/TOF	1	32.767	T32，T96
	10	327.67	T33～T36，T97～T100
	100	3276.7	T37～T63，T101～T255

使用定时器时应参照表 5 - 5 的时基标准和工作方式合理选择定时器编号，同时要考虑刷新方式对程序执行的影响。

3. 定时器指令格式

定时器指令格式见表 5 - 6。

表 5 - 6　定时器指令格式

LAD	STL	功能及注释
???? IN TON / ????─ PT	TON	通电延时型
???? IN TONR / ????─ PT	TONR	有记忆通电延时型
???? IN TOF / ????─ PT	TOF	断电延时型

表 5 - 6 中，IN 为使能输入端；编程范围为 T0～T255；PT 是预置值输入端，最大预置值为 32 767，其数据类型为 INT。PT 的寻址范围见附录 C。

4. 工作原理分析

下面从原理、应用等方面，分别叙述通电延时型（TON）、有记忆通电延时型（TONR）和断电延时型（TOF）这三类定时器的使用方法。

（1）通电延时型（TON）。使能端（IN）输入有效时，定时器开始计时，当前值从 0 开始递增，大于或等于预置值 PT 时，定时器输出状态位置 1（输出触点有效），当前值的最大值为 32 767。使能端无效（断开）时，定时器复位，当前值清零，输出状态位置 0。

【例5.8】 通电延时型定时器的应用程序及运行时序分析见图5-10。

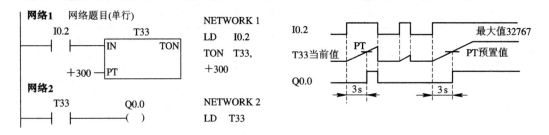

图5-10 通电延时型定时器的应用程序及运行时序分析

（2）有记忆通电延时型（TONR）。使能端（IN）输入有效时（接通），定时器开始计时，当前值递增，当当前值大于或等于预置值PT时，输出状态位置1。使能端输入无效（断开）时，当前值保持（记忆），使能端IN再次接通有效时，在原记忆值的基础上递增计时。有记忆通电延时型（TONR）定时器采用线圈的复位指令R进行复位操作，当复位线圈有效时，定时器当前值清零，输出状态位置0。

【例5.9】 有记忆通电延时型定时器的应用程序及运行时序分析如图5-11所示。

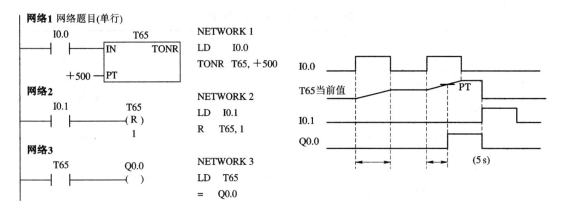

图5-11 有记忆通电延时型定时器的应用程序及运行时序分析

（3）断电延时型（TOF）。使能端IN输入有效时，定时器输出状态位立即置1，当前值复位（为0）。使能端IN断开时，开始计时，当前值从0递增，当当前值达到预置值时，定时器状态位复位置0，并停止计时，当前值保持。

【例5.10】 断电延时型定时器的应用程序及运行时序分析见图5-12。

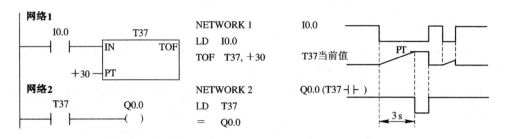

图5-12 断电延时型定时器的应用程序及运行时序分析

5．通电延时型定时器应用分析示例

梯形图程序如图 5-13 所示，使用定时器本身的常闭触点作激励输入，希望经过延时产生一个机器扫描周期的时钟脉冲输出。定时器状态位置 1 时，依靠本身的常闭触点（激励输入）的断开使定时器复位，重新开始设定时间，进行循环工作。采用不同时基标准的定时器时，会有不同的运行结果，具体分析如下：

（1）T32 为 1 ms 时基定时器时，每隔 1 ms，定时器刷新一次当前值。CPU 当前值若恰好在处理常闭触点和常开触点之间被刷新，则 Q0.0 可以接通一个扫描周期。但这种情况出现的机率很小，一般情况下，不会正好在这时刷新。若在执行其他指令时，定时时间到，1 ms 的定时刷新使定时器输出状态位置位，常闭触点打开，当前值复位，定时器输出状态位立即复位，所以输出线圈 Q0.0 一般不会通电。

（2）若将图 5-13 中的定时器 T32 换成 T33，则时基变为 10 ms，当前值在每个扫描周期开始刷新。计时时间到时，扫描周期开始，定时器输出状态位置位，常闭触点断开，立即将定时器当前值清零，定时器输出状态位复位（为 0）。这样，输出线圈 Q0.0 永远不可能通电（ON）。

（3）若将图 5-13 中的定时器 T32 换成 T37，则时基变为 100 ms，当前指令在执行时刷新。Q0.0 在 T37 计时时间到时准确地接通一个扫描周期，可以输出一个 OFF 时间为定时时间，ON 时间为一个扫描周期的时钟脉冲。

结论：综上所述，用自身触点激励输入的定时器，其时基为 1 ms 和 10 ms 时不能可靠工作，所以一般不宜使用本身触点作为激励输入。若将图 5-13 改成图 5-14，则无论何种时基都能正常工作。

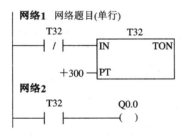

图 5-13 自身激励输入

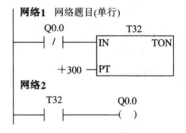

图 5-14 非自身激励输入

5.1.6　计数器指令

计数器利用输入脉冲上升沿累计脉冲个数。S7-200 系列 PLC 有递增计数（CTU）、增/减计数（CTUD）、递减计数（CTD）等三类计数指令。计数器的使用方法和基本结构与定时器的基本相同，主要由预置值寄存器、当前值寄存器、状态位等组成。

1．指令格式

计数器的梯形图指令符号为指令盒形式，指令格式见表 5-7。

表 5-7　计数器指令格式

LAD			STL	功　能
CU CTU ???? R ????—PV	CD CTD ???? LD ????—PV	CU CTUD ???? CD R ????—PV	CTU	(Counter Up)增计数器
			CTD	(Counter Down)减计数器
			CTUD	(Counter Up/Down)增/减计数器

　　梯形图指令符号中：CU 表示增 1 计数脉冲输入端；CD 表示减 1 计数脉冲输入端；R 表示复位脉冲输入端；LD 表示减计数器的复位输入端。编程范围为 C0～C255；PV 预置值最大范围为 32 767；PV 数据类型为 INT(整数)，寻址范围参见附录 C。

2. 工作原理分析

　　下面从原理、应用等方面，分别叙述增计数指令(CTU)、增/减计数指令 (CTUD)、减计数指令(CTD)这三种类型计数指令的应用方法。

　　(1) 增计数指令(CTU)。增计数指令在 CU 端输入脉冲上升沿，计数器的当前值增 1 计数。当前值大于或等于预置值 PV 时，计数器状态位置 1。当前值累加的最大值为 32 767。复位输入 R 有效时，计数器状态位复位(置 0)，当前计数值清零。增计数指令的应用可以参考图 5-15 来理解。

　　(2) 增/减计数指令 (CTUD)。增/减计数器有两个脉冲输入端，其中，CU 端用于递增计数，CD 端用于递减计数。执行增/减计数指令时，CU/CD 端的计数脉冲上升沿增 1/减 1 计数。当前值大于或等于计数器预置值 PV 时，计数器状态位置位。复位输入 R 有效或执行复位指令时，计数器状态位复位，当前值清零。达到计数器最大值 32 767 后，下一个 CU 输入上升沿将使计数值变为最小值(-32 678)。同样，达到最小值(-32 678)后，下一个 CD 输入上升沿将使计数值变为最大值(32 767)。

　　【例 5.11】 增/减计数指令应用程序段及运行时序分析如图 5-15 所示。

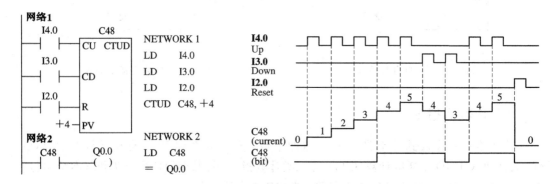

图 5-15　增/减计数指令应用程序段及运行时序分析

　　(3) 减计数指令(CTD)。复位输入(LD)有效时，计数器把预置值 PV 装入当前值存储器，计数器状态位复位(置 0)。在 CD 端每一个输入脉冲上升沿，减计数器的当前值从预置值开始递减计数。当前值等于 0 时,计数器状态位置位(置 1),停止计数。

【例 5.12】 减计数指令应用程序段及运行时序分析如图 5-16 所示。

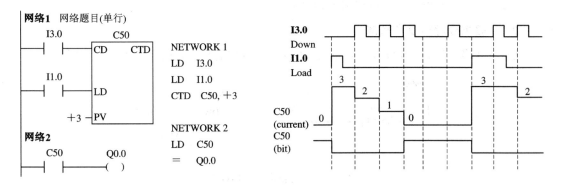

图 5-16 减计数指令应用程序段及运行时序分析

程序运行分析:减计数器在计数脉冲 I3.0 的上升沿减 1 计数,当前值从预置值开始减至 0 时,定时器输出状态位置 1,Q0.0 通电(置 1)。在复位脉冲 I1.0 的上升沿,定时器状态位置 0(复位),当前值等于预置值,为下次计数工作做好准备。

5.1.7 比较指令

比较指令用于两个操作数按一定条件进行比较。操作数可以是整数,也可以是实数(浮点数)。在梯形图中用带参数和运算符的触点表示比较指令,比较条件满足时,触点闭合,否则打开。梯形图程序中,比较触点可以装入,也可以串、并联。

1. 指令格式

比较指令有整数和实数两种数据类型的比较。整数类型的比较指令包括无符号数的字节比较,有符号数的整数比较、双字比较。整数比较的数据范围为 16#8000~16#7FFF,双字比较的数据范围为 16#80000000~16#7FFFFFFF。实数(32 位浮点数)比较的数据范围:负实数的比较范围为 -1.175 495E-38 ~ -3.402 823E+38,正实数的比较范围为 +1.175 495E-38~+3.402 823E+38。比较指令的格式如表 5-8 所示。

表 5-8 比较指令的格式举例

LAD	STL	功　能
IN1 ——╫==B╫—— **IN2**	LDB= IN1, IN2 AB= IN1, IN2 OB= IN1, IN2	操作数 IN1 和 IN2(整数)比较

表 5-8 中给出了梯形图字节相等比较的符号,比较指令的其他比较关系和操作数类型说明如下:

比较运算符: ==、<=、>=、<、>、<>。

操作数类型:字节比较 B(Byte)(无符号整数);

整数比较 I(Int)/W(Word)(有符号整数);

双字比较 D(Double Int/Word)(有符号整数);

实数比较 R(Real)(有符号双字浮点数)。

不同的操作数类型和比较运算关系,可分别构成各种字节、字、双字和实数比较运算指令。IN1、IN2 的操作数寻址范围见附录 C。

2. 比较指令程序设计举例

【例 5.13】 整数(16 位有符号整数)比较指令应用的分析,程序如图 5-17 所示。

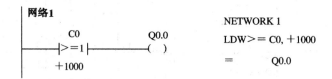

图 5-17 比较指令应用程序

图 5-17 中,计数器 C0 的当前值大于或等于 1000 时,输出线圈 Q0.0 通电。

5.2 算术、逻辑运算指令

S7-200 系列 PLC 除具有基本逻辑处理功能以外,还具有算术运算和逻辑运算功能。算术运算包括加、减、乘、除运算和常用的数学函数变换。逻辑运算包括逻辑与、或指令和取反指令等。

5.2.1 算术运算指令

1. 加/减运算

加/减运算指令是对符号数的加/减运算操作,包括整数加/减运算、双整数加/减运算和实数加/减运算。

梯形图加/减运算指令采用指令盒格式,指令盒由指令类型、使能端 EN、操作数 IN1、IN2 输入端、运算结果输出端 OUT、逻辑结果输出端 ENO 等组成。

(1)加/减运算指令格式。6 种加/减运算指令的梯形图指令格式如表 5-9 所示。

表 5-9 加/减运算指令格式及功能

LD			功　　能
ADD_I EN　ENO ???? - N1　OUT - ???? ???? - N2	ADD_DI EN　ENO ???? - IN1　OUT - ???? ???? - IN2	ADD_R EN　ENO ???? - IN1　OUT - ???? ???? - IN2	IN1+IN2=OUT
SUB_I EN　ENO ???? - IN1　OUT - ???? ???? - IN2	SUB_DI EN　ENO ???? - IN1　OUT - ???? ???? - IN2	SUB_R EN　ENO ???? - IN1　OUT - ???? ???? - IN2	IN1—IN2=OUT

加/减运算指令操作数类型:INT、DINT、REAL。IN1、IN2、OUT 操作数寻址范围见附录 C。

（2）指令类型和运算关系。

① 整数加/减运算（ADD I/SUB I）：使能端 EN 输入有效时，将两个单字长（16 位）符号整数 IN1 和 IN2 相加/减，然后将运算结果从 OUT 指定的存储器单元输出。

STL 运算指令及运算结果：

整数加法：MOVW　　IN1, OUT　　　//IN1 → OUT
　　　　　　＋I　　　　IN2, OUT　　　//OUT＋IN2＝OUT
整数减法：MOVW　　IN1, OUT　　　//IN1 → OUT
　　　　　　－I　　　　IN2, OUT　　　//OUT－IN2＝OUT

从 STL 运算指令可以看出，IN1、IN2 和 OUT 操作数的地址不相同时，语句表指令将 LAD 的加/减运算分别用两条指令描述。

IN1 或 IN2＝OUT 时的整数加法：

　　　　　　＋I　　　　IN2, OUT　　　//OUT＋IN2＝OUT

IN1 或 IN2＝OUT 时，加法指令节省一条数据传送指令，本规律适用于所有算术运算指令。

② 双整数加/减运算（ADD DI/SUB DI）：使能端 EN 输入有效时，将两个字长（32 位）符号整数 IN1 和 IN2 相加/减，运算结果从 OUT 指定的存储器单元输出。

STL 运算指令及运算结果：

双整数加法：MOVD　　IN1 OUT　　//IN1 → OUT
　　　　　　　＋D　　　IN2 OUT　　//OUT＋IN2＝OUT
双整数减法：MOVD　　IN1 OUT　　//IN1 → OUT
　　　　　　　－D　　　IN2 OUT　　//OUT－IN2＝OUT

③ 实数加/减运算（ADD R/SUB R）：使能端 EN 输入有效时，将两个字长（32 位）的有符号实数 IN1 和 IN2 相加/减，运算结果从 OUT 指定的存储器单元输出。

LAD 运算结果：

　　　IN1±IN2＝OUT

STL 运算指令及运算结果：

实数加法：MOVR　　IN1 OUT　　　//IN1 → OUT
　　　　　　＋R　　　IN2 OUT　　　//OUT＋IN2＝OUT
实数减法：MOVR　　IN1 OUT　　　//IN1 → OUT
　　　　　　－R　　　IN2 OUT　　　//OUT－IN2＝OUT

（3）加/减运算的 IN1、IN2、OUT 操作数的数据类型为 INT（整型）、DINT（双整）、REAL（实数），寻址范围参见附录 C。

（4）对标志位的影响。算术运算指令影响特殊标志的算术状态位 SM1.0～SM1.3，并建立指令盒能量流输出 ENO。

① 算术状态位（特殊标志位）：SM1.0（零），SM1.1（溢出），SM1.2（负）。

SM1.1 用来指示溢出错误和非法值。如果 SM1.1 置位，则 SM1.0 和 SM1.2 的状态无效，原始操作数不变。如果 SM1.1 不置位，则 SM1.0 和 SM1.2 的状态反映算术运算的结果。

② ENO（能量流输出位）：当输入使能 EN 有效，运算结果无错时，ENO＝1，否则

ENO＝0(出错或无效)。使能流输出 ENO 断开的出错条件是：SM1.1＝1(溢出)，0006(间接寻址)，SM4.3(运行时间)。

（5）加法运算应用举例。

【例5.14】 求 2000 加 100 的和，2000 在数据存储器 VW100 中，结果存入 VW200。程序如图 5-18 所示。

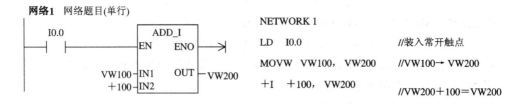

图 5-18 加法运算指令的应用程序

2. 乘/除运算

乘/除运算是对符号数的乘法运算和除法运算，包括有整数乘/除运算、双整数乘/除运算、整数乘/除双整数运算和实数乘/除运算等。

（1）乘/除运算指令格式。

乘/除运算指令的格式及功能见表 5-10。

表 5-10　乘/除运算指令的格式及功能

LAD	功能
MUL_I　MUL_DI　MUL　MUL_R	乘法运算
DIV_I　DIV_DI　DIV　DIV_R	除法运算

乘/除运算指令采用同加/减运算指令相类似的指令盒指令格式。指令分为整数乘/除运算，双整数乘/除运算，整数乘/除双整数输出，实数乘/除运算等八种类型。

LAD 指令执行的结果：

乘法 IN1 * IN2＝OUT

除法 IN1/IN2＝OUT

（2）指令功能分析。

① 整数乘/除法指令(MUL I/DIV I)：使能端 EN 输入有效时，将两个单字长(16位)符号整数 IN1 和 IN2 相乘/除，产生一个单字长(16位)整数结果，从 OUT(积/商)指定的

存储器单元输出。

STL 指令格式及功能：

整数乘法：MOVW　　IN1 OUT　　//IN1 → OUT
　　　　　 * I　　　　IN2 OUT　　//OUT * IN2＝OUT
整数除法：MOVW　　IN1 OUT　　//IN1 → OUT
　　　　　 /I　　　　IN2 OUT　　//OUT/IN2＝OUT

② 双整数乘/除法指令（MUL DI/DIV DI）：使能端 EN 输入有效时，将两个双字长（32 位）符号整数 IN1 和 IN2 相乘/除，产生一个双字长（32 位）整数结果，从 OUT（积/商）指定的存储器单元输出。

STL 指令格式及功能：

双整数乘法：MOVD　　IN1 OUT　　//IN1 → OUT
　　　　　　 * D　　　IN2 OUT　　//OUT * IN2＝OUT
双整数除法：MOVD　　IN1 OUT　　//IN1 → OUT
　　　　　　 /D　　　IN2 OUT　　//OUT/IN2＝OUT

③ 整数乘/除双整数指令（MUL/DIV）：使能端 EN 输入有效时，将两个单字长（16 位）符号整数 IN1 和 IN2 相乘/除，产生一个双字长（32 位）整数结果，从 OUT（积/商）指定的存储器单元输出。整数除法产生的 32 位结果中，低 16 位是商，高 16 位是余数。

STL 指令格式及功能：

整数乘法产生双整数：MOVW　　IN1 OUT　　//IN1 → OUT
　　　　　　　　　　 MUL　　　IN2 OUT　　//OUT * IN2＝OUT
整数除法产生双整数：MOVW　　IN1 OUT　　//IN1 → OUT
　　　　　　　　　　 DIV　　　IN2 OUT　　//OUT/IN2＝OUT

④ 实数乘/除法指令：使能端 EN 输入有效时，将两个双字长（32 位）符号整数 IN1 和 IN2 相乘/除，产生一个双字长（32 位）整数结果，从 OUT（积/商）指定的存储器单元输出。

STL 指令格式及功能：

实数乘法：MOVR　　IN1 OUT　　//IN1 → OUT
　　　　　 * R　　　IN2 OUT　　//OUT * IN2＝OUT
实数除法：MOVR　　IN1 OUT　　//IN1 → OUT
　　　　　 /R　　　IN2 OUT　　//OUT/IN2＝OUT

（3）操作数寻址范围。IN1、IN2、OUT 操作数的数据类型根据乘/除法运算指令功能可分为 INT/WORD、DINT、REAL。IN1、IN2、OUT 操作数的寻址范围参见附录 C。

（4）乘/除运算对标志位的影响。

① 算术状态位（特殊标志位）。乘/除运算指令执行的结果影响特殊存储器位：SM1.0（零），SM1.1（溢出），SM1.2（负），SM1.3（被 0 除）。

若乘法运算过程中 SM1.1（溢出）被置位，就不写输出，并且所有其他的算术状态位置为 0。（整数乘法（MUL）产生双整数指令输出时不会产生溢出）。

如果除法运算过程中 SM1.3 置位（被 0 除），则其他的算术状态位保留不变，原始输入操作数不变。若 SM1.3 不被置位，则所有有关的算术状态位都是算术操作的有效状态。

② 使能流输出 ENO＝0 断开的出错条件是：SM1.1（溢出），SM4.3（运行时间），0006

（间接寻址）。

【例 5.15】 乘/除法指令的应用，程序如图 5-19 所示。

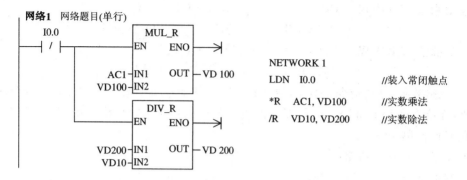

NETWORK 1
LDN I0.0   //装入常闭触点
*R   AC1, VD100   //实数乘法
/R   VD10, VD200   //实数除法

运行结果：

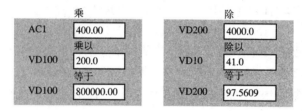

图 5-19 乘/除法指令的应用程序

5.2.2 数学函数变换指令

数学函数变换指令包括平方根、自然对数、指数、三角函数等几个常用的函数指令。

1. 平方根/自然对数/指数指令

平方根/自然对数/指数指令的格式及功能见表 5-11。

表 5-11 平方根/自然对数/指数指令的格式及功能

LAD	STL	功　　能
SQRT（EN ENO / IN OUT ???? / ????）	SQRT IN, OUT	求 IN 的平方根指令： SQRT(IN)＝OUT
LN（EN ENO / IN OUT ???? / ????）	LN IN, OUT	求 IN 的自然对数指令： LN(IN)＝OUT
EXP（EN ENO / IN OUT ???? / ????）	EXP IN, OUT	求 IN 的指数指令： EXP(IN)＝OUT

（1）平方根指令（SQRT）。平方根指令是把一个双字长（32 位）的实数 IN 开方，得到 32 位的实数运算结果，通过 OUT 指定的存储器单元输出。

（2）自然对数（LN）。自然对数指令将输入的一个双字长（32位）实数 IN 的值取自然对数，得到 32 位的实数运算结果，通过 OUT 指定的存储器单元输出。

当求解以 10 为底的常用对数时，用实数除法指令将自然对数除以 2.302 585 即可（LN 10≈2.302 585）。

【例 5.16】 求以 10 为底 150 的常用对数，150 存于 VD100，结果放到 AC1（应用对数的换底公式求解 $\lg 150 = \dfrac{\ln 150}{\ln 10}$）。程序如图 5-20 所示。

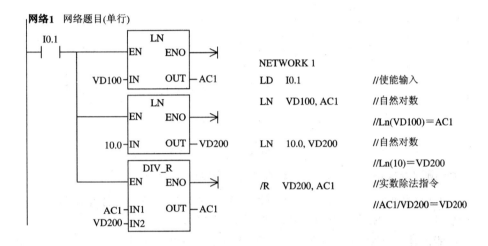

图 5-20 对数指令的应用程序

（3）指数指令（EXP）。指数指令将一个双字长（32位）实数 IN 的值取以 e 为底的指数，得到 32 位的实数运算结果，通过 OUT 指定的存储器单元输出。

该指令可与自然对数指令相配合，完成以任意数为底，任意数为指数的计算。可以利用指数函数求解任意函数的 x 次方（$y^x = e^{x\ln y}$）。

例如：

7 的 4 次方＝EXP（4 * LN（7））＝2401

8 的 3 次方根＝$8^{\wedge}(1/3)$＝EXP（LN（8）* 1/3）＝2

2. 三角函数

三角函数运算指令包括正弦（SIN）、余弦（COS）和正切（TAN）三角函数指令。三角函数指令运行时把一个双字长（32位）的实数弧度值 IN 取正弦/余弦/正切，得到 32 位的实数运算结果，通过 OUT 指定的存储器单元输出。三角函数运算指令的格式见表 5-12。

表 5-12 三角函数指令的格式

LAD	STL	功 能
 EN SIN ENO / EN COS ENO / EN TAN ENO ???? IN OUT ????	SIN IN，OUT COS IN，OUT TAN IN，OUT	SIN(IN)＝OUT COS(IN)＝OUT TAN(IN)＝OUT

【例 5.17】 求 $65°$ 的正切值，其程序如图 $5-21$ 所示。

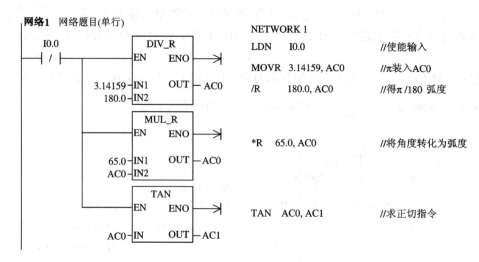

NETWORK 1
LDN　　I0.0	//使能输入
MOVR　3.14159, AC0	//π 装入 AC0
/R　　180.0, AC0	//得 π /180 弧度
*R　　65.0, AC0	//将角度转化为弧度
TAN　AC0, AC1	//求正切指令

图 $5-21$　三角函数指令的应用程序

3. 数学函数变换指令对标志位的影响及操作数的寻址范围

（1）平方根/自然对数/指数/三角函数运算指令执行的结果影响特殊存储器位：SM1.0（零），SM1.1（溢出），SM1.2（负），SM1.3（被 0 除）。

（2）使能流输出 ENO＝0 的错误条件是：SM1.1（溢出），SM4.3（运行时间），0006（间接寻址）。

（3）IN、OUT 操作数的数据类型为 REAL，寻址范围见附录 C。

5.2.3　增 1/减 1 计数指令

增 1/减 1 计数器用于自增、自减操作，以实现累加计数和循环控制等程序的编制。其梯形图为指令盒格式。增 1/减 1 指令操作数长度可以是字节（无符号数）、字或双字（有符号数）。IN 和 OUT 操作数寻址范围见附录 C。指令格式见表 $5-13$。

表 $5-13$　增 1/减 1 计数指令（字节操作）的格式和功能

LAD	功　　能
INC_B　INC_W　INC_DW　　DEC_B　DEC_W　DEC_DW	字节、字、双字增 1 字节、字、双字减 1 OUT±1＝OUT

1. 字节增 1/减 1（INC B/DEC B）

字节增 1 指令（INC B），用于使能输入有效时，把一个字节的无符号输入数 IN 加 1，得到一个字节的运算结果，通过 OUT 指定的存储器单元输出。

字节减 1 指令(DEC B)，用于使能输入有效时，把一个字节的无符号输入数 IN 减 1，得到一个字节的运算结果，通过 OUT 指定的存储器单元输出。

2. 字增 1/减 1(INC W/DEC W)

字增 1(INC W)/减 1(DEC W)指令，用于使能输入有效时，将单字长符号输入数(IN 端)加 1/减 1，得到一个字节的运算结果，通过 OUT 指定的存储器单元输出。

3. 双字节增 1/减 1(INC D/DEC D)

双字节增 1/减 1(INC D/DEC D)指令用于使能输入有效时，将双字长符号输入数(IN 端)加 1/减 1，得到双字节的运算结果，通过 OUT 指定的存储器单元输出。

IN、OUT 操作数的数据类型为 DINT，寻址方式见附录 C。

5.2.4 逻辑运算指令

逻辑运算是对无符号数进行的逻辑处理，主要包括逻辑与、逻辑或、逻辑异或和取反等运算指令。按操作数长度可分为字节、字和双字逻辑运算。IN1、IN2、OUT 操作数的数据类型为 B、W、DW，寻址范围见附录 C。字操作逻辑运算指令的格式和功能见表 5 - 14。

表 5 - 14　逻辑运算指令的格式和功能(字节操作)

LD	功　能
WAND_B　WOR_B　WXOR_B　INV_B EN　ENO　EN　ENO　EN　ENO　EN　ENO ????─IN1　OUT─????　????─IN1　OUT─????　????─IN1　OUT─????　????─IN　OUT─???? ????─IN2　　　　????─IN2　　　　????─IN2	与、或、异或、取反

1. 逻辑与指令(WAND)

逻辑与操作指令包括字节(B)、字(W)、双字(DW)等三种数据长度的与操作指令。

逻辑与指令功能：使能输入有效时，把两个字节(字、双字)长的输入逻辑数按位相与，将得到的一个字节(字、双字)的逻辑运算结果送到 OUT 指定的存储器单元输出。

STL 指令格式分别为

MOVB　IN1，OUT;	MOVW　IN1，OUT;	MOVD　IN1，OUT
ANDB　IN2，OUT;	ANDW　IN2，OUT;	ANDD　IN2，OUT

2. 逻辑或指令(WOR)

逻辑或操作指令包括字节(B)、字(W)、双字(DW)等三种数据长度的或操作指令。

逻辑或指令的功能：使能输入有效时，把两个字节(字、双字)长的输入逻辑数按位相或，将得到的一个字节(字、双字)的逻辑运算结果送到 OUT 指定的存储器单元输出。

STL 指令格式分别为

MOVB　IN1，OUT ;	MOVW　IN1，OUT;	MOVD　IN1，OUT
ORB　IN2，OUT;	ORW　IN2，OUT;	ORD　IN2，OUT

3. 逻辑异或指令(WXOR)

逻辑异或操作指令包括字节(B)、字(W)、双字(DW)等三种数据长度的异或操作指令。

逻辑异或指令的功能：使能输入有效时，把两个字节（字、双字）长的输入逻辑数按位相异或，将得到的一个字节（字、双字）的逻辑运算结果送到 OUT 指定的存储器单元输出。

STL 指令格式分别为

MOVB　　IN1，OUT；	MOVW　　IN1，OUT；	MOVD　　IN1，OUT
XORB　　IN2，OUT；	XORW　　IN2，OUT；	XORD　　IN2，OUT

4. 取反指令（INV）

取反指令包括字节（B）、字（W）、双字（DW）等三种数据长度的取反操作指令。

取反指令功能：使能输入有效时，将一个字节（字、双字）长的逻辑数按位取反，将得到的一个字节（字、双字）的逻辑运算结果送到 OUT 指定的存储器单元输出。

STL 指令格式分别为

MOVB　　IN1，OUT；	MOVW　　IN1，OUT；	MOVD　　IN1，OUT
INVB　　IN2，OUT ；	INVW　　IN2，OUT；	INVD　　IN2，OUT

【例 5.18】　字或、双字异或、字取反、字节与操作编程举例。程序见图 5-22。

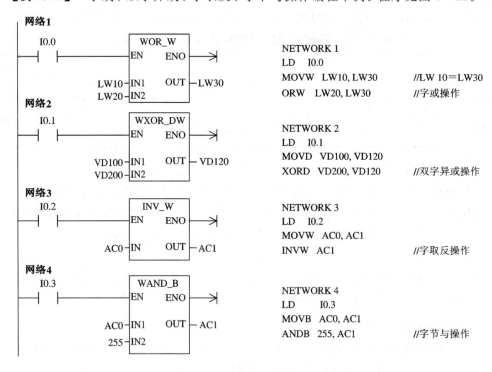

图 5-22　逻辑运算指令的应用程序

5.3　数据处理指令

数据处理指令包括数据传送指令、字节交换/填充指令及移位指令等。

5.3.1　数据传送指令

数据传送指令有字节、字、双字和实数的单个传送指令，还有以字节、字、双字为单位的数据块的成组传送指令，用来实现各存储器单元之间数据的传送和复制。

1. 单个数据传送指令

单个数据传送指令一次完成一个字节、字或双字的传送。其指令格式和功能见表5－15。

表 5－15　单个数据传送指令的格式和功能

LAD	STL	功　　能
	MOV IN，OUT	IN＝OUT

功能：使能流输入 EN 有效时，把一个输入单字节无符号数、单字长或双字长符号数送到 OUT 指定的存储器单元输出。

数据类型分别为 B、W、DW。

IN、OUT 操作数的寻址方式参见附录 C。

使能流输出 ENO＝0 断开的出错条件是：SM4.3（运行时间），0006（间接寻址）。

2. 数据块传送指令

数据块传送指令一次可完成 N 个数据的成组传送。其指令类型有字节、字或双字等三种。其格式和功能见表5－16。

表 5－16　数据块传送指令的格式和功能

LAD	功　　能
	字节、字和双字块传送

字节的数据块传送指令功能：使能输入 EN 有效时，把从输入字节 IN 开始的 N 个字节数据传送到以输出字节 OUT 开始的 N 个字节中。

字的数据块传送指令功能：使能输入 EN 有效时，把从输入字 IN 开始的 N 个字的数据传送到以输出字 OUT 开始的 N 个字的存储区中。

双字的数据块传送指令功能：使能输入 EN 有效时，把从输入双字 IN 开始的 N 个双字的数据传送到以输出双字 OUT 开始的 N 个双字的存储区中。

3. 传送指令的数据类型和断开条件

IN、OUT 操作数的数据类型分别为 B、W、DW；N(BYTE)的数据范围为 0～255；N、IN、OUT 操作数的寻址范围见附录 C。

使能流输出 ENO＝0 断开的出错条件是：SM4.3（运行时间），0006（间接寻址），0091（操作数超界）。

【例 5.19】 将变量存储器 VW100 中的内容送到 VW200 中。程序见图 5－23。

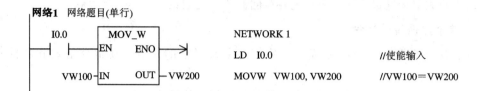

图 5－23 数据传送指令的应用程序

5.3.2 字节交换/填充指令

字节交换/填充指令的格式和功能见表5－17。

表 5－17 字节交换/填充指令的格式和功能

LAD		STL	功能
SWAP —EN ENO— ????—IN	FILL_N —EN ENO— ????—IN OUT—???? ????—IN	SWAP IN FILL IN，N，OUT	字节交换 字填充

1. 字节交换指令（SWAP）

字节交换指令用来实现字的高、低字节内容交换的功能。

使能输入 EN 有效时，将输入字 IN 的高、低字节交换的结果输出到 OUT 指定的存储器单元。

IN、OUT 操作数的数据类型为 INT(WORD)，寻址范围见附录 C。

使能流输出 ENO＝0 断开的出错条件是：SM4.3(运行时间)，0006(间接寻址)。

2. 字节填充指令（FILL）

字节填充指令用于存储器区域的填充。

使能输入 EN 有效时，用字型输入数据 IN 填充从输出 OUT 指定单元开始的 N 个字存储单元。N(BYTE)的数据范围为 0～255。

IN、OUT 操作数的数据类型为 INT(WORD)，N、IN、OUT 操作数的寻址范围见附录 C。

使能流输出 ENO＝0 断开的出错条件是：SM4.3(运行时间)，0006(间接寻址)，0091(操作数超界)。

【例5.20】 将从 VW100 开始的 256 个字节(128 个字)的存储单元清零。程序见图 5－24。

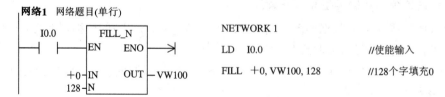

图 5－24 字节填充指令的应用程序

本条指令的执行结果：从 VW100 开始的 256 个字节（VW100～VW355）的存储单元清零。

5.3.3 移位指令

移位指令分为左、右移位和循环左、右移位及寄存器移位三大类。两类移位指令按移位数据的长度又分为字节型、字型、双字型三种。移位指令的最大移位位数 N≤数据类型（B、W、D）对应的位数，移位位数（次数）N 为字节型数据。

1. 左、右移位指令

左、右移位数据存储单元与 SM1.1（溢出）端相连，移出位被放到特殊标志存储器 SM1.1 位。移位数据存储单元的另一端补 0。移位指令的格式和功能见表 5－18。

表 5－18　左、右移位指令的格式和功能

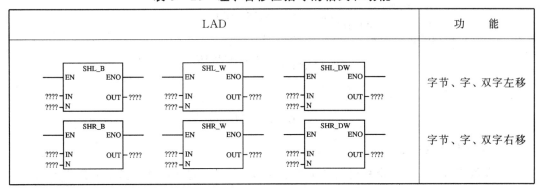

LAD	功　能
SHL_B　SHL_W　SHL_DW	字节、字、双字左移
SHR_B　SHR_W　SHR_DW	字节、字、双字右移

（1）左移位指令（SHL）的功能：使能输入有效时，将输入的字节、字或双字 IN 左移 N 位后（右端补 0），将结果输出到 OUT 所指定的存储单元中，并将最后一次移出位保存在 SM1.1。

（2）右移位指令（SHR）的功能：使能输入有效时，将输入的字节、字或双字 IN 右移 N 位后，将结果输出到 OUT 所指定的存储单元中，并将最后一次移出位保存在 SM1.1。

2. 循环左、右移位指令

循环移位将移位数据存储单元的首尾相连，同时又与溢出标志 SM1.1 连接，SM1.1 用来存放被移出的位。其指令格式和功能见表 5－19。

表 5－19　循环移位指令的格式及功能

LAD	功　能
ROL_B　ROL_W　ROL_DW	字节、字、双字循环左移位
ROR_B　ROR_W　ROR_DW	字节、字、双字循环右移位

（1）循环左移位指令（ROL）的功能：使能输入有效时，将字节、字或双字数据 IN 循环左移 N 位后，将结果输出到 OUT 所指定的存储单元中，并将最后一次移出位送 SM1.1。

（2）循环右移位指令（ROR）的功能：使能输入有效时，将字节、字或双字数据 IN 循环右移 N 位后，将结果输出到 OUT 所指定的存储单元中，并将最后一次移出位送 SM1.1。

3. 左右移位及循环移位指令对标志位、ENO 的影响及操作数的寻址范围

移位指令影响的特殊存储器位：SM1.0（零），SM1.1（溢出）。如果移位操作使数据变为 0，则 SM1.0 置位。

使能流输出 ENO=0 断开的出错条件是：SM4.3（运行时间），0006（间接寻址）。

N、IN、OUT 操作数的数据类型为 B、W、DW，寻址范围参照数据类型查附录 C。

【例 5.21】 将 VD0 右移 2 位送 AC0。程序见图 5-25。

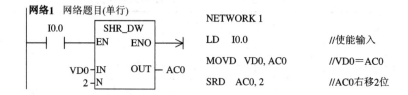

图 5-25 移位指令的应用程序

4. 寄存器移位指令

寄存器移位指令是一个移位长度可指定的移位指令。寄存器移位指令的格式示例见表 5-20。

表 5-20 寄存器移位指令的格式示例

LAD	STL	功　　能
SHRB EN　ENO I1.1-DATA M1.0-S_BIT +10-N	SHRB　I1.1, M1.0, +10	寄存器移位

梯形图中，DATA 为数值输入，指令执行时将该位的值移入移位寄存器；S_BIT 为寄存器的最低位；N 为移位寄存器的长度（1~64）。N 为正值时左移位（由低位到高位），DATA 值从 S_BIT 位移入，移出位进入 SM1.1；N 为负值时右移位（由高位到低位），S_BIT 移出到 SM1.1，另一端补充 DATA 移入位的值。

每次使能有效时，整个移位寄存器移动 1 位。最高位的计算方法：（N 的绝对值 -1+(S_BIT 的位号))/8，余数即是最高位的位号，商与 S_BIT 的字节号之和即是最高位的字节号。

移位指令影响的特殊存储器位：SM1.1（溢出）。

使能流输出 ENO 断开的出错条件是：SM4.3（运行时间），0006（间接寻址），0091（操作数超界），0092（计数区错误）。

5.4 程序控制类指令

程序控制类指令用于程序运行状态的控制，主要包括系统控制类、跳转/循环、子程序调用、顺序控制等指令。

5.4.1 系统控制类指令

系统控制类指令主要包括暂停、结束、看门狗等指令，其指令格式和功能见表5-21。

表5-21 系统控制类指令的格式和功能

LAD	STL	功　能
——(STOP)	STOP	暂停指令
——(END)	END/MEND	条件/无条件结束指令
——(WDR)	WDR	看门狗指令

1. 暂停指令(STOP)

该指令的功能：使能输入有效时，立即终止程序的执行。指令执行的结果是：CPU的工作方式由RUN切换到STOP。在中断程序中执行STOP指令，该中断立即终止，并且忽略所有挂起的中断，继续扫描程序的剩余部分，在本次扫描的最后，将CPU由RUN切换到STOP。

2. 结束指令(END/MEND)

梯形图结束指令直接连在左侧电源母线时，为无条件结束指令(MEND)；未连在左侧母线时，为条件结束指令(END)。

条件结束指令在使能输入有效时，终止用户程序的执行，返回主程序的第一条指令执行(循环扫描工作方式)。

无条件结束指令执行时(指令直接连在左侧母线，无使能输入)，立即终止用户程序的执行，返回主程序的第一条指令执行。

结束指令只能在主程序使用，不能用于子程序和中断服务程序。

STEP7-Micro/WIN32 V3.1 SP1编程软件在主程序的结尾自动生成无条件结束(MEND)指令，用户不得输入无条件结束指令，否则编译时将出错。

3. 看门狗复位指令(WDR)

看门狗定时器有一设定的重启动时间，若程序扫描周期超过300 ms，最好使用看门狗复位指令重新触发看门狗定时器，可以增加一次扫描时间。

工作原理：使能输入有效时，将看门狗定时器复位。如果没有看门狗，在出现错误的情况下，可以增加一次扫描允许的时间。若使能输入无效，看门狗定时器定时时间到，则程序将中止当前指令的执行，重新启动，返回到第一条指令重新执行。

注意：使用WDR指令时，要防止过渡延迟扫描完成时间，否则，在终止本扫描之前，下列操作过程将被禁止(不予执行)：通讯(自由端口方式除外)、I/O更新(立即I/O除外)、强制更新、SM更新(SM0，SM5～SM29不能被更新)、运行时间诊断、中断程序中的STOP指令。如果扫描时间超过25 s，那么10 ms和100 ms定时器将不能正确计时。

【例5.22】 暂停(STOP)、条件结束(END)、看门狗指令应用举例，如图5-26所示。

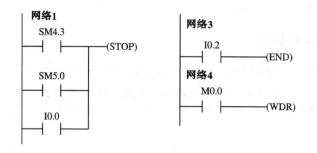

图5-26 暂停、条件结束、看门狗指令应用举例

5.4.2 跳转/循环指令

跳转、循环指令用于程序执行顺序的控制，其指令格式见表5-22。

表5-22 跳转/循环指令的格式和功能

LAD	STL	功 能
```—(JMP) n``` ```—[LBL]```	JMP n LBL n	跳转指令 跳转标号

```FOR```
```EN   ENO```
```????—INDX```
```????—INIT```
```????—FINAL```
	FOR IN1, IN2, IN3
	NEXT
		循环开始
		循环返回

```SBR_0```
```—EN```
```—(RET)```
	CALL SBR0
	CRET
	RET
		子程序调用
		子程序条件返回
		自动生成无条件返回

1. 程序跳转指令(JMP)

跳转指令(JMP)和跳转地址标号指令(LBL)配合实现程序的跳转。该指令的功能是：使能输入有效时，使程序跳转到指定标号n处执行(在同一程序内)，跳转标号n＝0～255；使能输入无效时，程序顺序执行。

2. 循环控制指令(FOR)

程序循环结构用于描述一段程序的重复循环执行。由FOR和NEXT指令构成程序的循环体。FOR指令标记循环的开始，NEXT指令为循环体的结束指令。

FOR指令为指令盒格式，主要参数有使能输入EN，当前值计数器INDX，循环次数初始值 INIT，循环计数终值 FINAL。

该指令的工作原理：使能输入 EN 有效，循环体开始执行，执行到 NEXT 指令时返回，每执行一次循环体，当前计数器 INDX 增 1，达到终值 FINAL 时，循环结束。

例如初始值 FINAL 为 10，使能有效时，执行循环体，同时 INDX 从 1 开始计数，每执行一次循环体，INDX 当前值加 1，执行到第 10 次时，当前值也计数到 10，循环结束。

使能输入无效时，循环体程序不执行。每次使能输入有效，指令自动将各参数复位。FOR/NEXT 指令必须成对使用，循环可以嵌套，最多为 8 层。

5.4.3　子程序调用指令

通常将具有特定功能、并且要多次使用的程序段作为子程序。子程序可以多次被调用，也可以嵌套（最多 8 层），还可以递归调用（自己调自己）。

子程序有子程序调用和子程序返回两大类指令。子程序返回又分条件返回和无条件返回。子程序调用指令用在主程序或其他调用子程序的程序中。子程序的无条件返回指令在子程序的最后网络段。梯形图指令系统能够自动生成子程序的无条件返回指令，用户无需输入。

建立子程序的方法：在编程软件的程序数据窗口的下方有主程序（OB1）、子程序（SUB0）、中断服务程序（INT0）的标签，点击子程序标签即可进入 SUB0 子程序显示区。也可以通过指令树的项目进入子程序 SUB0 显示区。添加一个子程序时，可以用编辑菜单的插入项增加一个子程序，子程序编号 n 从 0 开始自动向上生成。

【例 5.23】　循环、跳转及子程序调用指令应用程序如图 5-27 所示。

子程序可能有要传递的参数（变量和数据），这时可以在子程序调用指令中包含相应参数，它们可以在子程序与调用程序之间传送。参数（变量和数据）必须有符号名（最多 8 个字符）、变量和数据类型等内容。子程序最多可传递 6 个参数。传递的参数在子程序局部变量表中定义，如图 5-28 所示。局部变量表中的变量有 IN、OUT、IN/OUT 和 TEMP 等 4 种类型。

IN 类型：将指定位置的参数传入子程序。参数的寻址方式可以是直接寻址（如 VB10）、间接寻址（如 * AC1）、立即数（如 1♯1234）寻址，也可以将数据的地址值传入子程序（&VB100）。

OUT 类型：将子程序的结果值（数据）传入到指定参数位置。常数和地址值不允许作为输出参数。

IN/OUT 类型：将指定位置的参数传入到子程序，从子程序来的结果值被返回到同样的地址。

TEMP 类型：局部存储器只能用作子程序内部的暂时存储器，不能用来传递参数。

局部变量表的数据类型可以是能流、布尔（位）、字节、字、双字、整数、双整数和实数型。能流是指仅允许对位输入操作的布尔能流（布尔型），梯形图的表达形式为用触点（位输入）将电源母线和指令盒连接起来。

局部变量表隐藏在程序显示区中，将梯形图显示区向下拖动，即会露出局部变量表。在局部变量表中输入变量名称、变量类型、数据类型等参数以后，双击指令树中的子程序（或选择点击方框快捷按钮，在弹出的菜单中选择子程序项），在梯形图显示区将显示出带

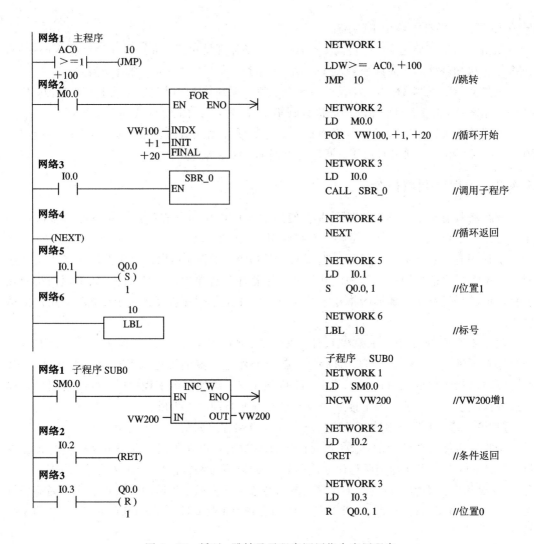

图 5-27 循环、跳转及子程序调用指令应用程序

图 5-28 局部变量表

参数的子程序调用指令盒。

　　局部变量表变量类型的修改方法：用光标选中变量类型区，点击鼠标右键得到一个下拉菜单，选择插入项，在弹出的下拉子菜单中点击选中的类型，在变量类型区光标所在处可以得到选中的类型。

　　带参数子程序调用指令格式及程序应用示例见表 5-23。

表 5 - 23　带参数子程序调用指令示例

LAD	STL	功　能
 I0.0　SBR_1 ┤├─EN I0.1 ┤├─IN1 VB10─IN2　OUT1─VD200 I1.0─IN3 &VB100─IN4 *AC1─INOUT1	D　　I0.0 =　　L60.0 LD　I0.1 =　　L63.7 LD　L60.0 CALL　SBR_1，L63.7，VB10，I1.0，&VB100， 　*AC1，VD200	带参数子程序 调用指令

表 5-23 中梯形图的 EN 和 IN1 的输入为布尔型能流输入，地址参数 &VB100 将一个双字(无符号)的值传递到子程序。

给子程序传递参数时，参数放在子程序的局部存储器(L)中。局部变量表最左列是每个被传递参数的局部存储器地址。

子程序调用时，输入参数被拷贝到局部存储器。子程序完成时，从局部存储器拷贝输出参数到指定的输出参数地址。

5.4.4　顺序控制指令

梯形图程序的设计思想也和其他高级语言一样，应该首先用程序流程图来描述程序的设计思想，然后再用指令编写出符合程序设计思想的程序。梯形图程序常用的一种程序流程图叫程序的功能流程图。使用功能流程图可以描述程序的顺序执行、循环、条件分支及程序的合并等功能流程概念。顺序控制指令可以将程序功能流程图转换成梯形图程序。因此，功能流程图是设计梯形图程序的基础。

1. 功能流程图简介

功能流程图是按照顺序控制的思想，根据工艺过程，将程序的执行分成各个程序步，每一步由进入条件、程序处理、转换条件和程序结束等四部分组成。通常用顺序控制继电器位 S0.0～S31.7 代表程序的状态步。一个三步循环步进的功能流程图如图 5 - 29 所示。图中，1、2、3 分别代表程序的三步状态。程序执行到某步时，该步状态位置 1，其余为零。步进条件又称为转换条件，有逻辑条件、时间条件等步进转换条件(详见第 7 章)。

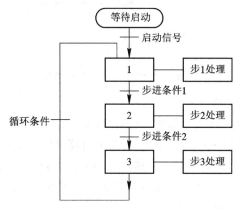

图 5 - 29　三步循环步进的功能流程图

2. 顺序控制指令

顺序控制用三条指令来描述程序的顺序控制步进状态，其指令格式见表 5 - 24。

表 5 - 24　顺序控制指令格式

LAD	STL	功　能
??.? SCR	LSCR　Sx. y	步开始
??.? ——(SCRT)	SCRT　Sx. y	步转移
——(SCRE)	SCRE	步结束

（1）顺序步开始指令（LSCR）。顺序控制继电器位 $S_{x, y}=1$ 时，该程序步执行。

（2）顺序步结束指令（SCRE）。顺序控制继电器 $S_{x, y}=0$ 时，该程序步结束。顺序步的处理程序在 LSCR 和 SCRE 之间。

（3）顺序步转移指令（SCRT）。使能输入有效时，将本顺序步的顺序控制继电器位清零，下一步顺序控制继电器位置 1。

【例 5.24】　编写图 5 - 30 所示的功能流程图的红绿灯顺序显示控制程序，步进条件为时间步进型。状态步的处理为点亮红灯、熄灭绿灯，同时启动定时器。步进条件满足时（时间到）进入下一步，关断上一步。

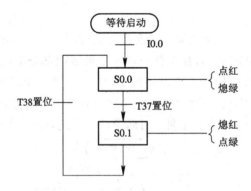

图 5 - 30　红绿灯顺序显示控制的功能流程图

梯形图程序如图 5 - 31 所示。

工作原理分析：当 I0.1 输入有效时，启动 S0.0，执行程序的第一步；输出点 Q0.0 置 1（点亮红灯），Q0.1 置 0（熄灭绿灯），同时启动定时器 T37，经过 2 s，步进转移指令使得 S0.1 置 1，S0.0 置 0，程序进入第二步；输出点 Q0.1 置 1（点亮绿灯），Q0.0 置 0（熄灭红灯），同时启动定时器 T38，经过 2 s，步进转移指令使得 S0.0 置 1，S0.1 置 0，程序进入第一步执行。如此周而复始，循环工作。

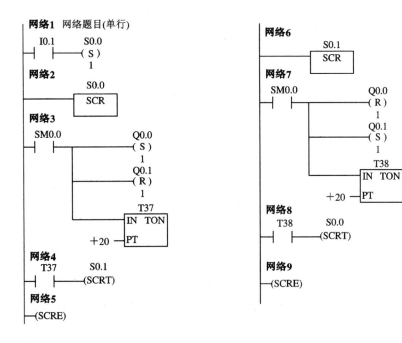

图 5-31 红绿灯顺序显示控制的梯形图程序

小　结

本章介绍了 SIMATIC 指令集 LAD 和 STL 编程语言的四大类基本操作指令的指令格式、原理分析和使用方法。具体内容总结如下：

（1）基本位操作指令包括位操作、置/复位、边沿触发、定时、计数、比较等指令，是梯形图基本指令的基础，也是最常用的指令类型。

（2）运算指令包括算术运算和逻辑运算两大类。算术运算有加、减、乘、除运算和常用的数学函数变换；逻辑运算包括逻辑与、或指令和取反指令等。

（3）数据处理指令包括数据的传送指令，交换、填充指令，移位指令等。

（4）程序控制指令包括系统控制，跳转、循环、顺序控制等指令。系统控制类指令主要包括暂停、结束、看门狗等指令。

习　题

5.1 写出图 5-32 所示的梯形图程序对应的语句表指令。

5.2 根据下列语句表程序，写出梯形图程序。

LD	I0.0	A	I0.6
AN	I0.1	=	Q0.1
LD	I0.2	LPP	
A	I0.3	A	I0.7
O	I0.4	=	Q0.2

```
A    I0.5        A    I1.1
OLD             =    Q0.3
LSP
```

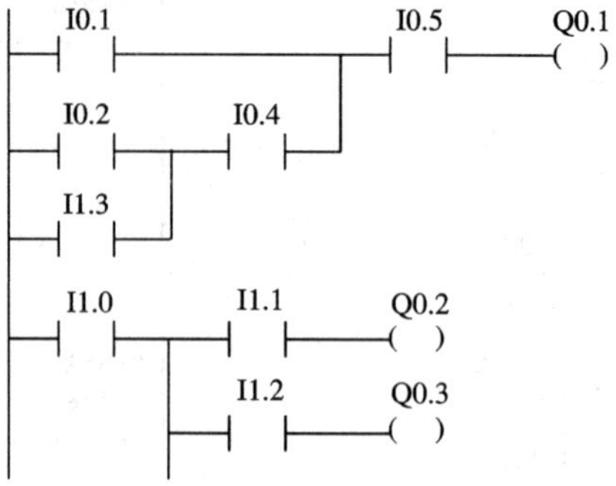

图 5-32 题 5.1 用图

5.3 使用置位、复位指令，编写两套电动机（两台）的控制程序，这两套程序的控制要求如下：

（1）启动时，电动机 M_1 启动后才能启动电动机 M_2；停止时，电动机 M_1、M_2 同时停止。

（2）启动时，电动机 M_1、M_2 同时启动；停止时，只有在电动机 M_2 停止时电动机 M_1 才能停止。

5.4 设计周期为 5 s，占空比为 20% 的方波输出信号程序（输出点可以使用 Q0.0）。

5.5 编写断电延时 5 s 后，M0.0 置位的程序。

5.6 运用算术运算指令完成下列算式的运算。

（1）$[(100+200)\times10]/3$。

（2）6 的 78 次方。

（3）$\sin65°$ 的函数值。

5.7 用逻辑操作指令编写一段数据处理程序，将累加器 AC0 与 VW100 存储单元数据进行逻辑与操作，并将运算结果存入累加器 AC0。

5.8 编写一段程序，将 VB100 开始的 50 个字的数据传送到 VB1000 开始的存储区。

5.9 分析寄存器移位指令和左、右移位指令的区别。

5.10 编写一段程序，将 VB0 开始的 256 个字节存储单元清零。

5.11 编写出将 IB0 字节高 4 位和低 4 位数据交换，然后送入定时器 T37 作为定时器预置值的程序段。

5.12 写出能循环执行 5 次程序段的循环体梯形图。

5.13 使用顺序控制程序结构，编写出实现红、黄、绿三种颜色信号灯循环显示的程序（要求循环间隔时间为 1 s），并画出该程序设计的功能流程图。

5.14 编写一段输出控制程序完成以下控制：有 8 个指示灯，从左到右以 0.5 s 速度依次点亮，到达最右端后，再从左到右依次点亮，如此循环显示。

第6章　S7-200系列PLC功能指令

功能指令又称应用指令,它是指令系统中应用于复杂控制的指令。本章的功能指令包括:表功能指令、转换指令、中断指令、运动控制指令、PID指令。

6.1　表　功　能　指　令

表功能指令是用来建立和存取字类型的数据表。数据表由三部分组成:表地址,由表的首地址指明;表定义,由表地址和第二个字节地址所对应的单元分别存放的两个表参数来定义最大填表数(TL)和实际填表数(EC);存储数据,从第三个字节地址开始存放数据,一个表最多能存储100个数据。

表中数据的存储格式见表6-1。

表6-1　表中数据的存储格式

单元地址	单元内容	说　　明
VW200	0005	TL=5,最多可填五个数,VW200为表首地址
VW202	0004	EC=4,实际在表中存有四个数
VW204	2345	DATA0
VW206	5678	DATA1
VW208	9872	DATA2
VW210	3562	DATA3
VW212	****	无效数据

6.1.1　填表指令

填表指令(ATT)用于把指定的字型数据添加到表格中。指令格式及功能描述见表6-2。

表6-2　填表指令的指令格式及功能描述

LAD	STL	功能描述
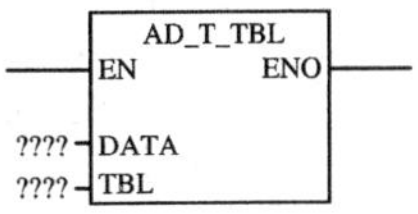 AD_T_TBL EN　　ENO ????—DATA ????—TBL	ATT DATA,TBL	当使能端输入有效时,将DATA指定的数据添加到表格TBL中最后一个数据的后面

说明：

（1）该指令在梯形图中有两个数据输入端：DATA 为数据输入，指出被填表的字型数据或其地址；TBL 为表格的首地址，用以指明被填表格的位置。

（2）DATA、TBL 为字型数据，操作数寻址方式见附录 C。

（3）表存数时，新填入的数据添加在表中最后一个数据的后面，且实际填表数 EC 值自动加 1。

（4）填表指令会影响特殊存储器标志位 SM1.4。

（5）使能流输出 ENO＝0 的出错条件：SM4.3（运行时间），0006（间接寻址错误），0091（操作数超界）。

【例 6.1】 如图 6-1 所示，将数据（VW100）＝1234 填入表 6-1 中，表的首地址为 VW200。

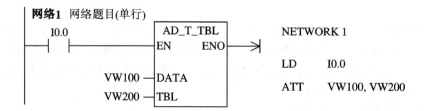

图 6-1 例 6.1 的程序

指令执行后的结果见表 6-3。

表 6-3 ATT 指令执行结果

操作数	单元地址	填表前内容	填表后内容	注 释
DATA	VW100	1234	1234	待填表数据
TBL	VW200	0005	0005	最大填表数 TL
	VW202	0004	0005	实际填表数 EC
	VW204	2345	2345	数据 0
	VW206	5678	5678	数据 1
	VW208	9872	9872	数据 2
	VW210	3562	3562	数据 3
	VW212	****	1234	将 VW100 内容填入表中

6.1.2 表取数指令

从表中移出一个数据时有先进先出（FIFO）和后进先出（LIFO）两种方式。一个数据从表中移出之后，表的实际填表数 EC 值自动减 1。两种表取数指令的格式及功能描述见表 6－4。

表 6－4 FIFO、LIFO 指令格式及功能描述

LAD	STL	功 能 描 述
FIFO EN ENO ????─TBL DATA─????	FIFO TBL，DATA	当功能端输入有效时，从 TBL 指明的表中移出第一个字型数据，并将该数据输出到 DATA，剩余数据依次上移一个位置
LIFO EN ENO ????─TBL DATA─????	LIFO TBL，DATA	当功能端输入有效时，从 TBL 指明的表中移走最后一个数据，剩余数据位置保持不变，并将此数据输出到 DATA

（1）两种表取数指令在梯形图上都有两个数据端：输入端 TBL 为表格的首地址，用以指明表格的位置；输出端 DATA 指明数值取出后要存放的目标位置。

（2）DATA、TBL 为字型数据，操作数寻址方式见附录 C。

（3）两种表取数指令从 TBL 指定的表中取数的位置不同，表内剩余数据变化的方式也不同。但指令执行后，实际填表数 EC 值都会自动减 1。

（4）两种表取数指令都会影响特殊存储器标志位 SM1.5 的内容。

（5）使能流输出 ENO 断开的出错条件：SM4.3（运行时间），0006（间接寻址），0091（操作数超界）。

【例6.2】 如图 6－2 所示，运用 FIFO、LIFO 指令从表 6－1 中取数，并将数据分别输出到 VW400、VW300。

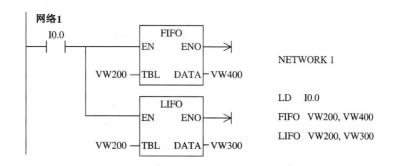

图 6－2 例 6.2 的程序

指令执行后的结果见表 6－5。

表 6 - 5 FIFO、LIFO 指令执行结果

操作数	单元地址	执行前内容	FIFO 执行后内容	LIFO 执行后内容	注　释
DATA	VW400	空	2345	2345	FIFO 输出的数据
	VW300	空	空	3562	LIFO 输出的数据
TBL	VW200	0005	0005	0005	TL＝5 最大填表数不变化
	VW202	0004	0003	0002	EC 值由 4 变为 3，再变为 2
	VW204	2345	5678	5678	数据 0
	VW206	5678	9872	9872	数据 1
	VW208	9872	3562	＊＊＊＊	
	VW210	3562	＊＊＊＊	＊＊＊＊	
	VW212	＊＊＊＊	＊＊＊＊	＊＊＊＊	

6.1.3　表查找指令

表查找指令用于从字型数据表中找出符合条件的数据在表中的地址编号，编号范围为 0～99。表查找指令的格式及功能描述见表 6 - 6。

表 6 - 6　表查找指令格式及功能描述

LAD	STL	功能描述
TBL_FIND EN　　ENO ????－TBL ????－PTN ????－INDX ????－CMD	FND＝ TBL，PANRN，INDX FND＜＞TBL，PANRN，INDX FND＜ TBL，PANRN，INDX FND＞ TBL，PANRN，INDX	当使能输入有效时，从 INDX 开始搜索表 TBL，寻找符合条件的 PTN 和 CMD 所决定的数据

说明：

（1）在梯形图中表查找指令有四个数据输入端：TBL 为表格首地址，用以指明被访问的表格；PTN 是用来描述查表条件时进行比较的数据；CMD 是比较运算的编码，它是一个 1～4 的数值，分别代表运算符＝、＜＞、＜ 、＞；INDX 用来指定表中符合查找条件的数据所在的位置。

（2）TBL、PTN、INDX 为字型数据，CMD 为字节型数据，操作数寻址方式见附录 C。

（3）表查找指令执行前，应先对 INDX 的内容清零。当使能输入有效时，从数据表的第 0 个数据开始查找符合条件的数据。若没有发现符合条件的数据，则 INDX 的值等于 EC；若找到一个符合条件的数据，则将该数据在表中的地址装入 INDX 中；若找到一个符合条件的数据后，想继续向下查找，必须先对 INDX 加 1，然后再重新激活表查找指令，从

表中符合条件数据的下一个数据开始查找。

(4) 使能流输出 ENO 断开的出错条件：SM4.3(运行时间)，0006(间接寻址)，0091(操作数超界)。

【例 6.3】 如图 6-3 所示，运用表查找指令从表 6-1 中找出内容等于 3562 的数据在表中的位置。

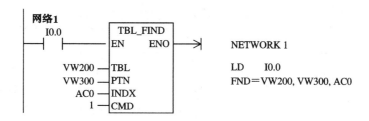

图 6-3 例 6.3 的程序

指令执行后的结果见表 6-7。

表 6-7 表查找指令执行结果

操作数	单元地址	执行前内容	执行后内容	注 释
PTN	VW300	3562	3562	用来比较的数据
INDX	AC0	0	3	符合查表条件的数据地址
CMD	无	1	1	1 表示与查找数据相等
TBL	VW200	0005	0005	TL=5
	VW202	0004	0004	EL=4
	VW204	2345	2345	D0
	VW206	5678	5678	D1
	VW208	9872	9872	D2
	VW210	3562	3562	D3
	VW212	****	****	无效数据

6.2 转 换 指 令

转换指令对操作数的类型进行转换，并输出到指定的目标地址中去。转换指令包括数据的类型转换、数据的编码和译码指令以及字符串类型转换指令。

6.2.1 数据的类型转换

数据类型有字节、字整数、双字整数及实数。SIEMENS 公司的 PLC 对 BCD 码和 ASCII

字符型数据的处理能力也很强。不同功能的指令对操作数的要求不同。类型转换指令可将固定的一个数据用到不同类型要求的指令中，而不必对数据进行针对类型的重复输入。

1. BCD 码与整数之间的转换

BCD 码与整数之间的类型转换是双向的。BCD 码与整数类型转换的指令格式及功能描述见表 6-8。

表 6-8　BCD 码与整数类型转换的指令格式及功能描述

LAD	STL	功 能 描 述
BCD_I —EN　ENO— ????—IN　OUT—????	BCDI　OUT	使能输入有效时，将 BCD 码输入数据 IN 转换成整数类型，并将结果送到 OUT 输出
I_BCD —EN　ENO— ????—IN　OUT—????	IBCD　OUT	使能输入有效时，将整数输入数据 IN 转换成 BCD 码类型，并将结果送到 OUT 输出

说明：

(1) IN、OUT 为字型数据，操作数寻址方式见附录 C。

(2) 梯形图中，IN 和 OUT 可指定同一元件，以节省元件。若 IN 和 OUT 操作数地址指的是不同元件，在执行转换指令时，可分成两条指令来操作：

MOV IN OUT

BCDI OUT

(3) 若 IN 指定的源数据格式不正确，则 SM1.6 置 1。

(4) 数据 IN 的范围是 0～9999。

2. 字节型数据与整数之间的转换

字节型数据是无符号数，字节型数据与整数之间转换的指令格式及功能描述见表 6-9。

表 6-9　字节型数据与整数类型转换的指令格式及功能描述

LAD	STL	功 能 描 述
I_B —EN　ENO— ????—IN　OUT—????	BTI IN，OUT	使能输入有效时，将字节型输入数据 IN 转换成整数类型，并将结果送到 OUT 输出
B_I —EN　ENO— ????—IN　OUT—????	ITB IN，OUT	使能输入有效时，将整数类型输入数据 IN 转换成字节型数据，并将结果送到 OUT 输出

说明：

(1) 整数转换到字节型数据指令 ITB 中，输入数据的大小为 0～255，若超出这个范围，则会造成溢出，使 SM1.1＝1。

（2）使能流输出 ENO 断开的出错条件：SM4.3(运行时间)，0006(间接寻址出错)。

（3）IN、OUT 的数据类型一个为双字整数，另一个为字型整数，操作数寻址方式见附录 C。

3．字型整数与双字整数之间的转换

字型整数与双字整数的类型转换指令格式及功能描述见表 6－10。

表 6－10　字型整数与双字整数的类型转换指令格式及功能描述

LAD	STL	功　能　描　述
DI_I EN　　ENO ????－IN　　OUT－????	DTI IN，OUT	使能输入有效时，将双字整数输入数据 IN 转换成字型整数，并将结果送到 OUT 输出
I_DI EN　　ENO ????－IN　　OUT－????	IDT IN，OUT	使能输入有效时，将字型整数输入数据 IN 转换成双字整数类型，并将结果送到 OUT 输出

说明：

（1）双字整数转换为字型整数时，若输入数据超出范围，则会产生溢出。

（2）使能流输出 ENO 断开的出错条件：SM4.3(运行时间)，0006(间接寻址出错)。

（3）IN、OUT 的数据类型一个为双字整数，另一个为字型整数，操作数寻址方式见附录 C。

4．双字整数与实数之间的转换

双字整数与实数的类型转换指令格式及功能描述见表 6－11。

表 6－11　双字整数与实数的类型转换指令格式及功能描述

LAD	STL	功　能　描　述
ROUND EN　　ENO ????－IN　　OUT－????	ROUND IN OUT	使能输入有效时，将实数型输入数据 IN 转换成双字整数，并将结果送到 OUT 输出
TRUNC EN　　ENO ????－IN　　OUT－????	TRUNC IN OUT	使能输入有效时，将 32 位实数转换成 32 位有符号整数输出，只有实数的整数部分被转换
DI_I EN　　ENO ????－IN　　OUT－????	DTR IN OUT	使能输入有效时，将双字整数输入数据 IN 转换成实数型，并将结果送到 OUT 输出

说明：

（1）ROUND 和 TRUNC 都能将实数转换成双字整数。但前者将小数部分四舍五入，转换为整数，而后者将小数部分直接舍去取整。

（2）将实数转换成双字整数的过程中，会出现溢出现象。

（3）IN、OUT 的数据类型都为双字整数，操作数寻址方式见附录 C。

（4）使能流输出 ENO 断开的出错条件：SM1.1（溢出），SM4.3（运行时间），0006（间接寻址出错）。

【例 6.4】 如图 6－4 所示，在控制系统中，有时需要进行单位互换，例如把英寸转换成厘米。C10 的值为当前的英寸计数值。因为 1 inch＝2.54 cm，所以（VD4）＝2.54。

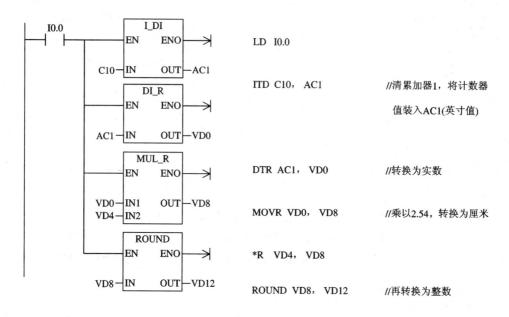

图 6－4　例 6.4 的程序

6.2.2　数据的编码和译码指令

在可编程控制器中，字型数据可以是 16 位二进制数，也可用 4 位十六进制数来表示。编码过程就是把字型数据中最低有效位的位号进行编码，而译码过程是将执行数据所表示的位号所指定单元的字型数据的对应位置 1。数据译码和编码指令包括编码、译码及七段显示译码。

1. 编码指令

编码指令的指令格式及功能描述见表 6－12。

表 6－12　编码指令的指令格式及功能描述

LAD	STL	功 能 描 述
ENCO EN　ENO ????－IN　OUT－????	ENCO IN，OUT	使能输入有效时，将字型输入数据 IN 的最低有效位（值为 1 的位）的位号输入到 OUT 所指定的字节单元的低 4 位

说明：

(1) IN、OUT 的数据类型分别为 WORD、BYTE，操作数寻址方式见附录 C。

(2) 使能流输入 ENO 断开的出错条件：SM4.3(运行时间)，0006(间接寻址错误)。

2. 译码指令

译码指令的指令格式及功能描述见表 6 - 13。

表 6 - 13　译码指令的指令格式及功能描述

LAD	STL	功 能 描 述
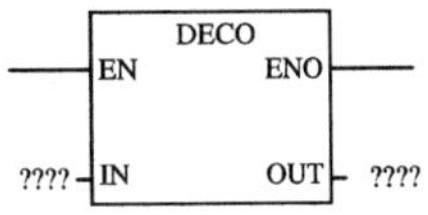 DECO EN　ENO ????－IN　OUT－????	DECO IN，OUT	使能输入有效时，根据字节型输入数据 IN 的低 4 位所表示的位号，将 OUT 所指定的字单元的对应位置 1，其他位复 0

说明：

(1) IN、OUT 的数据类型分别为 BYTE、WORD，操作数寻址方式见附录 C。

(2) 使能流输出 ENO 断开的出错条件：SM4.3(运行时间)，0006(间接寻址出错)。

3. 七段显示译码指令

七段显示译码指令的格式及功能描述见表 6 - 14。

表 6 - 14　七段显示译码指令的格式及功能描述

LAD	STL	功 能 描 述
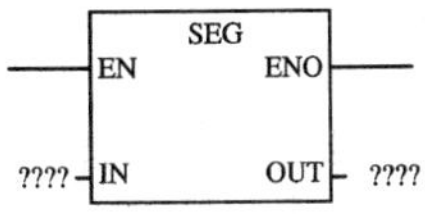 SEG EN　ENO ????－IN　OUT－????	SEG IN，OUT	使能输入有效时，根据字节型输入数据 IN 的低 4 位有效数字，会产生相应的七段显示码，并将其输出到 OUT 指定的单元

说明：

(1) 七段显示数码管 g、f、e、d、c、b、a 的位置关系和数字 0～9、字母 A～F 与七段显示码的对应关系见图 6 - 5。

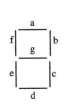

IN (LSD)	OUT	IN (LSD)	OUT	IN (LSD)	OUT	IN (LSD)	OUT
0	3F	4	66	8	7F	C	39
1	06	5	6D	9	6F	D	5E
2	5B	6	7D	A	77	E	79
3	4F	7	07	B	7C	F	71

图 6 - 5　七段显示码及对应代码

每段置 1 时亮，置 0 时暗。与其对应的 8 位编码(最高位补 0)称为七段显示码。例如：要显示数据"0"时，令 g 管暗，其余各管亮，对应的 8 位编码为 0011 1111，即"0"的译码为"3F"。

(2) IN、OUT 数据类型为 BYTE，操作数寻址方式见附录 C。

（3）使能流输出 ENO 断开的出错条件：SM4.3（运行时间），0006（间接寻址错误）。

【例 6.5】 编写实现用七段显示码显示数字 5 的程序。

程序实现见图 6-6。

程序运行结果为（AC1）=6D。

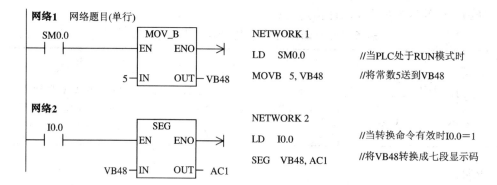

图 6-6 例 6.5 的程序

6.2.3 字符串类型转换指令

字符串转换指令是将标准字符编码 ASCII 码字符串与十六进制数、整数、双整数（即双字整数）及实数进行转换。字符串转换类的指令格式及功能描述见表 6-15。

表 6-15 字符串转换类的指令格式及功能描述

LAD	STL	功 能 描 述
ATH EN ENO ???? — IN OUT — ???? ???? — LEN	ATH IN, OUT, LEN	使能输入有效时，把从 IN 字符开始，长度为 LEN 的 ASCII 码字符串转换成从 OUT 开始的十六进制数
HTA EN ENO ???? — IN OUT — ???? ???? — LEN	HTA IN, OUT, LEN	使能输入有效时，把从 IN 字符开始，长度为 LEN 的十六进制数转换成从 OUT 开始的 ASCII 码字符串
ITA EN ENO ???? — IN OUT — ???? ???? — FMT	ITA IN, OUT, FMT	使能输入有效时，把输入端 IN 的整数转换成一个 ASCII 码字符串
DTA EN ENO ???? — IN OUT — ???? ???? — FMT	DTA IN, OUT, FMT	使能输入有效时，把输入端 IN 的双字整数转换成一个 ASCII 码字符串
RTA EN ENO ???? — IN OUT — ???? ???? — FMT	RTA IN, OUT, FMT	使能输入有效时，把输入端 IN 的实数转换成一个 ASCII 码字符串

说明：

(1) 可进行转换的 ASCII 码为 0～9 及 A～F 的编码。

(2) 操作数寻址方式见附录 C。

【例 6.6】 编程将 VD100 中存储的 ASCII 代码转换成十六进制数。已知（VB100）＝33，（VB101）＝32，（VB102）＝41，（VB103）＝45。

程序设计如图 6-7 所示。

程序运行结果：

执行前：（VB100）＝33，（VB101）＝32，（VB102）＝41，（VB103）＝45。

执行后：（VB200）＝32，（VB101）＝AE。

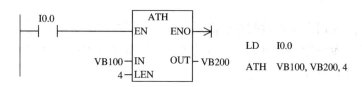

图 6-7 例 6.6 的程序

6.3 中 断 指 令

当 PLC 在执行程序时，如果外部或者内部发生的某一事件要求 PLC 能够迅速地去处理，PLC 暂时中止当前的工作，转去执行更为紧迫的事件，当紧迫的事件处理完毕后，自动回到主程序中，这个过程就是中断。中断是 PLC 在实时处理和控制中不可缺少的一项技术，如果 PLC 系统没有中断，PLC 的 CPU 的大量时间就会浪费在查询是否有内部事件或外部事件的操作上。中断技术大大提高了 PLC 的工作效率和实时性。

6.3.1 中断源

1. 中断源及种类

中断源，即能够向 PLC 发出中断请求的事件来源。S7-200 系列 PLC 具有最多可达 34 个中断源。在 PLC 中给每个中断源都分配一个编号，称为中断事件号，见表 6-16。中断指令通过中断事件号来识别中断源。在 S7-200 中，中断源分为三大类：通信中断、输入/输出中断（I/O 中断）和时基中断。

1）通信中断

PLC 与外部设备或上位机进行信息交换时可以采用通信中断，它包括 6 个中断源（中断事件号为 8、9、23、24、25、26），参见表 6-16。通信中断源在 PLC 的自由通信模式下，通信口的状态可由程序来控制。用户可以通过编程来设置协议、波特率和奇偶校验等参数。

2）I/O 中断

I/O 中断是指由外部输入信号控制引起的中断。

外部输入中断：利用 I0.0～I0.3 的上升沿或下降沿可以产生 4 个外部中断请求。

脉冲输出中断：利用高速脉冲输出 PTO0、PTO1 可以产生 2 个中断请求。

高速计数器中断：利用高速计数器 HSCn 的计数当前值等于设定值、输入计数方向的改变、计数器外部复位等事件，可以产生 14 个中断请求。

3）时基中断

通过定时和定时器的时间到达设定值引起的中断为时基中断。时基中断包括定时中断和定时器中断。

定时中断：设定定时时间以 ms 为单位（范围为 1～255 ms），当时间到达设定值时，对应的定时器溢出产生中断，在执行中断处理程序的同时，继续下一个定时操作，周而复始。因此，该定时时间称为周期时间。定时中断有定时中断 0 和定时中断 1 两个中断源，设置定时中断 0 需要把周期时间值写入 SMB34；设置定时中断 1 需要把周期时间值写入 SMB35。

定时器中断：定时器定时时间到达设定值时产生的中断，定时器只能使用分辨率为 1 ms 的 TON/TOF 定时器 T32 和 T96。当定时器的当前值等于设定值时，在主机正常的定时刷新中，执行中断程序。

2. 中断优先级

在 PLC 应用系统中通常有多个中断源，给各个中断源指定的优先次序称为中断优先级。这样，当多个中断源同时向 CPU 申请中断时，CPU 将优先响应处理优先级高的中断源的中断请求。SIEMENS 公司 CPU 规定的中断优先级由高到低依次是：通信中断→输入/输出中断→时基中断，而每类中断的中断源又有不同的优先权，见表 6-16。

经过中断判优后，将优先级最高的中断请求送给 CPU，CPU 响应中断后首先自动保护现场数据（如逻辑堆栈、累加器和某些特殊标志寄存器位），然后暂停正在执行的程序（断点），转去执行中断处理程序。中断处理完成后，又自动恢复现场数据，最后返回断点继续执行原来的程序。在相同的优先级内，CPU 是按先来先服务的原则以串行方式处理中断的，因此，任何时间内，只能执行一个中断程序。对于 S7-200 系统，一旦中断程序开始执行，它不会被其他中断程序及更高优先级的中断程序所打断，而是一直执行到中断程序的结束。当另一个中断正在处理中时，新出现的中断需要排队，等待处理。

表 6-16 中断事件号及优先级顺序

中断事件号	中断源描述	优先级	组内优先级
8	端口 0:接收字符	通信中断（最高）	0
9	端口 0:发送完成		0
23	端口 0:接收信息完成		0
24	端口 1:接收信息完成		1
25	端口 1:接收字符		1
26	端口 1:发送完成		1

中断事件号	中断源描述	优先级	组内优先级
19	PTO0:完成中断		0
20	PTO1:完成中断		1
0	上升沿:I0.0		2
2	上升沿:I0.1		3
4	上升沿:I0.2		4
6	上升沿:I0.3		5
1	下降沿:I0.0		6
3	下降沿:I0.1		7
5	下降沿:I0.2		8
7	下降沿:I0.3		9
12	HSC0:CV=PV(当前值=预置值)		10
27	HSC0:输入方向改变	I/O中断	11
28	HSC0:外部复位	(中等)	12
13	HSC1:CV=PV(当前值=预置值)		13
14	HSC1:输入方向改变		14
15	HSC1:外部复位		15
16	HSC2:CV=PV(当前值=预置值)		16
17	HSC2:输入方向改变		17
18	HSC2:外部复位		18
32	HSC3:CV=PV(当前值=预置值)		19
29	HSC4:CV=PV(当前值=预置值)		20
30	HSC4:输入方向改变		21
31	HSC4:外部复位		22
33	HSC5:CV=PV(当前值=预置值)		23
10	定时中断0:SMB34		0
11	定时中断1:SMB35	定时中断	1
21	定时器T32:CT=PT,中断	(最低)	2
22	定时器T96:CT=PT,中断		3

6.3.2 中断指令

中断功能及操作通过中断指令来实现,S7-200提供的中断指令有5条:中断允许指令、中断禁止指令、中断连接指令、中断分离指令及中断返回指令,其指令格式及功能见

表 6-17。

表 6-17　中断指令的指令格式及功能

LAD	STL	功 能 描 述
─(ENI)	ENI	中断允许指令：开中断指令，输入控制有效时，全局地允许所有中断事件
─(DISI)	DISI	中断禁止指令：关中断指令，输入控制有效时，全局地关闭所有被连接的中断事件
ATCH EN　ENO INT EVNT	ATCH INT, EVENT	中断连接指令：又称中断调用指令，使能输入有效时，把一个中断源的中断事件号 EVENT 和相应的中断处理程序 INT 联系起来，并允许这一中断事件
DTCH EN　ENO EVNT	DTCH EVENT	中断分离指令：使能输入有效时，切断一个中断事件号 EVENT 和所有中断程序的联系，并禁止该中断事件
─(RETI)	CRETI	有条件中断返回指令：输入控制信号（条件）有效时，中断程序返回。

中断指令使用说明：

（1）操作数 INT：输入中断服务程序号 INT n(n=0~127)，该程序为中断要实现的功能操作，其建立过程同子程序。

（2）操作数 EVENT：输入中断源对应的中断事件号（字节型常数 0~33）。

（3）当 PLC 进入正常运行 RUN 模式时，系统初始状态为禁止所有中断，在执行中断允许指令 ENI 后，允许所有中断，即开中断。

（4）中断分离指令 DTCH 禁止该中断事件 EVENT 和中断程序之间的联系，即用于关闭该事件中断；全局中断禁止指令 DISI，禁止所有中断。

（5）RETI 为有条件中断返回指令，需要用户编程实现；SETP7-Micro/WIN 自动为每个中断处理程序的结尾设置无条件返回指令，不需要用户书写。

（6）多个中断事件可以调用同一个中断程序，但一个中断事件不能同时连续调用多个中断程序。

6.3.3　中断程序

为实现中断功能操作，执行相应的中断程序（也称中断服务程序或中断处理程序），在 S7-200 中，中断设计步骤如下：

（1）确定中断源（中断事件号）申请中断所需要执行的中断处理程序，并建立中断处理程序 INT n，其建立方法类同子程序，唯一不同的是在子程序建立窗口的 Program Block 中选择 INT n 即可。

（2）中断服务程序由中断程序号 INT n 开始，以无条件返回指令结束。在中断程序中，用户亦可根据前面逻辑条件使用条件返回指令，返回主程序。注意，PLC系统中的中断指令与一般微机中的中断指令有所不同，它不允许嵌套。

中断服务程序中禁止使用以下指令：DISI、ENI、CALL、HDEF、FOR/NEXT、LSCR、SCRE、SCRT、END。

（3）在主程序或控制程序中，编写中断连接（调用）指令（ATCH），操作数 INT 和 E-VENT 由步骤（1）所确定。

（4）设中断允许指令（开中断 ENI）。

（5）在需要的情况下，可以设置中断分离指令（DTCH）。

6.3.4 中断应用举例

编写实现中断事件0的控制程序。

中断事件0是中断源I0.0上升沿产生的中断事件。当I0.0有效且开中断时，系统可以对中断0进行响应，执行中断服务程序INT0。中断服务程序的功能为：若I1.0接通，则Q1.0为ON；若I0.0发生错误（自动SM5.0接通有效），则立即禁止其中断。主程序及中断子程序如图6-8所示。

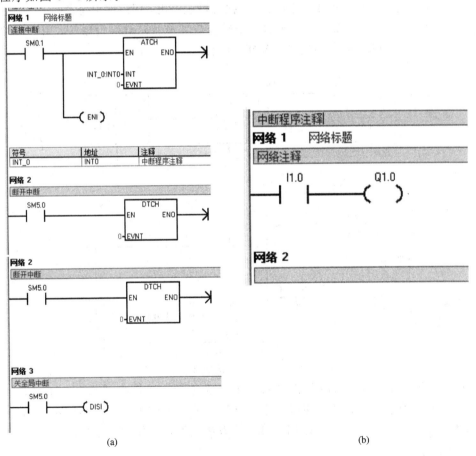

(a)   (b)

图 6-8 中断程序示例

(a) 主程序图；(b) 中断服务程序

6.4 运动控制指令

6.4.1 运动控制概述

运动控制是电气控制的一个分支,它使用通称为伺服机构的一些设备,如液压泵、线性执行机或者电机来控制机器的位置和速度。运动控制在机器人和数控机床领域内的应用要比在专用机器中的应用更复杂,因为后者运动形式更简单,通常被称为通用运动控制。运动控制被广泛应用在包装、印刷、纺织和装配工业中。

一个运动控制系统的基本架构如图6-9所示,包括以下部分:

(1) 一个运动控制器(如PLC),用以生成轨迹点(期望输出)和闭合位置反馈环。

许多控制器也可以在内部闭合成一个速度环。

(2) 一个驱动器或放大器(如伺服控制器和步进控制器),用以将来自运动控制器的控制信号(通常是速度或扭矩信号)转换为更高功率的电流或电压信号。更为先进的智能化驱动可以自身闭合位置环和速度环,以获得更精确的控制。

(3) 一个执行器,如液压泵、气缸、线性执行机或电机,用以输出运动。

(4) 一个反馈传感器,如光电编码器、旋转变压器或霍尔效应设备等,用以反馈执行器的位置到位置控制器,实现和位置控制环的闭合。

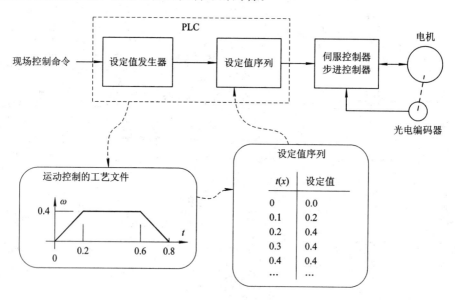

图6-9 运动控制系统的基本架构图

S7-200系列PLC与运动控制相关的指令主要包括高速计数器指令、脉宽调制输出PWM和高速脉冲串输出PTO,高速脉冲用于对外部高速脉冲进行计数,PWM和PTO用于高速脉冲的输出。在本节中将对PLC用于运动控制的指令作详细介绍。

6.4.2 高速计数器

高速计数器(High Speed Counter,HSC)在现代自动控制系统中可以解决比可编程控制器扫描频率高得多的输入脉冲的计数问题，与编码器配合使用可实现精确定位。

1. S7－200 系列 PLC 高速计数器数量及地址编号

高速计数器在程序中使用 HCn 来表示（在非程序中一般用 HSCn 表示），n 为编号地址。每个高速计数器包含两方面的信息：计数器位和计数器当前值。

高速计数器的当前值为双字长符号整数，并且为只读。

不同型号的 PLC 主机，高速计数器的数量不同，S7 系列中 CPU22x 的高速计数器数量与地址编号见表 6－18。

表 6－18　CPU22x 的高速计数器数量与地址编号

主机型号	CPU221	CPU222	CPU224	CPU226
可用 HSC 数量	4	4	6	6
HSC 地址	HC0、HC3 HC4、HC5	HC0、HC3 HC4、HC5	HC0～HC5	HC0～HC5

特别指出，CPU221 和 CPU222 不能够使用 HC1 和 HC2。这些计数器中，HC3 和 HC5 只能作为单向计数器，其他计数器既可以作为单向计数器，也可以作为双向计数器使用。

2. 中断事件类型

高速计数器与 CPU 的扫描周期关系不大正是因为其计数与动作采用中断方式进行控制，各种型号 CPU 的 PLC 可用的高速计数器中断事件大致分为三类：

（1）当前值等于预设值中断；

（2）输入方向改变中断；

（3）外部复位中断。

所有高速计数器都支持当前值等于预设值中断，但不是所有的高速计数器都支持三种方式。每个高速计数器的 3 中断的优先级从高到低，不同高速计数器之间的优先级中断又按编号顺序由高到低。高速计数器中断事件有 14 个，具体中断优先级等详细情况参见相关中断内容。

3. 工作模式及输入点

高速计数器有四种基本类型：带有内部方向控制的单向计数器、带有外部方向控制的单向计数器、带有两个时钟输入的双向计数器和 A/B 相正交计数器。

高速计数器的信号输入类型有无复位或启动输入、有复位无启动输入或者既有启动又有复位输入。通过基本类型与信号输入类型的组合可以使高速计数器有 13 种不同的工作模式（0～12），分为 5 类，以完成不同的功能。

工作模式 0、1、2 具有内部方向控制的单向加/减计数器（控制字的第 3 位为 1/0＝增/减）；工作模式 3、4、5 具有外部方向控制的单向加/减计数器（外部输入点信号为 1/0＝增/减）；工作模式 6、7、8 具有加/减计数脉冲输入端的双向计数器；工作模式 9、10、11 为 A/B 相正交计数器；工作模式 12 为内部计数器。

在使用高速计数器时，除了要定义它的工作模式外，还必须注意它的输入端。高速计数器的输入端不是任意选择的，必须按照系统指定的输入点和输入信号类型选择。高速计数器的输入点和工作模式如表 6-19 所示。

表 6-19 高速计数器的输入点分配及工作模式

模式	描述	输入点			
	HSC0	I0.0	I0.1	I0.2	
	HSC1	I0.6	I0.7	I1.0	I1.1
	HSC2	I1.2	I1.3	I1.4	I1.5
	HSC3	I0.1			
	HSC4	I0.3	I0.4	I0.5	
	HSC5	I0.4			
0	带有内部方向控制的单向计数器	时钟			
1		时钟		复位	
2		时钟		复位	启动
3	带有外部方向控制的单向计数器	时钟	方向		
4		时钟	方向	复位	
5		时钟	方向	复位	启动
6	带有增减计数时钟的双向计数器	增时钟	减时钟		
7		增时钟	减时钟	复位	
8		增时钟	减时钟	复位	启动
9	A/B 相正交计数器	时钟 A	时钟 B		
10		时钟 A	时钟 B	复位	
11		时钟 A	时钟 B	复位	启动
12	只有 HSC0 和 HSC3 支持模式 12；HSC0 计数 Q0.0 输出脉冲数 HSC3 计数 Q0.1 输出脉冲数				

高速计数器 HSC0、HSC4 有工作模式 0、1、3、4、6、7、9、10；高速计数器 HSC1、HSC2 有工作模式 0、1、2、3、4、5、6、7、8、9、10、11；高速计数器 HSC3、HSC5 有工作模式 0；HSC3、HSC5 有工作模式 12。

特别注意的是，高速计数器输入点、输入输出的中断点都包括在一般数字量输入点编号范围内，同一个输入点只能用做一种功能，如果程序使用了高速计数器，则高速计数器的这种工作模式下指定的输入点只能被高速计数器使用。只有高数计数器不用的输入点才可以作为输入输出的中断点或一般数字量输入点使用。例如，HSC0 在模式 0 下工作，I0.0 作为时钟输入端，此时 I0.0 不可以再作为输入输出的中断点或一般数字量输入点使用，不使用的 I0.1 和 I0.2 可以作为它用。

4. 高速计数器指令

高速计数器指令包括定义高速计数器指令 HDEF 和执行高速计数指令 HSC，其指令格式如表 6-20 所示。

表 6－20　高速计数器指令格式

LAD	STL	功能描述
HDEF EN　　ENO ????－HSC ????－MODE	HDEF HSC MODE	使能有效时，要使用的高速计数器选定一种工作模式
HSC EN　　ENO ????－N	HSC N	根据与高速计数器相关的特殊存储器位的状态，按照HDEF指令的工作模式执行计数操作

指令说明：

（1）定义高速计数器指令 HDEF 有两个输入端：

① HSC，高速计数器编号，数据类型为字节型，数据范围为 0～5 的常数，分别对应 HC0～HC5。

② MODE，工作模式，数据类型为字节型，数据范围为 0～12 的常数，分别对应 13 种工作模式。当准许输入使能 EN 有效时，为指定的高速计数器 HSC 定义工作模式。

（2）执行高速计数指令 HSC 有一个数据输入端：N，高速计数器的编号，数据类型为字节型，数据范围为 0～5 的常数，分别对应高速计数器 HC0～HC5，当准许输入 EN 使能有效时，按照 HDEF 指令的工作模式执行计数操作。

5. 高速计数器的使用方法

每个高速计数器的使用都有固定的特殊存储器与之配合，主要包括状态字寄存器、控制字寄存器、当前值寄存器和设定值寄存器。

1）状态字寄存器

系统为每个高速计数器都在特殊寄存器区 SMB 提供了一个状态字节，为了监视高速计数器的工作状态，执行由高速计数器引用的中断事件，其格式如表 6－21 所示。

表 6－21　高速计数器的状态字节

HC0	HC1	HC2	HC3	HC4	HC5	描述
SM36.0	SM46.0	SM56.0	SM36.0	SM146.0	SM156.0	不用
SM36.1	SM46.1	SM56.1	SM36.1	SM146.1	SM156.1	
SM36.2	SM46.2	SM56.2	SM36.2	SM146.2	SM156.2	
SM36.3	SM46.3	SM56.3	SM36.3	SM146.3	SM156.3	
SM36.4	SM46.4	SM56.4	SM36.4	SM146.4	SM156.4	
SM36.5	SM46.5	SM56.5	SM36.5	SM146.5	SM156.5	当前计数的状态位：0＝减计数；1＝增计数
SM36.6	SM46.6	SM56.6	SM36.6	SM146.6	SM156.6	当前值等于设定值的状态位：0＝不等于；1＝等于
SM36.7	SM46.7	SM56.7	SM36.7	SM146.7	SM156.7	当前值大于设定值的状态位：0＝小于等于；1＝大于

注意：只有执行高速计数器的中断程序时，状态字节的状态位才有效。

2）控制字寄存器

系统为每个高速计数器都安排了一个特殊寄存器 SMB 作为控制字，可通过对控制字节指定位的设置，确定高速计数器的工作模式。S7-200 在执行 HSC 指令前，首先要检查与每个高速计数器相关的控制字节，在控制字节中设置了启动输入信号和复位输入信号的有效电平、正交计数器的计数倍率，计数方向采用内部控制的有效电平、是否允许改变计数方向、是否允许更新设定值、是否允许更新当前值，以及是否允许执行高速计数指令。这些位于计数器的控制字节只有在 HDEF 执行时使用，控制字见表 6-22。

表 6-22　高速计数器的控制字节

HCO	HC1	HC2	HC3	HC4	HC5	描述
SM37.0	SM47.0	SM57.0	—	SM147.0	—	复位输入控制电平有效值： 0＝高电平有效；1＝低电平有效
—	SM47.1	SM57.1	—	—	—	启动输入控制电平有效值： 0＝高电平有效；1＝低电平有效
SM37.2	SM47.2	SM57.2	—	SM147.2	—	倍率选择：0＝4 倍率；1＝1 倍率
SM37.3	SM47.3	SM57.3	SM137.3	SM147.3	SM157.3	计数方向控制：0＝减，1＝增
SM37.4	SM47.4	SM57.4	SM137.4	SM147.4	SM157.4	改变计数方向控制：0＝不改变； 1＝准许改变
SM37.5	SM47.5	SM57.5	SM137.5	SM147.5	SM157.5	改变设定值控制：0＝不改变； 1＝准许改变
SM37.6	SM47.6	SM57.6	SM137.6	SM147.6	SM157.6	改变当前值控制：0＝不改变； 1＝准许改变
SM37.7	SM47.7	SM57.7	SM137.7	SM147.7	SM157.7	高速计数控制：0＝禁止计数； 1＝准许计数

3）当前值寄存器和设定值寄存器

每个高速计数器都有一个 32 位的当前值寄存器 HC0～HC5，同时每个高速计数器还有一个 32 位的更新当前值寄存器和一个 32 位的更新设定值寄存器。当前值和设定值都是有符号的整数。为了向高速计数器装入新的当前值和设定值，必须先将当前值和设定值以双字的数据类型装入如表 6-23 所列的特殊寄存器中，然后执行 HSC 指令，才能将新的值传送给高速计数器。

表 6-23　高速计数器的更新当前值和更新设定值

HC0	HC1	HC2	HC3	HC4	HC5	说明
SMD38	SMD48	SMD58	SMD138	SMD148	SMD158	新当前值
SMD42	SMD52	SMD62	SMD142	SMD152	SMD162	新设定值

6. 高速计数器的初始化

高速计数器的初始化以子程序的形式进行，也可以通过 STEP7-Micro/WIN 提供的高速计数器指令向导来进行。下面对这两种方法分别加以介绍。

1) 编写子程序对高速计数器进行初始化

下面以 HC2 为例，介绍高速计数器的各个工作模式的初始化步骤。

(1) 利用 SM0.1 来调用一个初始化子程序。

(2) 在初始化子程序中，根据需要向 SMB47 装入控制字。例如，SMB47＝16♯F8，其意义是：准许写入新的当前值，准许写入新的设定值，计数方向为增计数，启动和复位信号为高电平有效。

(3) 执行 HDEF 指令，其输入参数为：HSC 端为 2(选择 2 号高速计数器)，MODE 端为 0(对应工作模式 0，模式 1，模式 2)。

(4) 将希望的当前计数值装入 SMD58(装入 0 可进行计数器的清零操作)。

(5) 将希望的设定值装入 SMD62。

(6) 如果希望捕获当前值等于设定值的中断事件，则编写与中断事件号 16 相关联的中断服务程序。

(7) 如果希望捕获外部复位中断事件，则编写与中断事件号 18 相关联的中断服务程序。

(8) 执行 ENI 指令。

(9) 执行 HSC 指令。

(10) 退出初始化子程序。

2) 利用高速计数器指令向导进行初始化

(1) 在指令树的向导中选择"高速计数器"，弹出指令向导对话框，如图 6-10 所示。选择使用的计数器和其工作模式(此处选择 HC2，模式 0)，设置完后点击"下一步"按钮。

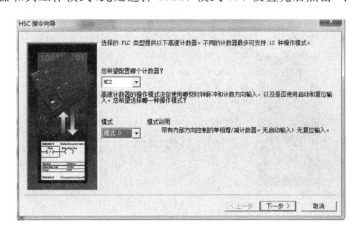

图 6-10　HSC 指令向导选择

(2) 在弹出的对话框中，可以为高速计数器初始化创建一个子程序(这个子程序可以自己命名)，并为计数器添加预置值和当前值，设置初始计数方向等，如图 6-11 所示。

(3) 完成 HSC 初始化对话框后点击"下一步"按钮进入中断选项对话框，如图 6-12 所示。方式 0 无复位和启动输入，中断方式采用当前值等于预设值。系统会连接中断编号。

(4) 在发生中断后，可以重新设定当前值和预设值，也可以更新计数方向，如图 6-13 所示。

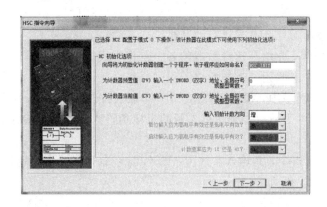

图 6-11　HSC 初始化信息对话框

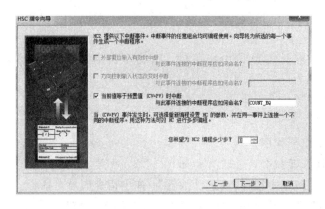

图 6-12　中断选项对话框

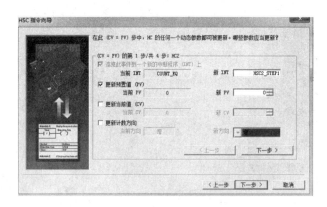

图 6-13　CV=PV 时参数更新对话框

（5）在弹出的对话框中点击"完成"按钮，STEP7-Micro/WIN 会自动生成一个 HSC 初始化子程序和中断程序，如图 6-14 所示。

从上面两个对高速计数器初始化的方法来看，利用高速计数器指令向导来初始化计数器更加方便快捷，不用再写控制字和状态字，计数器初始化指令和中断服务程序均由系统自己生成。高速计数器指令向导可以使编程者跳出复杂的初始化，将主要精力放在解决问题上，而不是编程本身上。

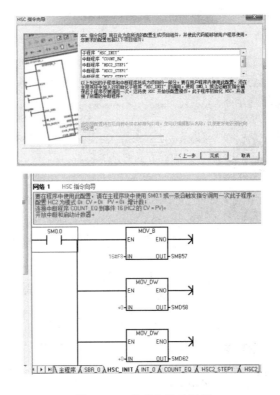

图 6-14　完成向导对话框

7. 高速计数器的应用举例

【**例 6.7**】　某产品包装生产线用高速计数器对产品进行累计和包装，每检测 1000 个产品时，自动启动包装机进行包装，计数方向可由外部信号控制。

设计分析：假设采用 HSC0，当前值从 0 开始，预设值为 1000，中断发生后自动装填初始值，计数方向由外部控制，没有要求外部启动与复位，选择方式 3。

设计方法：采用指令向导对计数器进行初始化。

（1）选择计数器和工作模式，如图 6-15 所示。

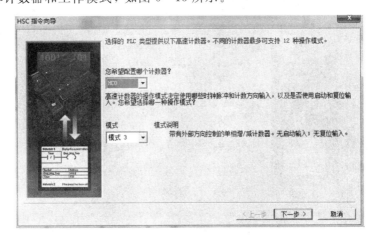

图 6-15　选择计数器和工作模式

（2）初始化信息配置，设定当前值为 0，预设值为 1000，并创建子程序，如图 6－16 所示。

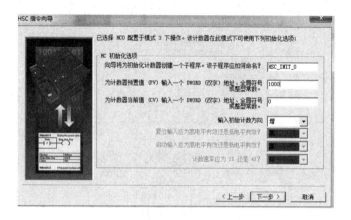

图 6－16 初始化信息配置

（3）中断配置，选择当前值等于预置值发生中断，如图 6－17 所示。

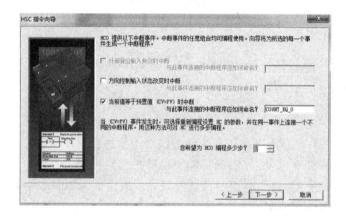

图 6－17 中断配置

（4）设置参数更新对话框，如图 6－18 所示。

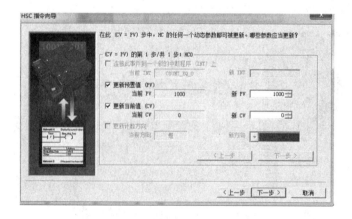

图 6－18 中断发生后参数更新对话框

（5）完成向导后，系统自动生成计数器初始化子程序和中断服务程序，如图 6 - 19 和图 6 - 20 所示。

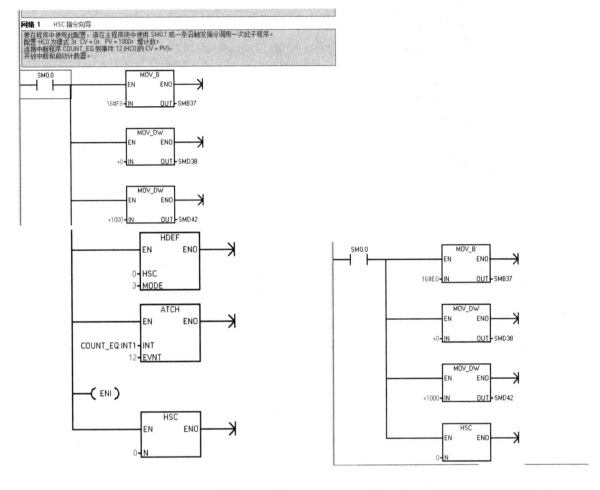

图 6 - 19　高速计数器初始化子程序　　　　图 6 - 20　高速计数器中断服务程序

6.4.3　高速脉冲输出

1. 高速脉冲的输出方式

S7-200 提供的高速脉冲输出有三种方式：

（1）脉宽调制（PWM），内置于 S7-200，用于速度、位置或占空比控制。

（2）脉冲串输出（PTO），内置于 S7-200，用于速度和位置控制。

（3）EM253 位控模块，用于速度和位置控制的附加模块。

S7-200 提供了两个数字输出（Q0.0 和 Q0.1），该数字输出可以通过位控向导组态为 PWM 或 PTO 的输出。位控向导还可以用于组态 EM253 位控模块。位控向导如图 6 - 21 所示。

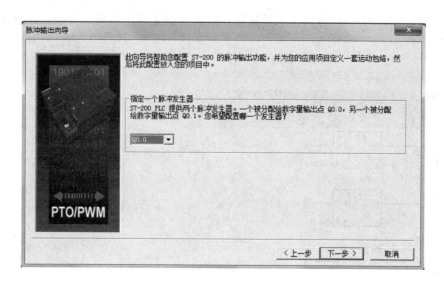

图 6-21　S7-200 位控向导

当组态一个输出为 PWM 操作时，输出周期固定，脉宽或脉冲占空比通过程序进行控制，如图 6-22(a)所示。脉冲宽度的变化在程序中可以控制速度或位置。当组态一个输出为 PTO 操作时，生成一个 50% 占空比脉冲串，用于步进电机或伺服电机的速度和位置的开环控制，内置 PTO 功能仅提供了脉冲串输出，如图 6-22(b)所示。在实际应用中，必须通过 PLC 内置 I/O 或扩展模块提供方向和限位控制。

图 6-22　PWM 和高速脉冲串

EM253 位控模块提供了带有方向控制、禁止和清除输出的单脉冲输出。另外，专用输入允许将模块组态为包括自动参考点搜索在内的几种操作模式。模块为步进电机或伺服电机的速度和位置开环控制提供了统一的解决方案。为了简化应用程序中位控功能的使用，STEP7-Micro/WIN 提供的位控向导可以在几分钟内全部完成 PWM、PTO 或位控模块的组态。该向导可以生成位控指令，可以用这些指令在应用程序中对速度和位置进行动态控制。对于位控模块，STEP7-Micro/WIN 还提供了一个控制面板，可以控制、监视和测试运动操作。

本节主要讲解 PLC 内置的 PWM 与 PTO。

2. 高速脉冲指令

脉冲输出指令可以输出 PTO 和 PWM，其指令格式见表 6-24。

表 6－24　脉冲输出指令的格式

LAD	STL	功能描述
PLS EN　ENO ????　Q0.X	PLS Q	当使能输入端有效时，检测程序设置的特殊功能寄存器位，激活由控制位定义的脉冲操作，从 Q0.0 或 Q0.1 输出高速脉冲

PLS 指令说明：

(1) PTO 和 PWM 都由 PLS 指令激活；

(2) 操作数 Q 为字型常数 0 或 1；

(3) PTO 可以用中断方式进行控制，PWM 只能由 PLS 来激活。

3. 相关的特殊功能寄存器

每个高速脉冲发生器都对应一定数量的特殊寄存器，这些寄存器包括控制字寄存器(参见表 6－25～6－27)、状态字寄存器(参见表 6－28)和参数数值寄存器。

表 6－25　PTO/PWM 的控制字寄存器

Q0.0	Q0.1	控制字节的功能
SM67.0	SM77.0	PTO/PWM 更新周期值：0＝不更新；1＝更新周期值
SM67.1	SM77.1	PWM 更新脉冲宽度值：0＝不更新；1＝脉冲宽度值
SM67.2	SM77.2	PTO 更新脉冲数：0＝不更新；1＝更新脉冲数
SM67.3	SM77.3	PTO/PWM 时间基准选择：0＝1μs/格，1＝1ms/格
SM67.4	SM77.4	PWM 更新方法：0＝异步更新；1＝同步更新
SM67.5	SM77.5	PTO 操作：0＝单段操作；1＝多段操作
SM67.6	SM77.6	PTO/PWM 模式选择：0＝选择 PTO；1＝选择 PWM
SM67.7	SM77.7	PTO/PWM 允许：0＝禁止；1＝允许

表 6－26　PTO/PWM 的相关寄存器

Q0.0	Q0.1	相关功能
SMW68	SMW78	PTO/PWM 周期值(范围：2～65535)
SMW70	SMW80	PWM 脉冲宽度值(范围：0～65535)
SMD72	SMD82	PTO 脉冲计数值(范围：1～4，294，967，295)
SMB166	SMB176	进行中的段数(仅用在多段 PTO 操作中)
SMW168	SMW178	包络表的起始位置，用从 V0 开始的字节偏移表示(仅用在多段 PTO 操作中)
SMB170	SMB180	线性包络状态字节
SMB171	SMB181	线性包络结果寄存器
SMD172	SMD182	手动模式频率寄存器

表 6 − 27　PTO/PWM 的控制字参考

控制寄存器（十六进制）	执行 PLS 指令的结果							
	允许	模式选择	PTO 段数	PWM 更新	时基	脉冲数	脉冲宽度	周期
16♯81	YES	PTO	单段		1μs			装入
16♯84	YES	PTO	单段		1μs	装入		
16♯85	YES	PTO	单段		1μs	装入		装入
16♯89	YES	PTO	单段		1ms			装入
16♯8C	YES	PTO	单段		1ms	装入		
16♯8D	YES	PTO	单段		1ms	装入		装入
16♯A0	YES	PTO	多段		1μs			
16♯A8	YES	PTO	多段		1ms			
16♯D1	YES	PWM		同步	1μs			装入
16♯D2	YES	PWM		同步	1μs		装入	
16♯D3	YES	PWM		同步	1μs		装入	装入
16♯D9	YES	PWM		同步	1ms			装入
16♯DA	YES	PWM		同步	1ms		装入	
16♯DB	YES	PWM		同步	1ms		装入	装入

表 6 − 28　PTO 状态字寄存器

Q0.0	Q0.1	状态字节
SM66.4	SM76.4	PTO 包络由于增量计算错误而终止：0＝无错误；1＝终止
SM66.5	SM76.5	PTO 包络由于用户命令而终止：0＝无错误；1＝终止
SM66.6	SM76.6	PTO 管线上溢/下溢：0＝无溢出；1＝上溢/下溢
SM66.7	SM76.7	PTO 空闲：0＝执行中；1＝PTO 空闲

　　例如，如果用 Q0.0 作为高速脉冲输出，则对应控制字节为 SMB67，如果向 SMB67 写入 16♯DA，则对 Q0.0 的功能设置为：允许脉冲输出，PWM 输出，时基为 ms 级，允许更新周期值。

6.4.4　PWM 的使用

　　PWM 用来输出占空比可调的高速脉冲，用户可以控制脉冲的周期和宽度，完成控制任务。

1. 周期和脉冲宽度

　　(1) 周期单位可以是 μs 或 ms；为 16 位无符号数据，周期变化范围是 10 ～ 65535 μs 或 2～65535 ms。在编程使用时如果设定周期单位小于最小值，则系统默认按最小值进行设置。

（2）脉冲宽度单位可以是 μs 或 ms；为 16 位无符号数据，周期变化范围是 $0 \sim 65$ $535 \mu s$ 或 $0 \sim 65\ 535$ ms。

（3）如果设定脉宽等于周期（使占空比为 100%），则输出连续接通；如果设定脉冲宽度等于 0（使占空比为 0），则输出断开。

2. 更新方式

在 S7 - 200 系列 PLC 中，PWM 有两种波形特性：同步更新和异步更新。

（1）同步更新。同步更新时，波形的变化发生在周期边缘，形成平滑转换，在不改变时基的情况下可以采用同步更新。

（2）异步更新。如果需要改变 PWM 的时基，必须采用异步更新。异步更新有时会引起脉冲输出被瞬间禁止，出现不平滑转换，引发设备振动。

一般而言，尽可能使用同步更新，在编程前事先选一个适合于所有时间周期的时间基准。周期的时基和更新方式均可在控制寄存器中进行设置，参见表 6 - 25 $\sim$ 6 - 27。

3. PWM 的使用步骤

（1）确定脉冲发生器，按照控制要求选择 PWM 的输出端子 Q0.0 或 Q0.1，并选择工作模式为 PWM。

（2）设置控制字节，根据选择的输出端子在控制寄存器 SMB67 或 SMB77 中进行设置。

（3）写入周期值和脉冲宽度值，根据选择的输出端子按控制要求将脉冲周期值写入 SMW68 和 SWM78 中，将脉宽值写入 SWM70 或 SWM80 中。

（4）执行 PLS 指令，经过以上设置后用 PLS 指令激活 PWM，并由输出端子 Q0.0 或 Q0.1 输出。

以上步骤是对 PWM 的初始化，在 PLC 中一般通过初始化子程序来完成。特别指出：PWM 操作没有中断，只能通过 PLS 指令控制。在 STEP7-Micro/WIN 中专门为 PWM 提供向导，可以通过向导直接生成初始化程序。

4. PWM 应用举例

【例 6.8】 设计一段程序，从 PLC 的 Q0.0 输出一段脉冲。该脉冲宽度的初始值为 0.5 s，周期固定为 5 s，其脉宽每周期递增 0.5 s。当脉宽达到设定的 4.5s 时，脉宽改为每周期递减 0.5 s，直到脉宽为 0。

问题分析：脉宽值不断变化属于脉冲输出中的 PWM 的典型应用。每个周期脉宽值均发生变化，采用 I0.0 输入中断，将 Q0.0 接到 I0.0。另外，为确定脉冲的递增和递减，设置标志位 M0.0。PWM 方式设置根据控制要求，Q0.0 为 PWM 输出端，不允许周期更新，允许脉宽值更新，时间基准为 ms 级，同步更新，允许 PWM 输出。控制字节参见表 6 - 27，设为 16♯DA。

梯形图程序如图 6 - 23 所示。

PWM 初始化程序可以通过 STEP7-Micro/WIN 中专门为 PWM 提供的向导来生成，具体步骤如下：

（1）在指令树菜单中找到"向导"，双击"PTO/PWM"选项，弹出端口选择对话框，如图 6 - 24 所示。可以选择 PWM 的输出端口为 Q0.0 或 Q0.1，这里选择 Q0.0。

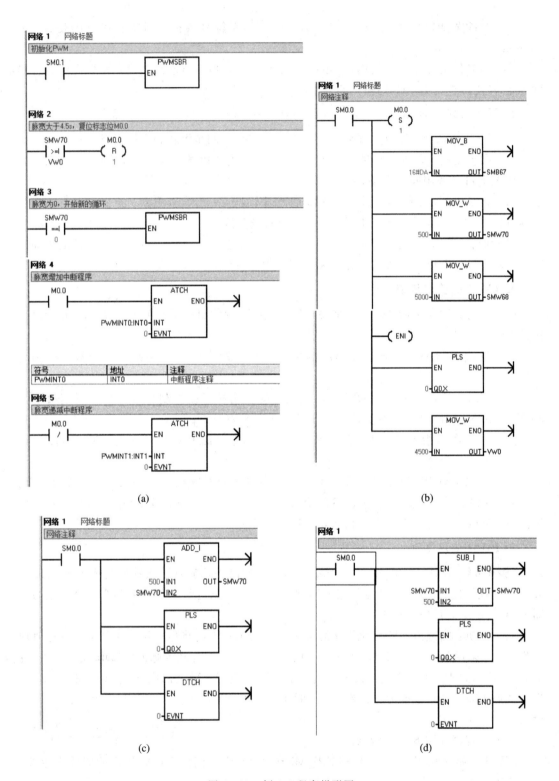

图 6-23 例 6.8 程序梯形图

(a) 主程序；(b) PWM 初始化子程序；(c) 脉宽增加中断程序；(d) 脉宽减少中断程序

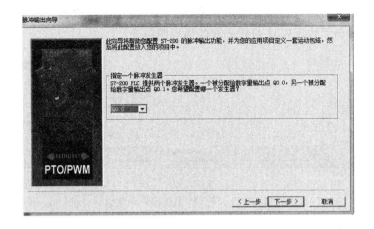

图 6-24   输出端口选择对话框

（2）点击"下一步"，弹出脉冲输出模式对话框，可以选择脉冲的输出是 PTO 或 PWM，这里选择 PWM，并选择时基，如图 6-25 所示。

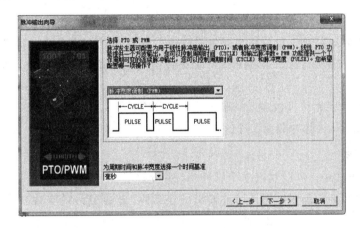

图 6-25   输出模式及时基选择对话框

（3）占击"下一步"，完成配置后点击"完成"按钮，就完成 PWM 向导，如图 6-26 所示。

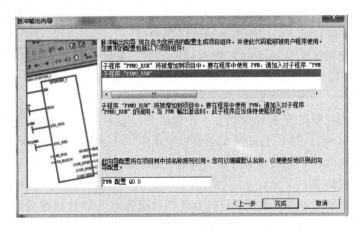

图 6-26   向导完成对话框

PWM 向导完成后即可生成子程序和指令，在主程序中可以调用 PWM0_RUN0 子程序，图 6-27 中给出了由 PWM 向导生成的梯形图指令。

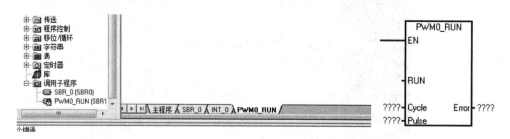

图 6-27 PWM 子程序自动生成

6.4.5 PTO 的使用

高速脉冲串输出 PTO 常用于步进电机的控制，在使用时可以输出多个脉冲串，并允许脉冲串排队形成管线，使用起来非常方便，在工控运动控制领域使用广泛。

1. 周期和脉冲数

周期：与 PWM 相似，单位可以是 μs 或 ms；为 16 位无符号数据，周期变化范围是 10～65535μs 或 2～65 535 ms。在编程时，如果设定周期单位小于最小值，则系统默认按最小值进行设置。

脉冲数：用双字无符号数表示，脉冲数取值范围是 1～4 294 967 295。若编程时指定脉冲数为 0，则系统默认脉冲数为 1 个。

2. PTO 种类

PTO 工作方式中，可以输出多个脉冲串，并允许脉冲串排队形成管线，当脉冲串输出完之后，立即输出新的脉冲，保证脉冲输出的连续性。根据管线的实现方式，将 PTO 工作方式分为两种。

1）单段管线

管线中只能存放一个脉冲串的控制参数，启动之后，第一个脉冲串立即输出，在第一个脉冲串输出的同时需要用指令立即为下一个脉冲更新特殊寄存器，并再次执行脉冲的输出指令。重复这个过程就可以实现多个脉冲串的输出。

单段管线输出的各段脉冲可以采用不同的时基。单段管线在实现多个脉冲串的输出时，编程复杂，而且参数设置不当会使脉冲串转换时不平滑，造成设备振动。

2）多段管线

多段管线是指在变量 V 存储区建立一个包络表，包络表中存储各个脉冲串的参数，在 PLS 指令启动 PTO 后，CPU 自动从包络表中按顺序读出脉冲串参数。

编程时必须装入包络表的起始变量的地址，运行时设置控制字节和状态字节，包络表的首地址代表该包络表。

多段管线编程非常简单，而且具有按照周期增量区和数值自动增减周期的功能，在步进电机的加速和减速控制时使用非常方便。

与单段管线不同，多段管线所有的脉冲串必须使用一个时基，在执行多段管线时各段参数不能改变。

3. PTO 的使用

使用 PTO 进行高速脉冲串输出时,应按以下步骤进行:

(1)确定脉冲输出端及工作模式。PTO 脉冲输出端为 Q0.0 或 Q0.1,可根据需要进行选择。在确定 PTO 的工作模式是多段还是单段时,如果要求脉冲串连续输出,则多采用多段模式。

(2)设置控制字。按控制要求将控制字写入 SMB67 或 SMB77 的特殊寄存器中。

(3)写入周期值、周期增量和脉冲数。如果是单段脉冲,则分别进行设置;如果是多段脉冲,则需要建立多段脉冲的包络表。

(4)如果是多段脉冲,则装入包络表的首地址。

(5)设置中断事件开中断。PTO 与 PWM 不同可以使用中断方式对事件进行精确控制。与 PTO 相关的中断号为 19 或 20,具体参见相关中断内容。

(6)执行 PLS 指令。以上设置完成后,可用 PLS 指令启动 PTO,由 Q0.0 或 Q0.1 输出高速脉冲。

与 PWM 相似,PTO 在使用时初始化可以是主程序中的程序段,也可以专门编写初始化程序,一般建议使用子程序进行模块化编程。高速脉冲在用 PLS 启动前必须执行初始化程序段或初始化子程序。

4. PTO 应用举例

【例 6.9】 对步进电机运行过程进行控制,要求:从 A 点加速到 B 点后恒速运行,从 C 点开始减速到 D 点,完成这一过程后用指示灯显示。步进电机的转动受脉冲控制,A 点和 D 点的脉冲频率为 2 kHz,B 点和 C 点的频率为 10 kHz,加速过程的脉冲串为 400 个,恒速转动的脉冲数为 4000 个,减速过程脉冲数为 200 个,工作过程如图 6 - 28 所示。

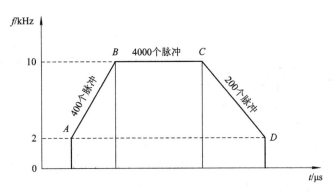

图 6 - 28 步进电机工作过程

问题分析:本例要求 PLC 输出一定数量的多串脉冲,应使用 PTO 输出的多段管线方式。

具体步骤如下:

(1)选用 Q0.0 作为脉冲串的输出端,并确定 PTO 为 3 段脉冲管线(AB、BC、CD)。

(2)设置控制字确定 PTO 的工作方式。本例中最大脉冲频率为 10 kHz,对应周期为

$100\ \mu s$，所以时基选择为 μs 级，功能为允许脉冲输出，多段脉冲串输出，不允许更新周期值和脉冲数。根据以上控制要求，参见表 6-27 设置控制字为 16♯A0，将控制字写入到SMB67。

（3）写入周期值、周期增量和脉冲数。由于是 3 段脉冲，因此需要建立 3 段脉冲包络表，并对各个参数进行设置。包络表是以周期为时间参数的，因此必须把频率换算成周期，换算为周期后可以确定各段周期增量如下：

$$给定段的周期增量 = \frac{T_{EC} - T_{IC}}{Q}$$

式中：T_{EC}——该段结束周期值；

T_{IC}——该段初始周期时间；

Q——该段脉冲数量。

包络表一般是利用 STEP7-Micro/WIN 中的数据块在 V 区开辟一段连续的存储空间，包络表结构如表 6-29 所示。

表 6-29　包络表结构

V 变量存储器地址	各块名称	实际功能	参数名称	参数值
VB400	段数	步进电机运行状态	总段数	3
VW401	段 1	电动机加速阶段	初始周期	$500\ \mu s$
VW403			周期增量	$-1\ \mu s$
VD405			输出脉冲数	400
VW409	段 2	电动机恒速运行阶段	初始周期	$100\mu s$
VW411			周期增量	$0\mu s$
VD413			输出脉冲数	4000
VW417	段 3	电动机减速阶段	初始周期	$100\ \mu s$
VW419			周期增量	$2\ \mu s$
VD421			输出脉冲数	200

（4）将包络表的首地址装入 SWM168 中。

（5）当高速脉冲串 3 段输出完成后，调用中断程序，则信号灯变亮（本例中 Q0.2＝1）。

（6）执行 PLS 指令。

本例中的主程序、初始化子程序、包络表子程序和中断程序如图 6-29 所示。

需要特别指出的是，与高速脉冲、PWM 相似，STEP7-Micro/WIN 专门为 PTO 脉冲串配置了向导，可以通过简单设置完成子程序的生成。

（1）在 STEP7-Micro/WIN 指令树向导中选择"PTO/PWM"选项，弹出端口选择对话框，如图 6-30 所示。本例选择输出端口为 Q0.0。

（2）点击"下一步"按钮，弹出输出脉冲方式选择对话框，如图 6-31 所示，选择 PTO 方式 。

（3）点击"下一步"按钮，弹出电机速度选择对话框，如图 6-32 所示。在此对话框中可设置电机转动的最大速度和运动中的最低速度以及电机的启动速度。本例选择步进电机的最高速度为 10000 脉冲/s，最低速度和启动速度均为 2000 脉冲/s。

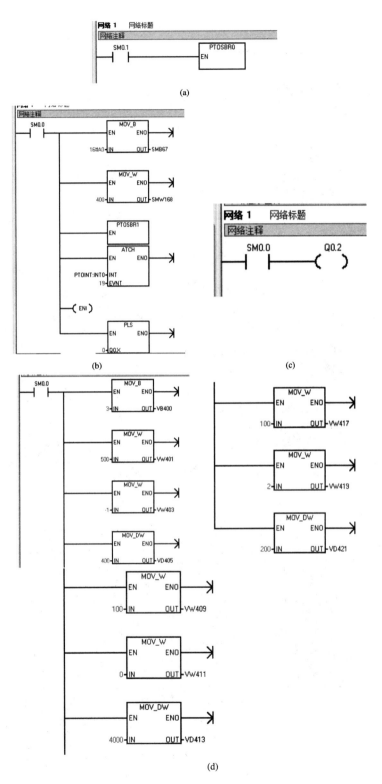

图 6-29 例 6.9 程序梯形图

（a）主程序；（b）初始化子程序；（c）中断程序；（d）包络表子程序

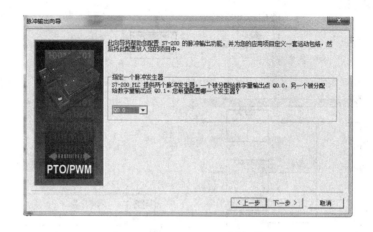

图 6-30　端口选择对话框

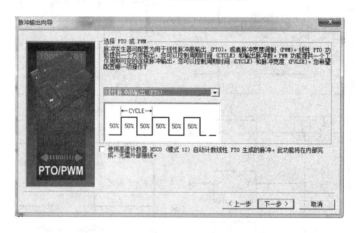

图 6-31　输出脉冲方式选择对话框

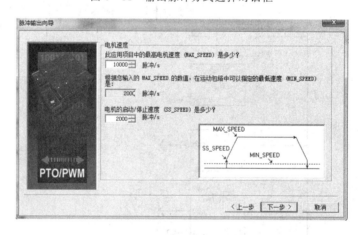

图 6-32　电机速度选择对话框

（4）点击"下一步"按钮，弹出加减速和减速时间设置对话框，如图 6-33 所示。经过简单计算就可得出本例中步进电机的加速时间为 120 ms，减速时间为 15 ms，可以看到对话框右下侧会出现步进电机工作过程图。

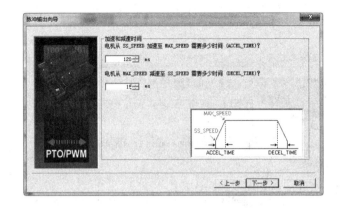

图 6-33　加减速时间设置对话框

（5）点击"下一步"按钮，弹出运动包络对话框，如图 6-34 所示。如果多于 3 段，则需添加新包络。添加的每个新包络均可增添 1～29 的步，根据实际情况进行添加。本例只有三段管线，不用添加新的包络。

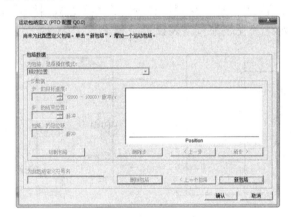

图 6-34　运动包络设置对话框

（6）点击"确认"按钮，弹出 V 区地址范围选择对话框，在对话框中可选择包络表的存储地址，如图 6-35 所示。

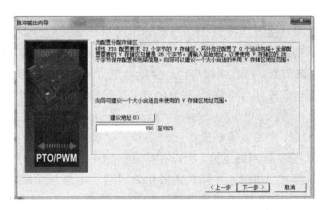

图 6-35　V 区地址范围选择对话框

（7）点击"下一步"按钮，出现项目组件生成对话框，如图 6-36 所示，可以生成包络表数据页和子程序。

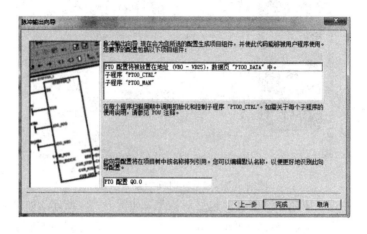

图 6-36 项目组件生成对话框

（8）完成以上步骤后，就生成了梯形图指令、子程序和数据块，如图 6-37 所示，可以代替本例中使用的初始化子程序和包络表设置子程序。

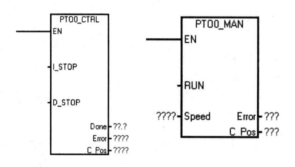

图 6-37 生成子程序指令树

6.5 PID 指令

在模拟控制系统和直接数字控制（Direct Digital Control，DDC）系统中，PID 控制一直都是被广泛应用的一种基本控制算法。PID 即比例（Proportional）、积分（Integral）、微分（Differential）三作用调节器，具有结构典型、参数整定方便、结构改变灵活（有 P、PI、PD 和 PID 结构）、控制效果较佳、可靠性高等优点，是目前控制系统中一种最基本的控制环节。

由于微处理器所能接受的运算一般都比较简单，对于复杂的运算（如微分、积分）都要转变成简单的加、减、乘、除四则运算，所以在实际应用中，需要把信息的 PID 控制算式转换成实际应用的 PID 算式。即把连续算式离散化为周期采样偏差算式，才能用来计算输出值。在决定系统参数时，往往需要现场调试。由 PLC 构成的一个闭环控制过程的 PID 算法，有十分广阔的前景。本节将以 SIEMENS 公司 S7-200 系列 CPU 的 PID 功能指令为基础，介绍 PID 算法及实际应用中如何对 PID 参数进行调整。

6.5.1 PID 功能指令

1. PID 算法

1）理想的 PID 控制算式

在如图 6-38 所示的典型 PID 回路控制系统中，若 PV 为控制变量，SP 为设定值，则调节器的输入偏差信号为 $e=SP-PV$。理想的模拟 PID 控制算式为

$$M(t) = K_C\Big[e + \frac{1}{T_\mathrm{I}}\int_0^t e\,\mathrm{d}t + T_\mathrm{D}\frac{\mathrm{d}e}{\mathrm{d}t}\Big] + M_\mathrm{initial}$$

式中：

KC——比例系数，PID 回路增益，用来描述 PID 回路的比例调节作用；

T_I——积分时间，它决定了积分作用的强弱；

T_D——微分时间，它决定了微分作用的强弱；

M_initial——e＝0 时的阀位开度（PID 回路输出的初始值）；

$M(t)$——PID 回路的输出是时间的函数，它决定了执行器的具体位置；

e——PID 回路的偏差。

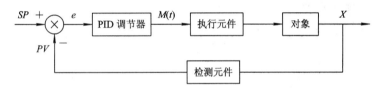

图 6-38 PID 回路控制系统模型

在 PID 的三种调节作用中，微分作用主要用来减少超调量，克服振荡，使系统趋向稳定，加快系统的动作速度，减少超调时间，用来改善系统的动态特征。积分作用主要用来消除静差，提高精度，减少超调时间，用来改善系统的静态特征。比例作用可对偏差作出及时响应。若能将三种作用的强度作适当的配合，可以使 PID 回路快速、平稳、准确地运行，从而获得满意的控制效果。

PID 的三种作用是各自独立、互不影响的。也就是说，改变一个参数，仅影响一种调节作用，而不影响其他的调节作用。

2）PID 的离散化算式

由于计算机控制是一种采样控制，它能根据采样时刻的偏差进行计算，得出控制量，因此必须将模拟 PID 算式离散化。用后向差分变换方法，可将模拟 PID 调节器的输出算式离散为差分方程。设采样周期为 T_s，初始时刻为 0，第 n 次采样的偏差为 e_n，控制输出为 M_n，并进行以下变换：

$$\mathrm{d}e \approx \Delta e = e_n - e_{n-1}, \qquad \mathrm{d}t \approx \Delta t = t_n - t_{n-1}$$

$$\int_0^t e(t)\,\mathrm{d}t \approx \sum_{i=0}^n e_i T_\mathrm{s}$$

则模拟 PID 调节的离散化形式为

$$M_n = K_C\Big[e_n + \frac{T_\mathrm{s}}{T_\mathrm{I}}\sum_{i=0}^n e_i + \frac{T_\mathrm{D}}{T_\mathrm{s}}(e_n - e_{n-1})\Big] + M_\mathrm{initial}$$

式中：

 T_s——采样周期；

 M_n——调节其第 n 次的输出值；

 K_C——PID 回路增益；

 e_n——第 n 次采样偏差，$e_n = SP_n - PV_n$；

 e_{n-1}——第 $n-1$ 次采样偏差；

 n——采样次数序号；

 T_I——积分时间。

由上式可以看出，积分项是从第一个采样周期到当前采样周期所有误差项的函数；微分项是当前采样和前一次采样的函数；比例项仅是当前采样的函数。在计算机中，不保存所有的差项。

由于计算机从第一次采样开始，每有一个偏差采样值必须计算一次输出值，故只需要保存偏差前值和积分项前值。利用计算机处理的重复性，可以将上式化简为

$$M_n = K_C \left[e_n + \frac{T_s}{T_I} e_n + \frac{T_D}{T_s}(e_n - e_{n-1}) \right] + M_X$$

其中，M_X 为积分项前值，即第 $n-1$ 次采样时刻的积分项，也称积分和或偏置。

3）PID 的改进型算式

CPU 实际使用简化算式的改进形式，进行 PID 输出计算，这个改进算式是：

$$M_n = MP_n + MI_n + MD_n$$

式中：

 M_n——第 n 次采样时刻的计算值；

 MP_n——第 n 次采样时刻的比例项值；

 MI_n——第 n 次采样时刻的积分项值；

 MD_n——第 n 次采样时刻的微分项值。

下面分别予以讨论。

（1）比例项。比例项 MP 是增益（K_C）和偏差（e）的乘积。其中 K_C 决定输出对偏差的灵敏度，偏差（e）是给定值（SP）与过程变量值（PV）之差。CPU 执行的比例项算式是：

$$MP_n = K_C \times (SP_n - PV_n)$$

其中，SP_n、PV_n 分别为第 n 次采样时刻的给定值、第 n 次采样时刻的过程变量值。

比例项能及时产生与偏差成正比的调节作用，比例系数 K_C 越大，比例调节作用越强，系统的稳态精度就越高，但 K_C 过大会使系统的输出量振荡加剧，稳定性降低。

（2）积分项。积分项值 MI 与偏差和成正比。CPU 执行的求积分项算式是：

$$MI_n = K_C \times \frac{T_s}{T_I} \times (SP_n - PV_n) + M_X$$

其中，MI_n、T_s、T_I、M_X 分别为第 n 次采样时刻的积分值 、采样时间间隔、积分时间、第 $n-1$ 次采样时刻的积分项（积分项前值，也称积分和或偏置）。

积分项与偏差有关，只要偏差不为 0，PID 控制的输出就会因积分作用而不断变化，直到偏差消失，系统处于稳定状态，所以积分的作用是消除稳态误差，提高控制精度，但积分的动作缓慢，给系统的动态稳定带来不良影响，很少单独使用。从式中可以看出，积分

时间 T_I 增大，积分作用减弱，消除稳态误差的速度减慢。

（3）微分项。微分项值 MD 与偏差的变化成正比。其计算式为

$$MD_n = K_C \times \frac{T_D}{T_s} \times \left[(SP_n - PV_n) - (SP_{n-1} - PV_{n-1}) \right]$$

为了避免给定值变化的微分作用而引起的跳变，假定给定值不变（$SP_n = SP_{n-1}$）。这样，可以用过程变量的变化替代偏差的变化。计算时可改进为

$$MD_n = K_C \times \frac{T_D}{T_s} \times (SP_n - PV_n - SP_{n-1} + PV_{n-1})$$

或

$$MD_n = K_C \times \frac{T_D}{T_s} \times (PV_{n-1} - PV_n)$$

其中，MD_n、T_D、T_s 分别为第 n 次采样时刻的微分项值、微分时间、回路采样时间。

微分项根据误差变化的速度（即误差的微分）进行调节，该作用具有超前和预测的特点。微分时间 T_D 增大时，超调量减少，动态性能得到改善，如 T_D 过大，系统输出量在接近稳态时可能上升缓慢。

2. PID 控制回路的类型

许多控制系统中，有时只需要一种或两种控制回路。例如，系统只要求比例控制回路或比例和积分控制回路。可以通过设置常量参数，选择想要的控制回路类型。

（1）如果不需要积分回路（即在 PID 计算中无"I"），则应将积分时间 T_I 设为无限大，不存在积分作用。由于积分项 M_X 的初始值，虽然没有积分运算，积分项的数值也可能不为零。

（2）如果不需要微分运算（即在 PID 计算中无"D"），则应将微分时间 T_D 设定为 0.0。

（3）如果不需要比例运算（即在 PID 计算中无"P"），但需要 I 或 ID 控制，则应将增益值 K_C 指定为 0.0。因为 K_C 是计算积分和微分项公式中的系数，将循环增益设为 0.0 会导致在积分和微分项计算中使用的循环增益值为 1.0。

3. 回路输入归一化

每个 PID 回路有两个输入量：给定值 SP 和过程变量 PV。给定值通常是一个固定的值，过程变量与 PID 回路输出有关，可以衡量输出对控制系统作用的大小。给定值和过程变量都可能是现实世界的值，它们的大小、范围和工程单位都可能不一样。

回路输入归一化是指 PID 指令在对这些量进行运算以前，必须把它们转换成标准的浮点型实数。转换时先把 16 位整数值转换成浮点型实数值，然后实数值进一步标准化为 0.0～1.0 之间的实数。其步骤如下：

（1）将数值从 16 位整数转换成 32 位浮点数或实数。下列指令说明如何将整数数值转换成实数：

```
XORD AC0, AC0        //将 AC 清零
ITD AIW0, AC0        //将输入数值转换成双字
DTR AC0, AC0         //将 32 位整数转换成实数
```

（2）将实数转换成 0.0～1.0 之间的标准化数值。其转换公式如下：

$$实际数值的标准化数值 = \frac{实际数值的非标准化数值或原始实数}{取值范围} + 偏移量$$

取值范围 ＝ 最大可能数值－最小可能数值 ＝ 32 000(单极数值)或 64 000(双极数值)

偏移量：对单极数值取 0.0；对双极数值取 0.5

　　单极性数值在 0～32000 之间；双极性数值在－32000～32000 之间

如将上述 AC0 中的双极性数值(间距为 64 000)标准化：

/R 64000.0，AC0	//使累加器中的数值标准化
＋R 0.5，AC0	//加偏移量 0.5
MOVR AC0，VD100	// 将标准化数值写入 PID 回路参数表中

4. 回路输出归一化

程序执行后，PID 回路输出 0.0～1.0 之间的标准化实数数值，必须被转换成 16 位成比例的整数数值，才能驱动模拟输出。

PID 回路输出的成比例实数数值 ＝（PID 回路输出标准化实数值－偏移量）×取值范围

程序如下：

MOVR VD108，AC0	//将 PID 回路输出送入 AC0
－ R 0.5，AC0	//双极数值减偏移量 0.5
＊R 64000.0，AC0	//AC0 的值乘以取值范围，变为成比例实数数值
ROUND AC0，AC0	// 将实数四舍五入取整，变为 32 位整数
DTI AC0，AC0	//32 位整数转换成 16 位整数
MOVW AC0，AQW0	// 16 位整数写入 AQW0

5. 回路表与过程变量

操作数所指定的控制参数表的结构见表 6-30，此表含有 9 个参数，全部为 32 位实数格式，共占用 36 个字节。

表 6-30　PID 控制参数表

偏移地址	参数	数据格式	参数类型	描述
0	过程变量当前值(PV_n)	双字 — 实数	输入	必须在 0.0～1.0 之间
4	给定值(SP_n)	双字→实数	输入	必须在 0.0～1.0 之间
8	输出值(M_n)	双字→实数	输入/输出	在 0.0～1.0 范围内
12	增益(K_c)	双字→实数	输入	比例常数，可正可负
16	采样时间(T_s)	双字→实数	输入	单位为秒，必须是正数
20	积分时间(T_1)	双字→实数	输入	单位为分钟，必须是正数
24	微分时间(T_D)	双字→实数	输入	单位为分钟，必须是正数
28	上一次积分值(M_X)	双字→实数	输入/输出	在 0.0 和 1.0 之间 （根据 PID 运算结果更新）
32	上一次过程变量(PV_{n-1})	双字→实数	输入/输出	最近一次 PID 运算值

6. PID 指令

使能有效时，根据回路参数表(TBL)中的输入测量值、控制设定值及 PID 参数进行 PID 计算。PID 指令格式如表 6-31 所示。

表 6‑31　PID 指令格式

LAD	STL	功能描述
 PID EN　ENO ???? — TBL ???? — LOOP	PID TBL，LOOP	TBL：参数表起始地址 VB；数据类型：字节 LOOP：回路号，常量(0~7)；数据类型：字节

说明：

(1) 程序中可使用 8 条 PID 指令，分别编号为 0~7，不能重复使用。

(2) 使 ENO ＝ 0 的错误条件：0006(间接地址)、SM1.1(溢出，参数表起始地址或指令中指定的 PID 回路指令号码操作数超出范围)。

(3) PID 指令不对参数表输入值进行范围检查。必须保证过程变量和给定积分项前值和过程变量前值在 0.0~1.0 之间。

6.5.2　PID 指令向导的应用

S7-200 的 PID 控制程序可以通过指令向导自动生成，其步骤如下：

(1) 打开 STEP 7-Micro/WIN 编程软件，选择"工具"菜单中的"指令向导"，出现如图 6‑39 所示的向导选择界面。选择"PID"，并点击"下一步"按钮。

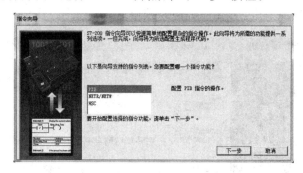

图 6‑39　选择 PID 指令向导

(2) 指定 PID 指令的编号，如图 6‑40 所示。

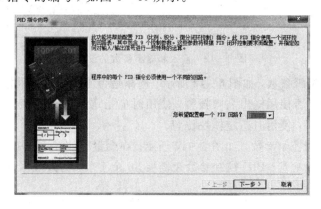

图 6‑40　指定 PID 指令的编号

（3）设定 PID 调节的基本参数，如图 6-41 所示，包括以百分值指定给定值的低限、以百分值指定给定值的高限、比例增益 K_C、采样时间 T_s（图中为样本时间）、积分时间 T_I（图中为整数时间）、微分时间 T_D（图中为导出时间）。设定完成后，点击"下一步"按钮。

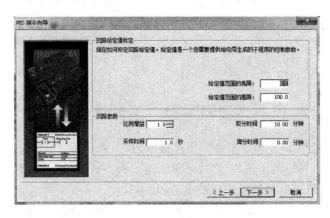

图 6-41　设定 PID 调节的基本参数

（4）设定输入和输出参数，如图 6-42 所示。在输入选项区输入信号 A/D 转换数据的极性，可以选择单极性或双极性，单极性数值在 0～32 000 之间，双极性数值在 -32 000～32 000 之间，可以选择使用或不使用 20% 偏移；在输出选项区选择输出信号的类型，可以选择模拟量输出或数字量输出、输出信号的极性（单极性或双极性）、是否使用 20% 的偏移以及 D/A 转换数据的低限（可以输入 D/A 转换数据的最小值）和高限（可以输入 D/A 转换数据的最大值）。设定完成后，点击"下一步"按钮。

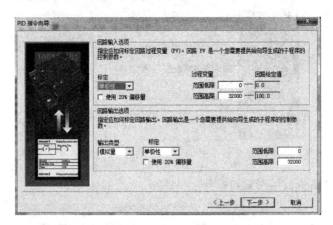

图 6-42　输入和输出参数的设定

（5）设定输出报警参数，如图 6-43 所示。选择是否使用输出低限报警，使用时应指定低限报警值；选择是否使用输出高限报警，使用时应指定高限报警值；选择是否使用模拟量输入模块错误报警，使用时指定模块位置。

（6）设定 PID 的控制参数，如图 6-44 所示。在变量存储器 V 中，指定 PID 控制需要的变量存储器的起始地址。PID 控制参数表需要 36 个字节，另外数据计算需要 32 个字节，共需要 68 个字节。

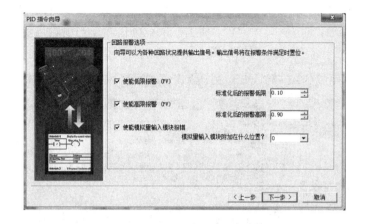

图 6-43　报警参数的设定

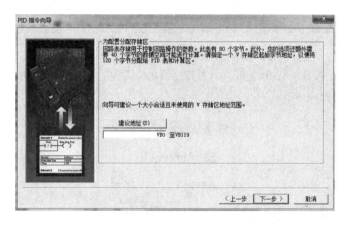

图 6-44　设定 PID 的控制参数在变量存储器的起始地址

（7）设定 PID 控制子程序和中断程序的名称，并选择是否增加 PID 的手动控制，如图 6-45 所示。在选择手动控制时，给定值将不再经过 PID 控制运算而直接进行输出。为了保证手动控制到自动 PID 控制的平稳过渡，在 PLC 程序中需要对 PID 参数进行如下处理：

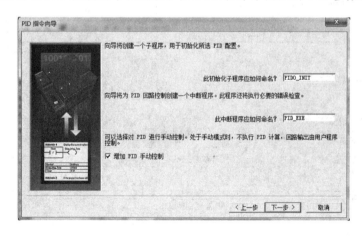

图 6-45　设定 PID 控制子程序和中断程序的名称，并选择是否增加 PID 的手动控制

① 使过程变量当前值与给定值相等，即 $SP_n = PV_n$；使上一次过程变量当前值与当前过程变量当前值相等，即 $PV_{n-1} = PV_n$；使上一次积分值等于当前输出值，即 $M_x = M_n$。设定完成后，点击"下一步"按钮，出现如图 6-46 所示的页面。

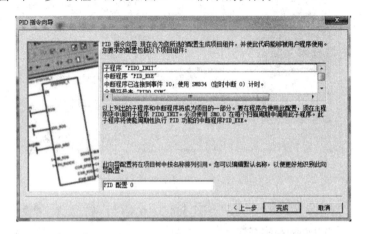

图 6-46　PID 指令向导生成项目的完成

② 点击"完成"按钮，弹出完成向导配置确认对话框，如图 6-47 所示，点击"是(Y)"按钮，PID 向导设置完成。

图 6-47　确认 PID 指令向导配置完成

（8）PID 指令向导生成的子程序和中断程序是加密的程序，子程序中全部使用的是局部变量，其中的输入和输出变量需要在调用程序中按照数据类型的要求对其进行赋值，如图 6-48 所示。

	符号	变量类型	数据类型	注释
	EN	IN	BOOL	
LW0	PV_I	IN	INT	过程变量输入：范围从 0 至 32000
LD2	Setpoint_R	IN	REAL	给定值输入：范围从 0.0 至 100.0
L6.0	Auto_Manual	IN	BOOL	自动/手动模式 (0 = 手动模式；1 = 自动模式)
LD7	ManualOutput	IN	REAL	手动模式时回路输出期望值：范围从 0.0 至 1.0
		IN		
		IN_OUT		
LW11	Output	OUT	INT	PID 输出：范围从 0 至 32000
L13.0	HighAlarm	OUT	BOOL	过程变量 (PV) 报警高限 (0.90)
L13.1	LowAlarm	OUT	BOOL	过程变量 (PV) 报警低限 (0.10)
L13.2	ModuleErr	OUT	BOOL	0 号位置的模拟量模块有错误
		OUT		
LD14	Tmp_DI	TEMP	DWORD	
LD18	Tmp_R	TEMP	REAL	
		TEMP		

图 6-48　PID 运算子程序的局部变量表

输入变量有：

- EN：子程序使能控制端，通常使用 SM0.0 对子程序进行调用。
- PV_I：模拟量输入地址，输入为 16 位整数，取值范围为 0～32 000。
- Setpoint_R：给定值的输入，以百分值表示，取值范围为 0～100。
- Auto_Manual：自动与手动转换信号，布尔型数据，"0"为手动，"1"为自动。
- ManualOutput：手动方式的 PID 输出，数据类型为实数，数据范围为 0.1～1.0。

输出变量有：

- Output：PID 运算后输出的模拟量，数据类型为 16 位整数，数据范围为 0～32 000，此处应指定输出映像寄存器的地址，放置该输出模拟量。
- HighAlarm：输出高限报警信号，布尔型数据。
- LowAlarm：输出低限报警信号，布尔型数据。
- ModuleErr：模块出错的报警信号，布尔型数据。

中断程序直接通过子程序启用，不需要控制信号和变量。

（9）在 PLC 程序中可以通过调用 PID 运算子程序（PID0_INT）实现 PID 控制，如图 6-49 所示。

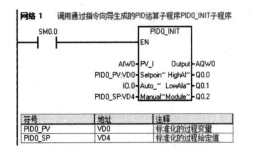

图 6-49　在 PLC 程序中调用 PID 运算子程序

（10）调整与修改 PID 参数。在编程完成后或程序调试时，如果需要对 PID 参数进行调整与修改，可以直接点击浏览条中的"数据块"图标，此时显示出 PID 指令向导设定的变量存储器的参数表，如图 6-50 所示。在参数表中可以直接修改 PID 的参数，并重新下载。

图 6-50　PID 指令向导设定的变量存储器的参数表

6.5.3 PID 控制功能的应用

1. 任务描述

被控对象为一恒压供水水箱，调节量为其水位，给定量为满水位 75%，控制量为通过变频器驱动注水调速电动机的转速。调节量（为单极性信号）由水位计检测后经 A/D 变换送入 PLC。用于控制电动机的转速信号由 PLC 执行 PID 指令后以单极性信号经 D/A 变换后送出。该应用根据实际情况，拟采用 PI 控制，其增益、采样时间常数和积分时间常数选为：$K_C=0.25$，$T_s=0.1$ s，$T_I=30$ s。要求开机后，先手动控制电动机，水位上升到 75%，通过输入继电器 I0.0 置为转换到 PID 自动调节。

2. PID 回路参数表

该应用的 PID 控制参数表存放在变量存储区的 VB100 开始的 36 个字节中，如表 6-32 所示。控制参数表中的参数分两种：一种是固定不变的，如参数 2、4、5、6、7，这些参数可以在子程序中设定（本例的子程序）；另一种是实时变化的，如参数 1、3、8、9，这些参数必须在调用 PID 指令时才可写入控制表中。

表 6-32　恒压供水 PID 控制参数表

地　址	参　　　数	数　　　值
VB100	过程变量当前值 PV_n	水位计检测提供的模拟量经 A/D 转换后的标准化数值
VB104	给定值 SP_n	0.75
VB108	输出值 M_n	PID 回路的输出值
VB112	增益 K_C	0.25
VB116	采样时间 T_s	0.1
VB120	积分时间 T_I	30
VB124	微分时间 T_D	0（关闭微分作用）
VB128	上一次积分值 M_X	根据 PID 运算结果更新
VB132	上一次过程变量 PV_{n-1}	最近一次 PID 的变量值

3. 设计思路

（1）I/O 分配：手动/自动转换开关 I0.0；模拟量输入 AIW0；模拟量输出 AQW0。

（2）程序结构：由主程序、子程序和中断程序构成。主程序用来调用初始化子程序。子程序用来建立 PID 回路初始参数和设置中断。由于定时采样，所以采用定时中断（中断事件号为 10）。设置周期时间和采样时间相同，为 0.1 s，并写入 SM34。中断程序用于执行 PID 运算，I0.0＝1 时，执行 PID 运算，该应用标准化时采用单极性（取值范围为 0～3200）。

4. 梯形图和语句表程序

恒压供水 PID 控制主程序如图 6-51 所示，子程序如图 6-52 所示，中断程序如图 6-53 所示。

```
主程序
LD    SM0.1
CALL  SBR_0
```

图 6－51　恒压供水 PID 控制主程序

```
子程序(建立PID回路参数表，设置中断以执行PID指令)
LD    SM0.0
MOVR  0.75, VD104  //写入给定值(注满70%)
MOVR  0.25, VD112  //写入回路增益(0.25)
MOVR  0.1, VD116   //写入采样时间(0.1s)
MOVR  30.0, VD120  //写入积分时间(30min)
MOVR  0.0, VD124   //设置无微分运算
MOVB  100, SMB34   //写入定时器中断的周期 100ms
ATCH  INT_0:INT0, 10  //将 INT_0(执行PID)和定时中断连接
ENI                //全局开中断
```

图 6－52　恒压供水 PID 控制子程序

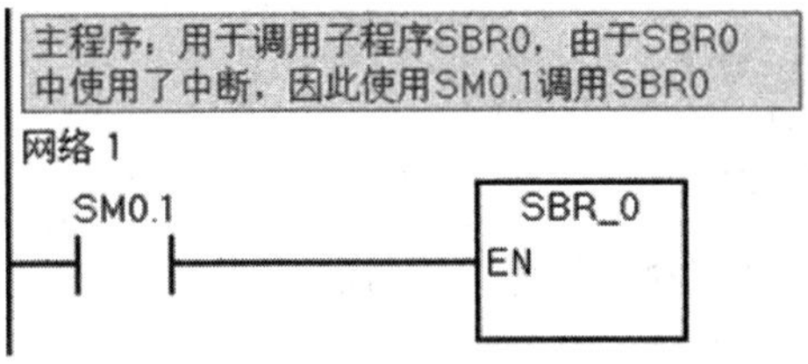

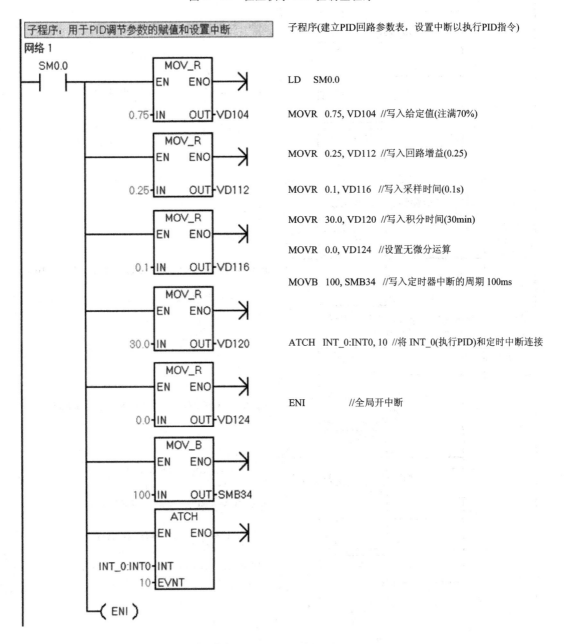

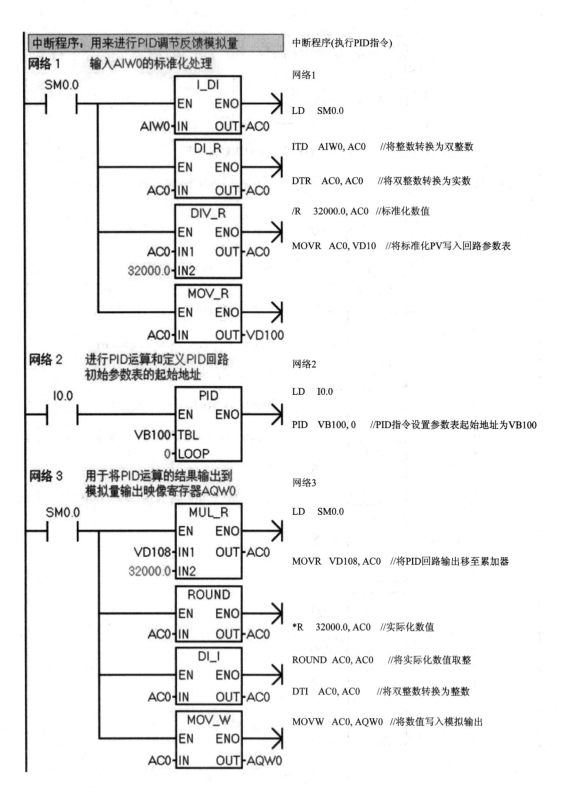

図 6-53 恒压供水 PID 控制中断程序

小 结

本章介绍了 SIEMENS 公司 S7-200 系列 CPU 功能指令的格式、操作数类型、功能和使用方法。功能指令在工程实际中应用十分广泛,它是不同型号 PLC 功能强弱的体现。通过学习,应重点掌握功能指令的梯形图编程方法。本章主要内容概括如下:

(1) 表处理类指令可以方便地在表格中存、取字类型的数据。表功能指令有 ATT、FIFO、LIFO、FND 等。

(2) 转换类指令主要用来对操作数的类型进行转换。它主要包括三种情况,即数据类型转换、码类型转换以及数据与码之间的转换。

(3) 高速处理类指令主要用来实现高速精确定位控制和数据快速处理。它包括高速计数器指令、高速脉冲输出指令和立即指令。

(4) 中断技术在 PLC 的人机联系、实时处理、网络通信、高速计数等方面都有着重要应用。中断主要包括中断响应和中断程序。

习 题

6.1 用数据类型转换指令将 100 英寸转换成厘米。

6.2 编程输出字符 A 的七段显示码。

6.3 编程实现将 VD100 中存储的 ASCII 码字符串 37、42、44、32 转换成十六进制数,并存储到 VW20.0 中。

6.4 编程实现定时中断,当连接在输入端 I0.1 的开关接通时,闪烁频率减半;当连接在输入端 I0.0 的开关接通时,又恢复成原有的闪烁频率。

6.5 编写一个中断程序,实现从 0 到 255 的计数。当输入端 I0.0 为上升沿时,程序采用加计数;当输入端 I0.0 为下降沿时,程序采用减计数。

6.6 用高速计数器 HSC1 实现 20 kHz 的加计数。当计数值等于 100 时,将当前值清零。

6.7 编程实现脉冲宽度调制 PWM 的程序。

要求:周期固定为 5 s,脉宽初始值为 0.5 s,脉宽每周期递增 0.5 s。当脉宽达到设定的最大值 4.5 s 时,脉宽改为每周期递减 0.5 s,直到脉宽为 0 为止。以上过程周而复始地进行。

6.8 利用指令向导产生单段 PTO 操作程序,要求用 Q0.0 连续输出 300 ms 的脉冲串。

6.9 什么是 PID 控制?其主要用途是什么?PID 中各项的主要作用是什么?

第 7 章　S7-200 PLC 编程方法及工程实例

本章介绍在编写梯形图时应遵守的编程规则以及在初次编程后如何对程序进行优化，并通过实例详细讲解了数字量控制系统常用的经验设计法。

对于使用梯形图对 PLC 编程而言，最基本的要求是正确。因此，必须正确、规范地使用各种指令，正确、合理地使用各类内部器件。程序出错大多与这两个方面有关。

对于数字量控制系统，用经验设计法设计梯形图时，没有固定的方法和步骤可以遵循，具有很大的试探性和随意性。程序设计出来后，需要模拟调试或在现场调试，发现问题后再针对问题对程序进行修改。

7.1　梯形图的编程规则

梯形图的编程规则如下：

（1）每个梯形图程序段都必须以输出线圈或指令框（Box）结束，比较指令框（相当于触点）、中线输出线圈和上升沿、下降沿线圈不能用于程序段结束。

（2）指令框的使能输出端"ENO"可以和右边的指令框的使能输入端"EN"连接，如图 7-1 所示。

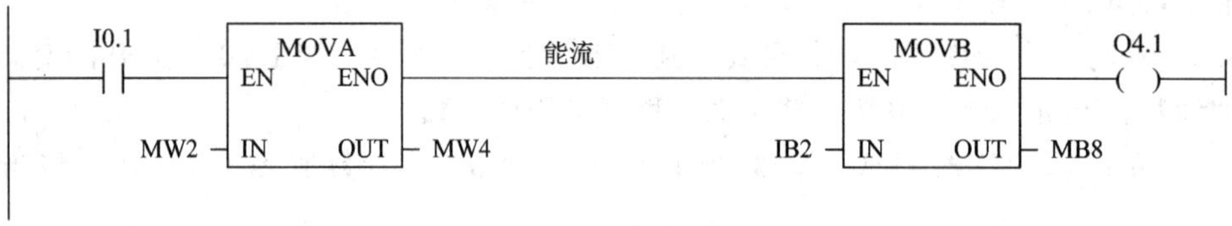

图 7-1　梯形图 1

（3）下列线圈要求布尔逻辑，即必须用触点电路控制它们，它们不能与左侧垂直"电源线"直接相连：输出线圈、置位（S）、复位（R）线圈；中线输出线圈和上升沿、下降沿线圈；计数器和定时器线圈；逻辑非跳转（JMPN）；主控继电器接通（MCR<）；将 RLO 存入 BR 存储器（SAVE）和返回线圈（RET）。

恒"0"与恒"1"信号的生成如图 7-2 所示梯形图。

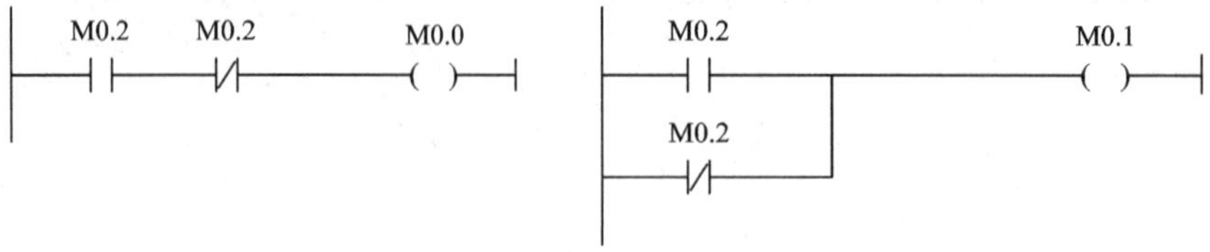

图 7-2　梯形图 2

下面的线圈不允许布尔逻辑，即这些线圈必须与左侧垂直"电源线"直接相连：主控继电器激活（MCRA）、控继电器关闭（MCRD）和打开数据块（OPN）。

其他线圈既可以用布尔逻辑操作也可以不用。

（4）下列线圈不能用于并联输出：逻辑非跳转（JMPN）、跳转（JMP）、调用（CALL）和返回（RET）。

（5）如果分支中只有一个元件，删除这个元件时，整个分支也同时被删掉。删除一个指令框时，该指令框除主分支外所有的布尔输入分支都将同时被删除。

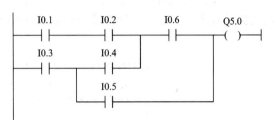

图 7-3　错误的电路

（6）能流只能从左到右流动，不允许生成使能流流向相反方向的分支。例如，图7-3中的 I0.3 的常开触点断开时，能流流过 I0.4 的方向是从右到左，这是不被允许的。从本质上来说，该电路不能用触点的串、并联指令来表示。

（7）不允许生成引起短路的分支。

（8）线圈重复输出（指同编号的输出线圈使用两次以上时），最后一个条件最为优先，举例如图 7-4 所示，结果见表 7-1。

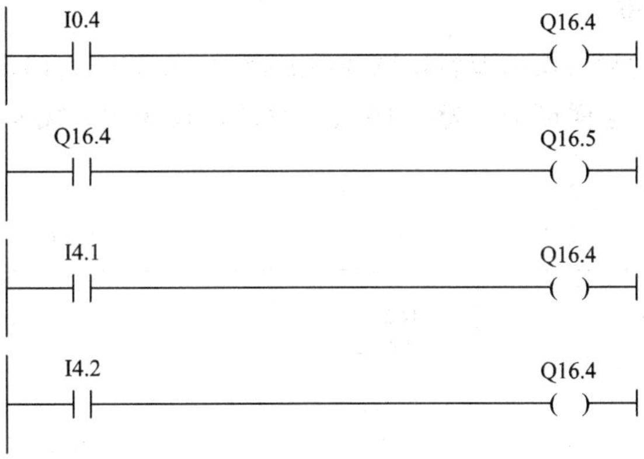

图 7-4　程序对比图

表 7-1　线圈输出结果

序号	I4.0	I4.1	I4.2	Q16.4	Q16.5
1	0	0	0	0	0
2	1	1	1	1	1
3	1	1	0	0	0
4	1	0	1	1	1
5	1	0	0	0	1
6	0	1	1	1	0
7	0	1	0	0	0
8	0	0	1	1	0

7.2 梯形图程序的优化

1. 并联支路的调整

并联支路的设计应考虑逻辑运算的一般规则,在若干支路并联时,应将具有串联触点的支路放在上面。这样可以省略程序执行时的堆栈操作,减少指令步数,如图7-5所示。

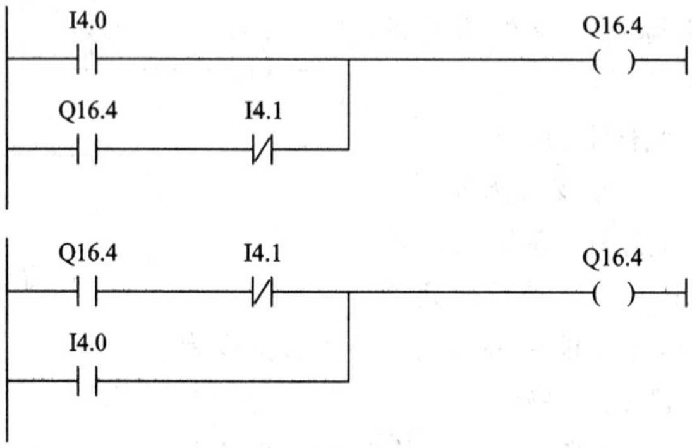

图7-5 并联支路的调整

2. 串联支路的调整

串联支路的设计同样应考虑逻辑运算的一般规则,在若干支路串联时,应将具有并联触点的支路放在前面。这样可以省略程序执行时的堆栈操作,减少指令步数,如图7-6所示。

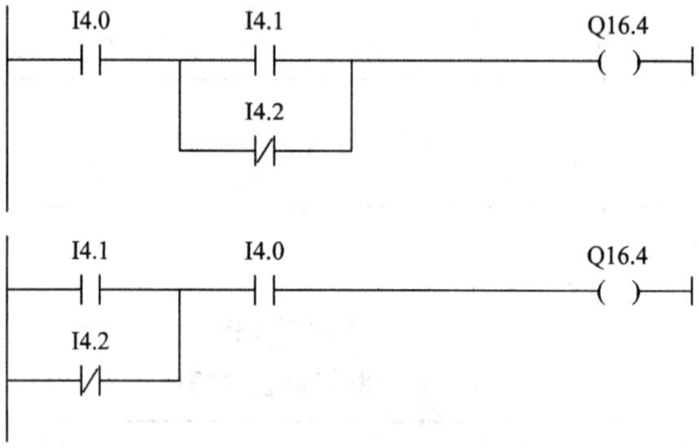

图7-6 串联支路的调整

3. 内部继电器的使用

为了简化程序,减少指令步数,在程序设计时对于需要多次使用的若干逻辑运算的组合,应尽量使用内部继电器。这样不仅可以简化程序,减少指令步数,更重要的是在逻辑运算条件需要修改时,只需要修改内部继电器的控制条件,而无需修改所有程序,为程序的修改与调整增加了便利,如图7-7所示。

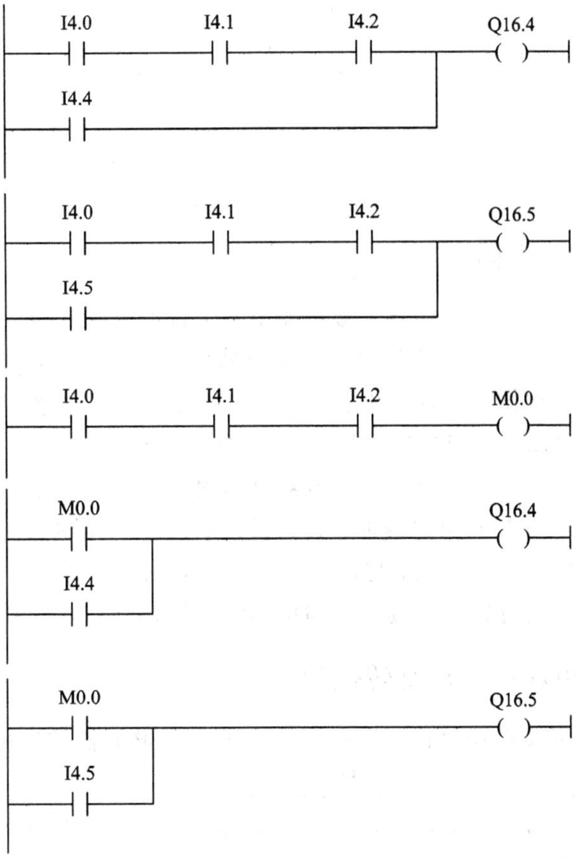

图 7-7 程序简化

7.3 梯形图的经验设计法

数字量控制系统又称为开关量控制系统,继电器控制系统就是典型的数字量控制系统。

7.3.1 启动、保持与停止电路

启动、保持与停止电路简称为启保停电路,在梯形图中得到了广泛的应用。图 7-8 中启动按钮和停止按钮提供的启动信号 I4.0 和停止信号 I4.1 为 1 状态的时间很短。只按启动按钮,I4.0 的常开触点和 I4.1 的常闭触点均接通,Q16.4 的线圈"通电",它的常开触点同时接通。放开启动按钮,I4.0 的常开触点断开,"能流"经 Q16.4 和 I4.0 的触点流过 Q16.4 的线圈,这就是所谓的"自锁"或"自保持"功能。只按停止按钮,I4.1 的常闭触点断开,使 Q16.4 的线圈"断电",其常开触点断开,以后即使放开停止按钮,I4.1 的常闭触点也恢复接通状态,Q16.4 的线圈仍然"断电"。这种功能可以用图 7-9 中的 S(置位)和 R(复位)指令来实现。

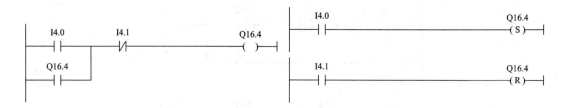

图 7-8　启保停电路　　　　　　　　　　图 7-9　置位复位电路

在实际电路中，启动信号和停止信号可能由多个触点组成的串、并联电路提供。

可以用设计继电器电路图的方法来设计比较简单的数字量控制系统的梯形图，即在一些典型电路的基础上，根据被控对象对控制系统的具体要求，不断地修改和完善梯形图。有时需要反复多次地调试和修改梯形图，增加一些中间编程元件和触点，最后才能得到一个较为满意的结果。电工手册中常用的继电器电路图可以作为设计梯形图的参考电路。

这种方法没有普遍的规律可以遵循，具有很大的试探性和随意性，最后的结果不是唯一的，设计所用的时间、设计的质量与设计者的经验有很大的关系，所以有人把这种设计方法叫做经验设计法，它可以用于较简单的梯形图（例如手动程序）的设计。

7.3.2　三相异步电动机的正反转控制

图 7-10 是三相异步电动机正反转控制的主电路和继电器控制电路图，KM_1 和 KM_2

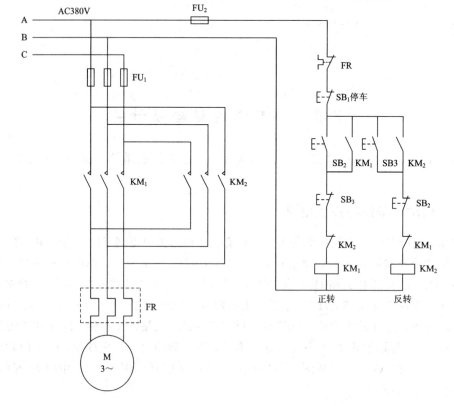

图 7-10　异步电动机正反转控制电路图

分别是控制正转运行和反转运行的交流接触器。用 KM₁ 和 KM₂ 的主触点改变进入电动机的三相电源的相序，即可以改变电动机的旋转方向。图中的 FR 是热继电器，在电动机过载时，它的常闭触点断开，使 KM₁ 或 KM₂ 的线圈断电，电动机停转。

图 7-10 中的控制电路由两个启停电路组成，为了节省触点，FR 和 SB₁ 的常闭触点供两个启保停电路公用。

按下正转启动按钮 SB₂，KM₁ 的线圈通电并自保持，电动机正转运行。按下反转启动按钮 SB₃，KM₂ 的线圈通电并自保持，电动机反转运行。按下停止按钮 SB₁，KM₁ 或 KM₂ 的线圈断电，电动机停止运行。

为了方便操作和保证 KM₁ 和 KM₂ 不会同时为 ON，设置了"按钮联锁"，即将正转启动按钮 SB₂ 的常闭触点与控制反转的 KM₂ 的线圈串联，将反转启动按钮 SB₃ 的常闭触点与控制正转的 KM₁ 的线圈串联。设 KM₁ 的线圈通电，电动机正转，这时如果想改为反转，可以不按停止按钮 SB₁，直接按反转启动按钮 SB₃，它的常闭触点断开，使 KM₁ 的线圈断电，同时 SB₃ 的常开触点接通，使 KM₂ 的线圈得电，电动机由正转变为反转。

由主回路可知，如果 KM₁ 和 KM₂ 的主触点同时闭合，将会造成三相电源相间短路的故障。在二次回路中，KM₁ 的线圈串联了 KM₂ 的辅助常闭触点，KM₂ 的线圈串联了 KM₁ 的辅助常闭触点，它们组成了硬件互锁电路。

假设 KM₁ 的线圈通电，其主触点闭合，电动机正转。因为 KM₁ 的辅助常闭触点与主触点是联动的，此时与 KM₂ 的线圈串联的 KM₁ 的常闭触点断开，因此按反转启动按钮 SB₃ 之后，要等到 KM₁ 的线圈断电，它的常闭触点闭合，KM₂ 的线圈才会通电，因此这种互锁电路可以有效地防止短路故障。

图 7-11 是实现上述功能的 PLC 的外部接线图和梯形图。在将继电器电路图转换为梯形图时，首先应确定 PLC 的输入信号和输出信号。三个按钮提供操作人员的指令信号，按钮信号必须输入到 PLC 中去，热继电器的常开触点提供了 PLC 的另一个输入信号。显然，两个交流接触器的线圈是 PLC 的输出负载。

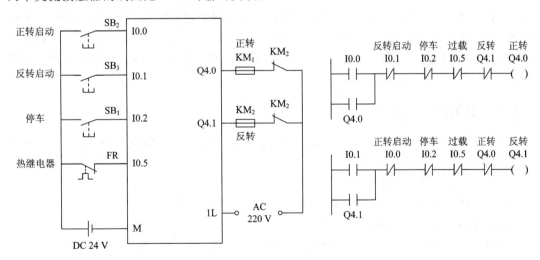

图 7-11 PLC 的外部接线图和梯形图

画出 PLC 的外部接线图后，同时也确定了外部输入/输出信号与 PLC 内的输入/输出过程映像位的地址之间的关系。可以将继电器电路图"翻译"为梯形图。各触点的常开、常闭的性质不变，根据 PLC 外部接线图中给出的关系，来确定梯形图中各触点的地址。

CPU 在处理图 7-12(a)中的梯形图时，实际上使用了局域数据位(例如 L20.0)来保存 A 点的运算结果，将它转换为语句表后，有 8 条语句。将图中的两个线圈的控制电路分离开后变为两个网络，一共只有 6 条指令。

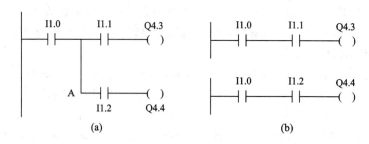

图 7-12　梯形图

如果将图 7-10 中的继电器电路图"原封不动"地转换为梯形图，也存在着同样的问题。图 7-11 中的梯形图将控制 Q4.0 和 Q4.1 的两个启保停电路分离开来，虽然多用了两个常闭触点，但是避免了使用与局域数据位有关的指令。此外，将各线圈的控制电路分离开后，电路的逻辑关系也比较清晰。

在图 7-11 中使用了 Q4.0 和 Q4.1 的常闭触点组成的软件互锁电路，它们只能保证输出模块中与 Q4.0 和 Q4.1 对应的硬件继电器的常开触点不会同时接通。如果从正转马上切换到反转，则由于切换过程中电感的延时作用，可能会出现原来接通的接触器的主触点还未断弧，另一个接触器的主触点已经合上的现象，从而造成交流电源瞬间短路的故障。

此外，如果因主电路电流过大或接触器质量不好，某一接触器的主触点被断电时产生的电弧熔焊而被粘结，其线圈断电后主触点仍然是接通的，这时如果另一个接触器的线圈通电，仍将造成三相电源短路事故。为了防止出现这种情况，应在 PLC 外部设置由 KM_1 和 KM_2 的辅助常闭触点组成的硬件互锁电路(见图 7-10)。假设 KM_1 的主触点被电弧熔焊，这时它的与 KM_2 线圈串联的辅助常闭触点处于断开状态，因此 KM_2 的线圈不可能得电。

7.3.3　小车控制程序的设计

图 7-13 中的小车开始时停在左边，左限位开关 SQ_1 的常开触点闭合。要求按下列顺序控制小车：

(1) 按下右行启动按钮 SB_2，小车右行。

(2) 走到右限位开关 SQ_2 处停止运动，延时 8 s 后开始左行。

(3) 回到左限位开关 SQ_1 处时停止运动。

在异步电动机正反转控制电路的基础上设计的满足上述要求的梯形图如图 7-14 所示。在控制右行的 Q4.0 的线圈回路中串联了 I0.4 的常闭触点，小车走到右限位开关 SQ_2 处时，I0.4 的常闭触点断开，使 Q4.0 的线圈断电，小车停止右行。同时 I0.4 的常开触点闭合，T0 的线圈通电，开始定时。8 s 后定时时间到，T0 的常开触点闭合，使 Q4.1 的线圈通电并自保持，小车开始左行。离开限位开关 SQ_2 后，I0.4 的常开触点断开，T0 的常开触点因为其线圈断电而断开。小车运行到左边的起始点时，左限位开关 SQ_1 的常开触点闭合，I0.3 的常闭触点断开。

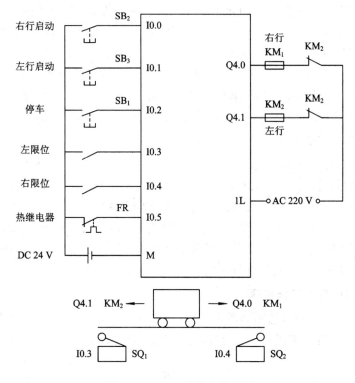

图 7-13 PLC 的外部接线图

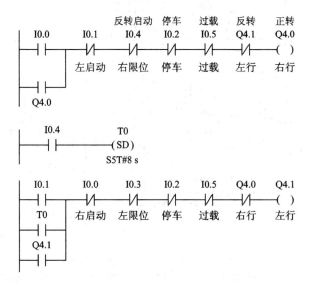

图 7-14 梯形图

在梯形图中，保留了左行启动按钮 I0.1 和停止按钮 I0.2 的触点，使系统有手动操作的功能。串联在启保停电路中的左限位开关 I0.3 和右限位开关 I0.4 的常闭触点在手动时可以防止小车的运动超限。

7.3.4　材料分拣控制系统实例

材料分拣装置是一个模拟自动化工业生产过程的微缩模型，它使用了 PLC、传感器、位置控制、电气传动和气动等技术，可以实现不同材料的自动分拣和归类功能，并可配置监控软件由上位计算机监控。该装置采用架式结构，配有控制器（PLC）、传感器（光电式、电感式、电容式、颜色、磁感应式）、电动机、输送带、气缸、电磁阀、直流电源、空气过滤减压器等，构成典型的机电一体化教学装置。材料分拣控制系统采用可编程控制器进行控制，能连续、大批量地分拣货物，分拣误差率低且劳动强度大大降低，可显著提高劳动率。

1. 材料分拣装置的组成

分拣装置为工业现场生产设备，采用台式结构，内置电源，有竖井式产品输料槽、滑板式产品输出料槽，转接板上还设计了可与 PLC 连接的转接口。同时，输送带作为传动机构，采用电机驱动。对不同材质敏感的三种传感器分别固定在传送带上方。整个控制系统由气动部件和电气部件两大部分组成。气动部分由减压阀、气压指示表、气缸等部件组成；电气部分由 PLC、电感传感器、电容传感器、颜色传感器、光电传感器、旋转编码器、单相交流电机、开关电源、电磁阀等部件组成。

2. 材料分拣装置的工作原理

材料分拣装置的结构示意图如图 7-15 所示。它采用台式结构，内置电源，有步进电机、气缸、电磁阀、旋转编码器、气动减压器、气压指示等部件，可与各类气源相连接。

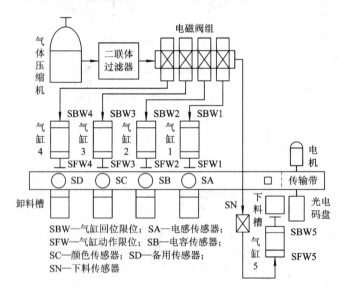

图 7-15　材料分拣装置的结构示意图

如选用颜色识别传感器及对不同材料敏感的电容式和电感式传感器，分别固定在传送带上方的架子上，材料分拣装置能实现如下三种基本功能：

（1）分拣出金属与非金属。

（2）分拣某一颜色块。

（3）分拣出金属中某一颜色块和非金属中某一颜色块。

系统利用各种传感器对待测材料进行检测并分类。当待测物体经下料装置送入传送带依次接受各种传感器检测时，如果被某种传感器测中，通过相应的气动装置将其推入料箱；否则，继续前行。其控制要求有如下 8 个方面（见图 7-16）：

（1）系统送电后，光电编码器便可发生所需的脉冲。

（2）电机运行，带动传输带传送物体向前运行。

（3）有物料时，仓储气缸动作，将物料送出。

（4）当电感传感器检测到铁物料时，分拣铁气缸动作将待测物料推入下料槽。

（5）当电容传感器检测到铝物料时，分拣铝气缸动作将待测物料推入下料槽。

（6）当颜色传感器检测到材料为黄颜色时，分拣黄色气缸动作将待测物料推入下料槽。

（7）其他物料及蓝色物料被送到末位气缸位置时，末位气缸将蓝色物料推入下料槽。

（8）下料槽内无下料时，延时后自动停机。

材料分拣装置的流程图如图 7-17 所示。

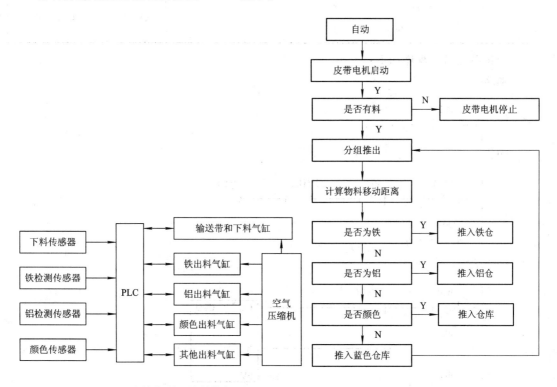

图 7-16　分拣控制系统结构框图　　　　图 7-17　材料分拣装置的流程图

3. 控制程序分析

1）简易调试程序分析

简易调试程序针对的是传送带上只有一个物料块，即传送带上的物料被处理后出料仓才动作的情况，显而易见，此时的效率非常低，尤其传送带的长度越长，效率越低。分拣系统的 I/O 地址分配如表 7-2 所示。

表 7 - 2 PLC 输入、输出分配表

输入	对应输入	输入	对应输入	输出	对应输出
I0.0	编码器输入	I0.6	铁质物料 分拣气缸外定位	Q0.0	出料口动作
I0.1	仓储传感器	I0.7	铝质物料 分拣气缸外定位	Q0.1	分拣铁动作
I0.2	铁传感器	I1.0	黄颜色物料 分拣气缸外定位	Q0.2	分拣铝动作
I0.3	铝传感器	I1.1	其他物料 气缸外定位	Q0.3	分拣黄动作
I0.4	颜色传感器	I1.2	自动/手动切换开关	Q0.4	分拣蓝动作
I0.5	出料气缸 外定位			Q0.5	控制电机

分拣系统简易程序如下：

网络 1

网络 2

网络 3

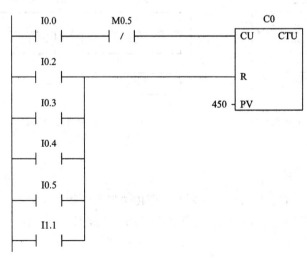

网络 4

```
|    C0        I1.2       Q0.4
|----| |------| |--------(   )
```

网络 5

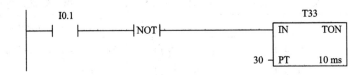

```
|   I0.2      I0.1      I1.2                    Q0.0                    Q0.0
|---| |---+--| |------| |---------------|S    OUT|------------------(   )
|   I0.3  |                             |   RS   |
|---| |---+                            
|   I0.4  |
|---| |---+
|   I1.1  |
|---| |---+
|   I0.5
|---| |-----------------------------------|R1      |
```

网络 6

```
|    I0.2       I1.2       Q0.1
|----| |-------| |--------| |----(   )
```

网络 7

```
|    I0.3       I1.2       Q0.2
|----| |-------| |--------| |----(   )
```

网络 8

```
|    I0.4       I1.2       Q0.3
|----| |-------| |--------| |----(   )
```

网络 9

```
|    I0.1                              T33
|----| |---------|NOT|----------|IN    TON|
|                                         |
|                            30 -|PT  10 ms|
```

网络 10

```
|    T33                      I1.2       Q0.5
|---| >=I|-------|NOT|--------| |-------(   )
|    3000
```

网络 11

```
|    T33          I1.2          M0.5
|---| >=I|-------| |-----------(   )
|    3200
```

请试分析简易程序，思考两个问题：一是简易程序是否还能简化，如能请试着编制简易程序；二是程序中是否存在问题，如有请运用所学知识找出来并修改（提示：双线圈问题）。

2）完整程序分析

分拣系统完整程序的I/O地址分配如表7-3所示。

表7-3　分拣系统完整程序的I/O地址分配

序号	符号	地址	解释	序号	符号	地址	解释
1	AM	I1.2	自动/手动切换开关	43	OPN31	M7.1	第3组1门开
2	AST	M0.0	自动运行	44	OPN32	M7.4	第3组2门开
3	ASP	M0.1	自动停止	45	OPN33	M8.0	第3组3门开
4	CY	M1.0	料仓有料	46	OPN41	M9.1	第4组1门开
5	CL11	M3.2	第1组1门关	47	OPN42	M9.4	第4组2门开
6	CL12	M3.5	第1组2门关	48	OPN43	M10.0	第4组3门开
7	CL13	M4.1	第1组3门关	49	OPN51	M11.1	第5组1门开
8	CL21	M5.2	第2组1门关	50	OPN52	M11.4	第5组2门开
9	CL22	M5.5	第2组2门关	51	OPN53	M12.0	第4组3门开
10	CL23	M6.1	第2组3门关	52	STEP	I0.0	步进脉冲
11	CL31	M7.2	第3组1门关	53	S01	I0.1	料仓传感器
12	CL32	M7.5	第3组2门关	54	S02	I0.2	电感传感器
13	CL33	M8.1	第3组3门关	55	S03	I0.3	电容传感器
14	CL41	M9.2	第4组1门关	56	S04	I0.4	色标传感器
15	CL42	M9.5	第4组2门关	57	TLS1	M4.3	第1组推蓝色物料
16	CL43	M10.1	第4组3门关	58	TLS2	M6.3	第2组推蓝色物料
17	CL51	M11.2	第5组1门关	59	TLS3	M8.3	第3组推蓝色物料
18	CL52	M11.5	第5组2门关	60	TLS4	M10.3	第4组推蓝色物料
19	CL53	M12.1	第5组3门关	61	TLS5	M12.3	第5组推蓝色物料
20	GP1	M3.0	第1组	62	TLU1	M3.6	第1组推铝物料
21	GP2	M5.0	第2组	63	TLU2	M5.6	第2组推铝物料
22	GP3	M7.0	第3组	64	TLU3	M7.6	第3组推铝物料
23	GP4	M9.0	第4组	65	TLU4	M9.6	第4组推铝物料
24	GP5	M11.0	第5组	66	TLU5	M11.6	第5组推铝物料
25	GP10V ER	M4.7	第1组结束	67	TS1	M4.2	第1组推颜色
26	GP20V	M6.7	第2组结束	68	TS2	M6.2	第2组推颜色
27	GP30V	M8.7	第3组结束	69	TS3	M8.2	第3组推颜色
28	GP40V	M10.7	第4组结束	70	TS4	M10.2	第4组推颜色
29	GP50V	M12.7	第5组结束	71	TS5	M12.2	第5组推颜色
30	J1	Q0.5	皮带电机	72	TT1	M3.3	第1组推铁

序号	符号	地址	解释	序号	符号	地址	解释
31	K01	I0.5	出料气缸外定位	73	TT2	M5.3	第2组推铁
32	K02	I0.6	铁质物料分拣气缸外定位	74	TT3	M7.3	第3组推铁
33	K03	I0.7	铝质物料分拣气缸外定位	75	TT4	M9.3	第4组推铁
34	K04	I1.0	颜色物料分拣气缸外定位	76	TT5	M11.3	第5组推铁
35	K05	I1.1	其他物料气缸外定位	77	WL	M1.2	无料
36	KYL	M1.5	可能有料	78	WLJ	M1.3	无料计数
37	OPN11	M3.1	第1组1门开	79	WLT	M1.4	无料停止
38	OPN12	M3.4	第1组开2门	80	V1	Q0.0	气缸1动作
39	OPEN13	M4.0	第1组开3门	81	V2	Q0.1	气缸2动作
40	OPN21	M5.1	第2组1门开	82	V3	Q0.2	气缸3动作
41	OPN22	M5.4	第2组2门开	83	V4	Q0.3	气缸4动作
42	OPN23	M6.0	第2组3门开	84	V5	Q0.4	气缸5动作

分拣系统完整程序如下：

网络1 当自动运行按钮被按下、料仓有物料时，材料分拣系统开始工作。

网络2 自动运行按钮无效时，分拣系统停止运行。

网络3 分拣系统开始工作，启动皮带电机。

网络4 利用料仓传感器判断料仓中是否有物料。

网络5 要求料仓传感器的状态保持一定时间，避免料仓传感器的误判。电机运转（Q0.5）使旋转编码器产生脉冲输出I0.0，获得脉冲计数。当料仓中没有物料或者系统重新启动时，对传感器的判断时间置零，避免影响下次料仓中物料的判断。

```
    KYL        J1        STEP           C1
  ──┤├──────┤├────────┤├──────┬───┌─────────┐
                                   │CU    CTU│
    KYL                          │ │         │
  ──┤/├───┬──┤P├─┐                │ │         │
                 │                └─┤R        │
    AM         │                    │         │
  ──┤├────────┤P├─┘          30 ──┤PV        │
                                   └─────────┘
```

网络 6 料仓传感器的状态持续有效，判断料仓中有物料。

```
    S01       C1        WL        AM        CY
  ──┤├──┬──┤├──────┤├──┬──┤/├──────┤├──────( )
        │             │
    CY  │             │
  ──┤├──┘             │
```

网络 7 否则无物料。

```
    S01       C1                  WL
  ──┤/├──────┤├─────────────────( )
```

网络 8 系统自动运行下，无物料时，考虑皮带运行一定时间后，系统自动停止。

```
    WL                      AM      WLT     S01      WLJ
  ──┤├───┬──┤P├─────────────┤├──┤/├──┤/├────( )

    AM          S01
  ──┤├───┬──┤P├─┤/├──┘

    WLJ  │
  ──┤├───┘
```

网络 9　无料块时，系统等待一个分拣循环周期后自动停机，若在此过程中出现系统开、关机(皮带停止)或料仓传感器的状态变为 1 的情况，则清除无料计数，使下次无料计时从零开始。

```
    WL       STEP              C2
  ──┤├─────┤├──────────┬───┌─────────┐
                            │CU    CTU│
    AM                    │ │         │
  ──┤├───┬──┤P├─┐          │ │         │
               │         └─┤R        │
    AM         │            │         │
  ──┤/├──┬──┤P├─┤    800 ──┤PV        │
               │            └─────────┘
    WLT        │
  ──┤├───┬──┤P├─┤
               │
    S01        │
  ──┤├───┬──┤P├─┘
```

网络 10 一个分拣过程时间内料仓中都没有物料，停止皮带运行。

```
    C2                  WLT
  ──┤├──────┤P├───────( )
```

网络 11　当料仓中有物料时，每隔一定时间从仓中推出一个物料。出料间隔由 C0 给出，推出后，使出料计数器复位。

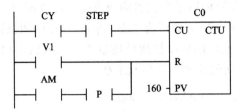

网络 12　达到设定的出料计数值时，气缸 1 把物料从料仓推到皮带上。

```
     C0          P        K01    V1
 ┤ ├──────┤↑├──────┤／├───（  ）
     V1
 ┤ ├
```

网络 13　皮带上的物料通过检测传感器的变化和皮带运行时间计数的方式被推出。皮带上同时存在多个物料，若皮带上同时有多个蓝色物料，则各个蓝色物料必须建立各自的皮带运行时间计数器才能保证最后被准确推出。为使各个物料的分拣过程互不干扰，对每一个物料的分拣利用一个组程序模块来处理，考虑到皮带上存在的物料个数，建立五个组来循环处理物料。

```
     V1                          C0
 ┤ ├──────┤↑├─P─┐      ┌CU   CTU┐
     AM              │      │         │
 ┤ ├──────┤↑├─P─┤      │   R     │
     GP5              │      │         │
 ┤ ├──────┤↑├─P─┘    6─┤PV       │
                         └─────────┘
```

网络 14　皮带上出现第 1、6、11 等物料时由第一组程序模块负责分拣处理。当第一组的物料完成铁、铝、颜色、蓝色的分拣时，第一组处理结束。

```
    C4                   AM    TT1   TLU1   TS1   TLS1   GP1
 ┤==I├──┤↑├─P─┐  ┤ ├─┤／├─┤／├─┤ ├─┤／├──（  ）
    1              │
   GP1             │
 ┤ ├───────┘
```

网络 15　分拣系统只设有电感、电容、色标传感器，蓝色物料不能通过传感器的检测实现分类，因此考虑料仓到蓝色料仓之间的距离利用计数器来实现。当该组发生推铁、铝、颜色时，说明不是蓝色物料，不用继续考虑是否是蓝色块，计数器复位，否则该物料是蓝色物料，通过计数器触发气缸，把它推出皮带。

```
    GP1      STEP            C5
 ┤ ├────────┤ ├──────┌CU   CTU┐
    AM                    │         │
 ┤ ├──────┤↑├─P─┐      │   R     │
    TT1              │      │         │
 ┤／├─────┤↑├─P─┤  450─┤PV       │
    TLU1             │      └─────────┘
 ┤／├─────┤↑├─P─┤
    TS1              │
 ┤／├─────┤↑├─P─┤
    TLS1             │
 ┤／├─────┤↑├─P─┤
    WLT              │
 ┤ ├──────┤↑├─P─┘
```

网络 16　为避免由其他组处理物料引发的传感器变化影响到当前组处理模块，在各个组内分别对传感器的有效时间进行限定。计数器 C5 的值为 70～120，第一组对电感传感器的变化作出反应，分拣铁。这种设定使得其他组的程序模块即使也检测到电感传感器的变化，但由于各个组的计数器的限定，各组之间的处理不会相互干扰。

```
        C5              CL11      AM     GP10VER    OPN11
      | ==I |—| P |——|——| / |——| |——| / |——( )
        70          |
       OPN11        |
      |———————|—————
```

网络 17　有效时间要根据物料仓与铁仓之间的距离设定。

```
        C5                       CL11
      |—| ==I |————————| P |——( )
        120
```

网络 18　在这段时间内，若检测到电感传感器有效，判断物料为铁，把铁块推出皮带使其进入铁仓库。气缸推铁的动作引发第一组处理程序的结束，第一组判断物料是否为铝、颜色、蓝色的程序不再执行。

```
       OPN11    S02            K02     AM     TT1
      | |——| |——————| P |——|——| / |——| |——( )
                         |
       TT1               |
      |—————|————————————
```

网络 19　若物料不是铁块，则通过电容传感器检测物料是否为铝块。

```
        C5              CL12      AN     GP10VER    OPN12
      | ==I |—| P |——|——| / |——| |——| / |——( )
        190         |
       OPN12        |
      |———————|—————
```

网络 20

```
        C5                       CL12
      |—| ==I |————————| P |——( )
        240
```

网络 21　若电容传感器的电平有效，判断物料是铝块，物料被推出皮带使其进入铝仓库。气缸推铝的动作引发第一组处理程序的结束，第一组判断物料是否为颜色、蓝色的程序不再执行。

```
       OPN12    S03            K03     AM     TLU1
      | |——| |——————| P |——|——| / |——| |——( )
                         |
       TLU1              |
      |—————|————————————
```

网络 22　若物料不是铁块和铝块，继续检测物料是否是颜色块。

```
      C5                    CL13      AM      GP10VER    OPEN13
   ┤ ==I ├──┤P├──┬──┤ / ├────────┤ / ├────────(    )
      300        │
     OPEN13      │
   ┤     ├───────┘
```

网络 23

```
      C5                              CL13
   ┤ ==I ├──────────┤P├────────────(    )
      360
```

网络 24　物料是颜色块，物料被推出皮带。气缸推颜色的动作引发第一组处理程序的结束，第一组判断物料是否为蓝色的程序不再执行。

```
    OPEN13    S04                K04     AM     TS1
   ┤    ├──┤  ├──┬──┤P├──┤ / ├────────(    )
     TS1        │
   ┤   ├────────┘
```

网络 25　若物料不是铁、铝和颜色块，则把它归为蓝色块，由最后的气缸把它推出皮带进入仓库。气缸的动作由计数器输出有效引发，因此设计的时候要考虑物料仓与蓝色料仓之间的距离和皮带运行的速度。

```
     C5                  K05     AM     TLS1
   ┤  ├──┤P├──┬──┤ / ├────────(    )
    TLS1      │
   ┤   ├──────┘
```

网络 26　第一组模块的执行过程中，一旦完成铁、铝、颜色、蓝色的分拣，第一组处理程序结束。

```
     TT1               GP10VER
   ┤ / ├──┤P├────────(    )
    TLU1
   ┤   ├──┤P├
     TS1
   ┤   ├──┤P├
    TLS1
   ┤ / ├──┤P├
```

网络 27　皮带上出现第 2、7、12 等物料块时由第二组程序模块负责分拣处理。当第二组的物料完成铁、铝、颜色、蓝色的分拣时，第二组处理程序结束。

```
      C4                 AM     TT2    TLU2    TS2    TLS2    GP2
   ┤ ==I ├──┤P├──┬──────────┤ / ├──┤ / ├──┤ / ├──┤ / ├──(    )
       2         │
      GP2        │
   ┤    ├────────┘
```

网络 28　PV 值的设定考虑物料仓与蓝色仓之间的距离和皮带的运行速度，使得计数器输出有效时皮带上的蓝色物料正好在蓝色仓的入口。一旦第二组完成了分拣，将计数器复位，使得下一个循环重新开始。

```
        GP2        STEP                C6
       ─┤ ├──────┤ ├────┤ ├────┌──────────────┐
                              │ CU        CTU │
        AM                    │               │
       ─┤ ├──────┤ P ├───────│ R             │
        WLT                   │               │
       ─┤ ├──────┤ P ├───┤ 450─ PV           │
        TT2                   └──────────────┘
       ─┤ / ├────┤ P ├──
        TLU2
       ─┤ / ├────┤ P ├──
        TS2
       ─┤ / ├────┤ P ├──
        TLS2
       ─┤ / ├────┤ P ├──
```

网络 29

```
        C6
       ─┤ ==I ├──┤ P ├──┬──┤ / ├────┤ / ├────(   )
         70            │   CL21   AM   GP20V  OPN21
        OPN21          │
       ─┤ ├────────────┘
```

网络 30

```
        C6                        CL21
       ─┤ ==I ├────────┤ P ├──────(   )
         120
```

网络 31 根据电感传感器的信号判断物料是否为铁块。

```
        OPN21   S02              K02    AM    TT2
       ─┤ ├────┤ ├────┤ ├──┤ P ├─┬─┤ / ├──┤ ├──(   )
        TT2                     │
       ─┤ ├─────────────────────┘
```

网络 32

```
        C6                CL22   AM    GP20V  OPN22
       ─┤ ==I ├──┤ P ├──┬──┤ / ├──┤ ├──┤ / ├──(   )
         190            │
        OPN22           │
       ─┤ ├────────────┘
```

网络 33

```
        C6                        CL22
       ─┤ ==I ├────────┤ P ├──────(   )
         240
```

网络 34 根据电感传感器的信号判断物料是否为铝块。

```
        OPN22   S03              K03    AM    TLU2
       ─┤ ├────┤ ├────┤ ├──┤ P ├─┬─┤ / ├──┤ ├──(   )
        TLU2                    │
       ─┤ ├─────────────────────┘
```

网络 35

```
       C6          CL23   AM    GP20V   OPN23
    |--==I--|  |P|-+--| / |--| |--| / |----( )
      300          |
      OPN23        |
    |--| |---------+
```

网络 36

```
       C6                      CL23
    |--==I--|  |-------|P|-----( )
      360
```

网络 37　根据色标传感器的信号，判断物料是否为颜色。

```
     OPN23    S04              K04   AM    TS2
    |--| |---| |---|P|-+--| / |--| |---( )
     TS2              |
    |--| |------------+
```

网络 38　根据计数器的输出信号，判断物料是否为蓝色。

```
      C6                K05   AM   TLS2
    |--| |--|P|-+--| / |--| |---( )
     TLS2       |
    |--| |------+
```

网络 39　第二组分拣程序模块结束。

```
     TT2               GP20V
    |--| / |--|P|-+----( )
     TLU2         |
    |--| / |--|P|-+
     TS2          |
    |--| / |--|P|-+
     TLS2         |
    |--| / |--|P|-+
```

网络 40　皮带上出现第 3、8、13 等物料时由第三组程序模块负责分拣处理。当第三组的物料完成铁、铝、颜色、蓝色的分拣时，第三组处理程序结束。

```
      C4         AM   TT3  TLU3   TS3   TLS3  GP3
    |--==I--|  |-+--| |--| / |--| / |--| / |--( )
      3          |
      GP3        |
    |--| |-------+
```

网络 41

```
        GP3      STEP                        C7
       ┤├──────┤├────────┤├──────────────CU    CTU
        AM                                
       ┤├──────┤├─ P ──┐                  R
        AM                                
       ┤├──────┤├─ P ──┤            450 ─ PV
        TT3                               
       ┤/├─────┤├─ P ──┤
        TLU3
       ┤/├─────┤├─ P ──┤
        TS3
       ┤/├─────┤├─ P ──┤
        TLS3
       ┤/├─────┤├─ P ──┤
        WLT
       ┤├──────┤├─ P ──┘
```

网络 42

```
        C7                      CL31    GP30V    AM     OPN31
      ┤==I├──┤├─ P ──┐         ┤/├─────┤/├─────┤├──────(   )
        70              │
       OPN31            │
      ┤├──────┤├────────┘
```

网络 43

```
        C7                              CL31
      ┤==I├──┤├──────────┤├─ P ──────(   )
        120
```

网络 44

```
       OPN31    S02                  K02      T3
      ┤├──────┤├──────┤├─ P ──┐     ┤/├─────(   )
        TT3                      │
      ┤├──────────────┤├────────┘
```

网络 45

```
        C7                      CL32    AM     GP30V    OPN32
      ┤==I├──┤├─ P ──┐         ┤/├─────┤├──────┤/├──────(   )
        190             │
       OPN32            │
      ┤├──────┤├────────┘
```

网络 46

```
       C7                        CL32
├──────┤==I├──────────┤ P ├──────( )
       240
```

网络 47

```
     OPN32    S03              K03    TLU3
├────┤├──────┤├──┤ P ├──────┤/├──────( )
     TLU3      │              │
├────┤├────────┘              │
```

网络 48

```
      C7               CL33    AM    GP30V   OPN33
├────┤==I├──┤ P ├──────┤/├──┤├──────┤/├──────( )
      300    │
     OPN33   │
├────┤├──────┘
```

网络 49

```
       C7                        CL33
├──────┤==I├──────────┤ P ├──────( )
       360
```

网络 50

```
     OPN33    S04              K04    TS3
├────┤├──────┤├──┤ P ├──────┤/├──────( )
      TS3     │
├────┤├───────┘
```

网络 51

```
      C7                 K05    TLS3
├────┤├──────┤ P ├──────┤/├──────( )
     TLS3     │
├────┤├───────┘
```

网络 52 第三组处理程序结束。

```
     TT3              GP30V
├───┤/├──┤ P ├──────( )
    TLU3          │
├───┤/├──┤ P ├────┤
     TS3          │
├───┤/├──┤ P ├────┤
    TLS3          │
├───┤/├──┤ P ├────┘
```

网络 53 皮带上出现第 4、9、14 等物料时由第四组程序模块负责分拣处理。当第四组的物料完成铁、铝、颜色、蓝色的分拣时，第四组处理程序结束。

```
      C4                    AM    TT4   TLU4   TS4   TLS4   GP4
    ==I    P            ┤├    ┤/├   ┤├   ┤/├   ┤├    ┤/├   ( )
      4
     GP4
    ┤├
```

网络 54

```
      GP4    STEP               C8
    ┤├    ┤├      ┤├       CU    CTU
      AM
    ┤├    ┤├  P
     TT4                        R
    ┤/├   ┤├  P
    TLU4                 450 ─ PV
    ┤/├   ┤├  P
     TS4
    ┤/├   ┤├  P
    TLS4
    ┤/├   ┤├  P
     WLT
    ┤├    ┤├  P
```

网络 55

```
      C8                  CL41   GP40V   AM    OPN41
    ==I    P            ┤/├    ┤/├    ┤├   ( )
      70
    OPN41
    ┤├
```

网络 56

```
      C8                              CL41
    ==I              P  ┤├          ( )
     120
```

网络 57

```
    OPN41    S02              K02    TT4
    ┤├    ┤├        P  ┤├  ┤/├    ( )
     TT4
    ┤├
```

网络 58

```
         C8                    CL42    AM    GP40V   OPN42
        ┤==I├──────┤P├───┬──────┤/├──┤├───────┤├──┤/├────( )
         190              │
        OPN42             │
        ┤├────────────────┘
```

网络 59

```
         C8                            CL42
        ┤==I├──────────────┤P├────────( )
         240
```

网络 60

```
        OPN42    S03                    K03    TLU4
        ┤├──────┤├──────┤├───┤P├───┬───┤/├────( )
        TLU4                        │
        ┤├──────────────────────────┘
```

网络 61

```
         C8                    CL43    AM    GP40V   OPN43
        ┤==I├──────┤P├───┬──────┤/├──┤├───────┤├──┤/├────( )
         300              │
        OPN43             │
        ┤├────────────────┘
```

网络 62

```
         C8                            CL43
        ┤==I├──────────────┤P├────────( )
         360
```

网络 63

```
        OPN43    S04                    K04    TS4
        ┤├──────┤├──────┤├───┤P├───┬───┤/├────( )
        TS4                         │
        ┤├──────────────────────────┘
```

网络 64

```
         C8                      K05    TLS4
        ┤├─────────┤P├───┬──────┤/├────( )
        TLS4             │
        ┤├───────────────┘
```

网络 65　第四组处理程序结束。

```
     TT4                    GP40V
 ├──┤/├──┤P├──┐         ──( )
     TLU4     │
 ├──┤/├──┤P├──┤
     TS4      │
 ├──┤/├──┤P├──┤
     TLS4     │
 ├──┤/├──┤P├──┘
```

网络 66　皮带上出现第 5、10、15 等物料时由第五组程序模块负责分拣处理。当第五组的物料完成铁、铝、颜色、蓝色的分拣时，第五组处理程序结束。

```
     C4                 AM      TT5     TLU5     TS5     TLS5    GP5
 ├──┤==I├──┤P├──┐   ──┤├──┤/├──┤├──┤/├──┤├──┤/├──┤├──┤/├──( )
     5           │
     GP5         │
 ├──┤├──────────┘
```

网络 67

```
     GP5    STEP              C9
 ├──┤├──┤├──┐            ┌──CU    CTU──┐
     AM     │            │             │
 ├──┤├──┤P├─┤            ┤R            │
     TT5    │            │             │
 ├──┤/├──┤P├┤        450─┤PV           │
     TLU5   │            └─────────────┘
 ├──┤/├──┤P├┤
     TS5    │
 ├──┤/├──┤P├┤
     TLS5   │
 ├──┤/├──┤P├┤
     WLT    │
 ├──┤├──┤P├─┘
```

网络 68

```
     C9               CL51    AM     GP50V   OPN51
 ├──┤==I├──┤P├──┐   ──┤/├──┤├──┤/├──( )
     70           │
     OPN51        │
 ├──┤├───────────┘
```

网络 69

```
       C9                         CL51
 ├───┤==I├──────────┤P├──────────( )
      120
```

网络 70

```
   OPN51      S02                    K02    TT5
├──┤ ├──────┤ ├──────┤ P ┤──────┤ / ├────(   )
   TT5                         │
├──┤ ├───────────────────────┘
```

网络 71

```
    C9                  CL52    AM    GP50V   OPN52
├──┤ ==I ├──┤ P ┤─────┤ / ├──┤ ├──┤ / ├────(   )
   190                  │
   OPN52                │
├──┤ ├─────────────────┘
```

网络 72

```
    C9                            CL52
├──┤ ==I ├────────────┤ P ┤─────(   )
   240
```

网络 73

```
   OPN52     S03                   K03    TLU5
├──┤ ├──────┤ ├──────┤ P ┤──────┤ / ├────(   )
   TLU5                        │
├──┤ ├────────────────────────┘
```

网络 74

```
    C9                  CL53    AM    GP50V   OPN53
├──┤ ==I ├──┤ P ┤─────┤ / ├──┤ ├──┤ / ├────(   )
   300                  │
   OPN53                │
├──┤ ├─────────────────┘
```

网络 75

```
    C9                            CL53
├──┤ ==I ├────────────┤ P ┤─────(   )
   360
```

网络 76

```
   OPN53     S04                   K04    TS5
├──┤ ├──────┤ ├──────┤ P ┤──────┤ / ├────(   )
   TS5                         │
├──┤ ├────────────────────────┘
```

网络 77

```
    C9                       K05    TLS5
├──┤ ├──────┤ P ┤──────┤ / ├────(   )
   TLS5              │
├──┤ ├──────────────┘
```

网络 78 第五组处理程序结束。

```
     TT5                 GP50V
├───┤ / ├───┤ P ├───┐    ( )
     TLU5              │
├───┤ / ├───┤ P ├─────┤
     TS5               │
├───┤ / ├───┤ P ├─────┤
     TLS5              │
├───┤ / ├───┤ P ├─────┘
```

网络 79 各个组处理程序的推铁动作由相同的气缸完成。

```
     TT1        V2
├───┤ ├───┐    ( )
     TT2   │
├───┤ ├────┤
     TT3   │
├───┤ ├────┤
     TT4   │
├───┤ ├────┤
     TT5   │
├───┤ ├────┘
```

网络 80 各个组处理程序的推铝动作由相同的气缸完成。

```
     TLU1       V3
├───┤ ├───┐    ( )
     TLU2  │
├───┤ ├────┤
     TLU3  │
├───┤ ├────┤
     TLU4  │
├───┤ ├────┤
     TLU5  │
├───┤ ├────┘
```

网络 81 各个组处理程序的推颜色动作由相同的气缸完成。

```
     TS1         V4
├───┤ / ├───┐   ( )
     TS2     │
├───┤ / ├────┤
     TS3     │
├───┤ / ├────┤
     TS4     │
├───┤ / ├────┤
     TS5     │
├───┤ / ├────┘
```

网络 82　各个组处理程序的推蓝色动作由相同的气缸完成。

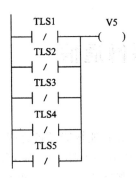

小　　结

　　本章介绍了梯形图编程规则及经验设计法实例的应用。工程中我们可根据具体的要求选择不同的启保停电路完成控制功能。在实际电路中，启动信号和停止信号可能由多个触点组成的串、并联电路提供。经验设计法没有普遍的规律可以遵循，具有很大的试探性和随意性，最后的结果不是唯一的，设计所用的时间、设计的质量与设计者的经验有很大的关系，同时需要注意避免出现一些问题。经验设计法可以用于较简单的梯形图(例如手动程序)的设计。

习　　题

　　7.1　试独立设计材料分拣程序梯形图。

　　7.2　试独立设计立体仓储控制系统梯形图。

　　7.3　试用一个定时器和多个计数器连接，形成长定时器电路(如 1 h 计时器)。

　　7.4　小车开始停在左边，限位开关 I0.0 为 1 状态。按下启动按钮后，小车开始右行，以后按图 7-18 所示顺序运行，最后返回并停在限位开关 I0.0 处。画出顺序功能图，并用通用逻辑指令、置位指令和复位指令和顺序控制指令设计梯形图。

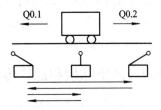

图 7-18　习题 7.4 图

　　7.5　设计 PLC 控制汽车拐弯灯的梯形图。具体要求是：汽车驾驶台上有三个开关，有三个位置分别控制左闪灯亮、右闪灯亮和关灯。当开关扳到 S_1 位置时，左闪灯亮(要求亮、灭时间各为 1 s)；当开关扳到 S_2 位置时，右闪灯亮(要求亮、灭时间各为 1 s)；当开关扳到 S_0 位置时，关闭左、右闪灯；如果司机开灯后忘了关灯，则过 1.5 min 后自动停止闪灯。

第8章 可编程控制器联网通信

PLC 通信包括 PLC 之间、PLC 与上位计算机之间、PLC 和其他智能设备之间的通信。可编程控制器相互之间的连接，使众多相对独立的控制任务构成一个控制工程整体，形成模块控制体系；可编程控制器与计算机的链接，将可编程控制器应用于现场设备直接控制，计算机用于编程、显示、打印和系统管理，构成"集中管理，分散控制"的分布式控制系统(DCS)，满足工厂自动化(FA)系统发展的需要。

8.1 概 述

8.1.1 联网目的

PLC 的联网就是为了提高系统的控制功能和范围，将分布在不同位置的 PLC 之间、PLC 与计算机、PLC 与智能设备通过传送介质连接起来，实现通信，以构成功能更强的控制系统。

两个 PLC 之间或一个 PLC 和一台计算机建立连接，一般叫做链接(Link)，而不称为联网。

现场控制的 PLC 网络系统，极大地提高了 PLC 的控制范围和规模，实现了多个设备之间的数据共享和协调控制，提高了控制系统的可靠性和灵活性，增加了系统监控和科学管理水平，便于用户程序的开发和应用。

21 世纪的今天，信息网络已成为人类社会步入知识经济时代的标志。而可编程控制器之间及其与计算机之间的通信网络已成为全集成自动化系统(TIA Totally Integrated Automation)的特征。

8.1.2 网络结构和通信协议

网络结构又称为网络的拓扑结构，它主要指如何从物理上把各个节点连接起来形成网络。常用的网络结构有链接结构、联网结构。

1. 链接结构

链接结构较简单，它主要指通过通信接口和通信介质(如电缆线等)把两个节点连接起来。链接结构按信息在设备间的传送方向可分为单工通信、半双工通信、全双工通信。

假设有两个节点 A 和 B。单工通信是指数据传送只能由 A 流向 B，或只能由 B 流向 A。半双工通信是指在两个方向上都能传送数据，即对某节点 A 或 B，它既能接收数据，也能发送数据，但在同一时刻只能朝一个方向进行传送。全双工通信是指同时在两个方向上都能传送数据的通信方式。

由于半双工和全双工通信可实现双向数据传输，故在 PLC 连接及联网中较为常用。

2. 联网结构

联网结构指多个节点的连接形式，常用连接形式有 3 种，如图 8-1 所示。

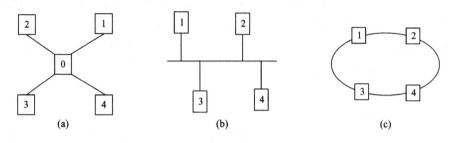

图 8-1　联网结构示意图
(a) 星形结构；(b) 总线结构；(c) 环形结构

1）星形结构

星形结构中只有一个中心节点，网络上其他各节点都分别与中心节点相连，通信功能由中心节点进行管理，并通过中心节点实现数据交换。

2）总线结构

总线结构的所有节点都通过相应硬件接口连接到一条无源公共总线上，任何一个节点发出的信息都可沿着总线传输，并被总线上其他任意节点接收。它的传输方向是从发送节点向两端扩散传送。

3）环形结构

环形结构中的各节点通过有源接口连接在一条闭合的环形通信线路中，是点对点式结构，即一个节点只能把数据传到下一个节点。若下一个节点不是数据发送的目的节点，则再向下传送，直到被目的节点接收为止。

3. 网络通信协议

在通信网络中，各网络节点，各用户主机为了进行通信，就必须共同遵守一套事先制定的规则，称为协议。1979 年国际标准化组织(ISO)提出了开放式系统互联参考模型 OSI(Open Systems Interconnection)，该模型定义了各种设备连接在一起进行通信的结构框架。所谓开放，就是指只要遵守这个参考模型的有关规定，任何两个系统都可以连接并实现通信。网络通信协议共分七层，从低到高分别是物理层、数据链接层、网络层、传输层、会话层、表示层、应用层。其中 1、2、3 层称为低层组，是计算机和网络共同执行的功能；4、5、6 层称为高层组，是通信用户与计算机之间执行的通信控制功能。人们最感兴趣的是低层组。在实际中，低层组的三层并不是严格分开的，故不一定要受此限制。PLC 网很少完全使用这些协议，最多只是采用其中的一部分。

8.1.3　通信方式

1. 并行数据传送与串行数据传送

1）并行数据传送

并行数据传送时所有数据位是同时进行传送的，以字或字节为单位。并行传输速度快，但通信线路多、成本高，适合近距离数据高速传送。PLC通信系统中，并行通信方式一般发生在内部各元件之间、主机与扩展模块或近距离智能模板的处理器之间。

2）串行数据传送

串行数据传送时所有数据是按位（bit）进行的。串行通信仅需要一对数据线，在长距离数据传送中较为合适。PLC网络传送数据的方式绝大多数为串行方式，而计算机或PLC内部数据处理、存储都是并行的。若要串行发送、接收数据，则要进行相应的串/并转换，即在数据发送前，要把并行数据先转换成串行数据；而在数据接收后，要把串行数据转换成并行数据后再处理。

2．异步方式与同步方式

串行通信数据的传送是一位一位分时进行的，根据传输方式的不同可以分为异步方式和同步方式。

1）异步方式

异步方式又称起止方式。它在发送字符时，要先发送起始位，然后才是字符本身，最后是停止位。字符之后还可以加入奇偶校验位。

异步传送较为简单，但要增加传送位，将影响传输速率。异步传送是靠起始位和波特率来保持同步的。

2）同步方式

同步方式要在传送数据的同时，也传递时钟同步信号，并始终按照给定的时刻采集数据。同步方式传送数据虽提高了数据的传输速率，但对通信系统要求较高。

PLC网络多采用异步方式传送数据。

8.1.4 网络配置

网络结构配置与建立网络的目的、网络结构以及通信方式有关，但任何网络，其结构配置都包括硬件、软件两个方面。

1．硬件配置

硬件配置主要考虑两个问题：一是通信接口；二是通信介质。

1）通信接口

PLC网络的通信接口多为串行接口，主要功能是进行数据的并行与串行转换，控制传送的波特率及字符格式，进行电平转换等。常用的通信接口有RS-232、RS-422、RS-485。

RS-232接口是计算机普遍配置的接口，其标准名称是：数据终端设备与数据通信设备在进行二进制数据交换时的接口（Interface between Data Terminal Equipment and Data Communication Employing Serial Binary Data Interchange）。这里的数据终端设备简称DTE，代表计算机；数据通信设备简称DCE，代表调制解调器。RS-232接口的应用既简单又方便。它采用串行通信方式，数据传输速率低，抗干扰能力差，传输速率为300、600、1200、2400、4800、9600、19 200 b/s，适用于对传输速率和环境要求不高的场合。

RS-422接口的传输线采用平衡驱动和差分接收的方法，电平变化范围为12 V（±6 V），因而它能够允许更高的数据传输速率，而且抗干扰能力更强。它克服了RS-232接口易产生共模干扰的缺点。RS-422接口属于全双工通信方式，在工业计算机上配备的较多。

RS-485 接口是 RS-422 接口的简化，它属于半双工通信方式，靠使能控制实现双方的数据通信。即在某一时刻，只有一个节点可以发送数据，而另一节点只能接收数据，发送则由使能端控制。

计算机一般不配 RS-485 接口，但工业计算机配备 RS-485 接口较多。PLC 的不少通信模块也配用 RS-485 接口，如 SIEMENS 公司的 S7 系列 CPU 均配置了 RS-485 接口。

2）通信介质

通信口主要靠介质实现相连，以此构成信道。常用的通信介质有：多股屏蔽电缆、双绞线、同轴电缆及光缆。此外，还可以通过电磁波实现无线通信。

RS-485 接口多用双绞线实现连接。

2. 软件配置

要实现 PLC 的联网控制，就必须遵循一些网络协议。不同公司的机型，通信软件各不相同。软件一般分为两类：一类为系统编程软件，用以实现计算机编程，并把程序下载到 PLC，且监控 PLC 的工作状态，如西门子公司的 STEP7-Micro/WIN 32 软件；另一类为应用软件，是各用户根据不同的开发环境和具体要求，用不同的编程语言编写的通信程序。

8.2 S7-200 系列 CPU 与计算机设备的通信

8.2.1 S7-200 系列 CPU 的通信性能

S7-200 系列 CPU 的通信功能来自它们标准的网络通信能力。

1. SIEMENS 公司的网络层次结构

SIEMENS 公司可编程控制器的网络 SIMATIC NET 是一个对外开放的通信系统，具有广泛的应用领域。西门子公司的控制网络结构由 4 层组成，从下到上依次为：执行器与传感器级、现场级、车间级、管理级。其网络结构如图 8-2 所示。

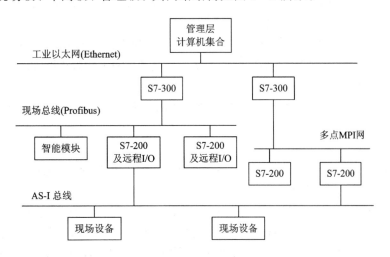

图 8-2　SIEMENS 公司 S7-200 系列 PLC 网络层次结构

西门子的网络层次结构由四个层次、三级总线复合而成。最底一级为 AS-I 总线，它是用于连接执行器、传感器、驱动器等现成器件实现通信的总线标准，扫描时间为 5 ms，传输媒体为未屏蔽的双绞线，线路长度为 300 m，最多为 31 个从站。中间一级是现场总线（Profibus），它是一种工业现场总线，采用数字通信协议，用于仪表和控制器的一种开放、全数字化、双向、多站的通信系统，其传输媒体为屏蔽的双绞线（最长 9.6 km）或光缆（最长 90 km），最多可接 127 个从站。最高一级为工业以太网（Ethernet），使用通用协议，负责传送生产管理信息，网络规模可达 1024 站，长度可达 1.5 km（电气网络）或 200 km（光学网络）。

在这一网络体系中，Profibus 总线是目前最成功的现场总线之一，已得到了广泛的应用。它是不依赖生产厂家的、开放的现场总线，各种各样的自动化设备均可通过同样的接口交换信息，为众多的生产厂家提供了优质的 Profibus 产品，用户可以自由地选择最合适的产品。

2. S7 系列的通信协议

SIEMENS 公司工业通信网络的通信协议包括通用协议和公司专用协议。SIEMENS 公司的通信协议是基于开放系统互联 OSI 7 层通信结构模型的。协议定义了两类网络设备：主站与从站。主站可以对网络上任一个设备进行初始化申请，从站只能响应来自主站的申请，从站不初始化本身。S7-200 CPU 支持多种通信协议，所使用的通信协议有以下 3 个标准协议和 1 个自由口协议。

1）PPI 协议

PPI（Point-to-Point Interface）协议，即点对点接口，是一个主/从协议。协议规定主站向从站发出申请，从站进行响应。从站不初始化信息，但当主站发出申请或查询时，从站才对其响应。

PPI 通信协议是西门子专为 S7-200 系列 PLC 开发的一个通信协议，可通过普通的两芯屏蔽双绞电缆进行联网，波特率为 9.6 kb/s、19.2 kb/s 和 187.5 kb/s。S7-200 系列 CPU 上集成的编程口同时就是 PPI 通信接口。

主站可以是其他 CPU 主机（如 S7-300 等）、SIMATIC 编程器或 TD200 文本显示器等。网络中的所有 S7-200 CPU 都默认为从站。

如果在用户程序中允许 PPI 主站模式，S7-200 系列中的一些 CPU 则可在 RUN 模式下用做主站。此时可以利用相关的通信指令来读写其他主机 CPU，同时它还可以作为从站来响应其他主站的申请或查询。

对于任何一个从站有多少个主站与它通信，PPI 协议没有限制，但在 PPI 网络中最多只能有 32 个主站。

2）MPI 协议

MPI（Multi-Point Interface）协议，即多点接口协议，可以是主/主协议或主/从协议。协议如何操作有赖于设备的类型。

如果网络中有 S7-300 CPU，则建立主/主连接，因为 S7-300 CPU 都默认为网络主站。如果设备中有 S7-200 CPU，则可建立主/从连接，因为 S7-200 CPU 都默认为网络从站。

S7-200 CPU 可以通过内置接口连接到 MPI 网络上，波特率为 19.2 kb/s、187.5 kb/s。

MPI 协议总是在两个相互通信的设备之间建立连接。这种连接可以是两个设备之间的非公用连接，连接数量有一定限制。主站为了应用需要可以在短时间内建立一个连接，或是无限期地保持连接断开。运行时，另一个主站不能干涉两个设备之间已经建立的连接。

3）Profibus 协议

Profibus 协议用于分布式 I/O 设备（远程 I/O）的高速通信。该协议的网络使用 RS-485 标准双绞线，适合多段、远距离通信。Profibus 网络常有一个主站和几个 I/O 从站。主站初始化网络并核对网络上的从站设备和配置中的匹配情况。如果网络中有第二个主站，则它只能访问第一个主站的从站。

在 S7-200 系列的 CPU 中，CPU 222、224、226 都可以通过增加 EM227 扩展模块来支持 Profibus DP 网络协议，最高传输速率可达 12 Mb/s。

4）自由口协议

自由口通信方式是 S7-200 CPU 很重要的功能。在自由口模式下，S7-200 CPU 可以与任何通信协议公开的其他设备进行通信。即 S7-200 CPU 可以由用户自己定义通信协议（如 ASCII 协议）来提高通信范围，使控制系统配置更加灵活、方便。

任何具有串行接口的外设，例如，打印机、条形码阅读器、变频器、调制解调器和其他上位机等可与 PLC 进行数据通信。

在自由口模式下，主机只有在 RUN 方式时，用户才可以用相关的通信指令编写用户控制通信口的程序。当主机处于 STOP 方式时，自由口通信被禁止，通信口自动切换到正常的 PPI 协议操作。

3. 通信设备

能够与 S7-200 CPU 组网通信的相关网络设备主要有通信口、网络连接器、通信电缆、网络中继器等。

1）通信口

S7-200 CPU 主机上的通信口是符合欧洲标准 EN 50170 中的 Profibus 标准的 RS-485 兼容 9 针 D 型连接器。图 8-3 是通信接口的物理连接口。端口 0 或端口 1 的引脚与 Profibus 的名称对应关系见表 8-1。S7-200 CPU 的通信性能见表 8-2。

表 8-1　S7-200 通信口引脚与 Profibus 名称对应关系

针	Profibus 名称	端口 1/端口 0
1	屏蔽	逻辑地
2	24 V 返回	逻辑地
3	RS-485 信号 B	RS-485 信号 B
4	发送申请	RTS(TTL)
5	5 V 返回	逻辑地
6	+5 V	+5 V, 100 Ω 串联电阻
7	+24 V	+24 V
8	RS-485 信号 A	RS-485 信号 A
9	不用	协议选择（输入）
连接器外壳	屏蔽	机壳接地

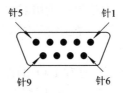

图 8-3　S7-200 通信口引脚分配

表 8-2　S7-200 CPU 的通信性能

CPU 类型	端口类型	从站	主站	DP 通讯	自由口
CPU 221	端口 0	是	是	否	是
CPU 222	端口 0	是	是	否	是
CPU 224	端口 0	是	是	否	是
CPU 226	端口 0	是	是	否	是
	端口 1	是	是	否	是

2）网络连接器

网络连接器可以用来把多个设备连接到网络中。网络连接器有两种类型：一种仅提供连接到主机的接口；另一种则增加了一个编程接口。两种连接器都有两组螺丝端子，可以连接网络的输入和输出，并且都有网络偏置和终端匹配的选择开关，其结构原理如图 8-4 所示。

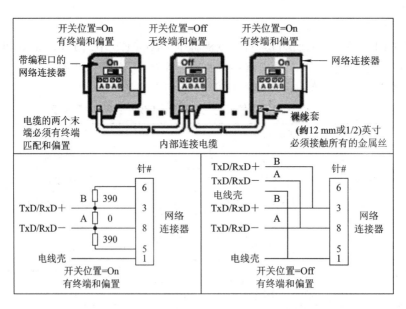

图 8-4　网络连接器内部连接电缆的偏置和终端

3）通信电缆

通信电缆主要有网络电缆和 PC/PPI 电缆。

• 网络电缆：现场 Profibus 总线使用屏蔽双绞线电缆。网络连接时，网络段的电缆长度与电缆类型和波特率要求有很大关系。网络段的电缆越长，传输速率越低。

• PC/PPI 电缆：许多电子设备都配置有 RS-232 标准接口，如计算机、编程器和调制解调器等。PC/PPI 电缆可以用来借助 S7-200 CPU 的自由口功能把主机和这些设备连接起来。

PC/PPI 电缆的一端是 RS-485 端口，用来连接 PLC 主机；另一端是 RS-232 端口，用于连接计算机等设备。电缆中部有一个开关盒，上面有 4 个或 5 个 DIP 开关，用来设置波特率、传送字符数据格式和设备模式。5 个 DIP 开关与 PC/PPI 通信方式如图 8 - 5 所示。

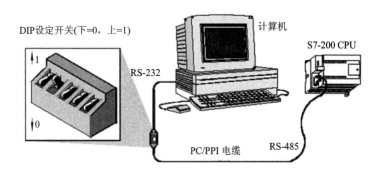

图 8 - 5　PPI 方式的 CPU 通信

4）网络中继器

网络中继器在 Profibus 网络中，可以用来延长网络的距离，允许给网络加入设备，并且提供一个隔离不同网络段的方法。每个网络中最多有 9 个中继器，每个中继器最多可再增加 32 个设备。

5）其他设备

除了以上设备之外，常用的还有通信处理器 CPU、多机接口卡（MPI 卡）和 EM277 通信模块等。

8.2.2　个人计算机与 S7-200 CPU 之间的联网通信

1. 链接

S7-200 CPU 与计算机直接相连，结构简单，易于实现。如图 8 - 5 所示，它包括一个 CPU 模块、一台个人计算机、PC/PPI 电缆或 MPI 卡和西门子公司 STEP7-Micro/WIN32 编程软件。

在 PPI 通信时，PC/PPI 电缆提供了 RC-232 到 RS-485 的接口转换，从而把个人计算机 PC 和 S7-200 CPU 连接起来，传输速率为 9.6 kb/s。此时个人计算机为主站，站地址默认为 0，S7-200 CPU 为从站，站地址范围在 2～126 之间，默认值为 2。

2. PC/PPI 网络

PC/PPI 网络是由一个主机和多个 PLC 从机组成的通信网络，如图 8 - 6 所示。在该网络结构中，S7-200 CPU 的个数不超过 30 个，站地址范围为 2～31。网络线长 1200 m 以内，无需中继器。若使用中继器，则最多可以连接 125 台 CPU。安装有 STEP7-Micro/WIN 软

件的计算机每次只能同其中一台 CPU 通信。这里个人计算机是唯一的主机，所有
S7-200 CPU 站都必须是从机。各从机的 CPU 不能使用网络指令 NETR 和 NETW 来发送
信息。在网络结构中所有的 CPU 都通过自身携带的 RS-485 口和网络连接器连到一条总
线上。

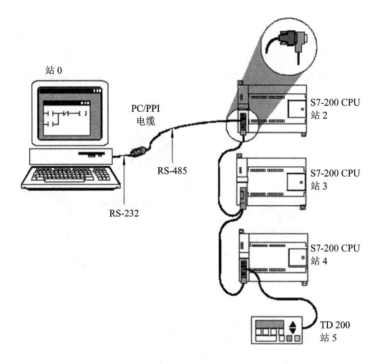

图 8-6　利用 PC/PPI 电缆和几个 S7-200 CPU 通信

3. 多主机网络（MPI 网络）

当网络中主机数大于 1 时，多点接口 MPI 卡必须装到个人计算机上，MPI 卡提供的
RS-485 端口可使用直通电缆来连接组成 MPI 网络，如图 8-7 所示。在该网络图中，可以
实现以下通信功能。

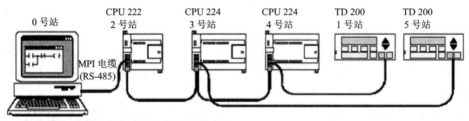

2号站和4号站有终端和偏置，因为它们处于网络末端；
站2、3和4有编程口连接器。

图 8-7　利用 MPI 或 CPU 卡和 S7-200 CPU 通信

（1）STEP7-Micro/WIN32（在 0 号站）可以监视 2 号站的状态，同时 TD 200（5 号站和
1 号站）和 CPU 224 模块（3 号站和 4 号站）可以实现通信。

（2）两个 CPU 224 模块可以通过网络指令 NETR 和 NETW 相互发送信息。

(3) 3 号站可以从 2 号站(CPU 222)和 4 号站(CPU 224)读写数据。

(4) 4 号站可以从 2 号站(CPU 222)和 3 号站(CPU 224)读写数据。

8.3 S7-200 PLC 自由口通信

SIMATIC S7-200 系列 PLC 有广泛的应用领域,根据不同的应用要求,PLC 有不同程度的通信功能,特别是 S7-200 的通信接口端口 0 具有的自由口通信模式,为其灵活的组网通信提供了有力支持。

自由口模式通信是指用户程序在自定义的协议下,通过端口 0 控制 PLC 主机与其他的带编程口的智能设备(如打印机、条形码阅读器、显示器等)进行通信。

自由口模式下,主机处于 RUN 方式时,用户可以用接收中断、发送中断和相关的通信指令来编写程序控制通信口的运行;当主机处于 STOP 方式时,自由口通信被终止,通信口自动切换到正常的 PPI 协议运行。

8.3.1 相关的特殊功能寄存器

1. 自由端口的初始化

用特殊功能寄存器中的 SMB30 和 SMB130 的各个位设置自由口模式,并配置自由口的通信参数,如通信协议、波特率、奇偶校验和有效数据位等。

SMB30 控制和设置通信端口 0,如果 PLC 主机上有通信端口 1,则用 SMB130 来进行控制和设置。SMB30 和 SMB130 的对应数据位功能相同,结构如图 8-8 所示。

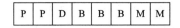

图 8-8 SMB30 和 SMB130 的结构

每位的含义如下:

- PP 位:奇偶选择。00 和 10 表示无奇偶校验;01 表示奇校验;11 表示偶校验。

- D 位:有效位数。0 表示每个字符有效数据位为 8 位;1 表示每个字符有效数据位为 7 位。

- BBB 位:自由口波特率。000 表示 38 400 b/s;001 表示 19 200 b/s;010 表示 9600 b/s;011 表示 4800 b/s;100 表示 2400 b/s;101 表示 1200 b/s;110 表示 600 b/s;111 表示 300 b/s。

- MM 位:协议选择。00 表示点到点接口 PPI 协议从站模式;01 表示自由口协议;10 表示点到点接口 PPI 协议主站模式;11 表示保留(默认设置为 PPI 从站模式)。

2. 特殊标志位及中断事件

1)特殊标志位

SM4.5 和 SM4.6 分别表示口 0 和口 1 处于发送空闲状态。

2)中断事件

字符接收中断:中断事件 8(端口 0)和 25(端口 1);

发送完成中断:中断事件 9(端口 0)和 26(端口 1);

接收完成中断：中断事件 23(端口 0)和 24(端口 1)。

3. 特殊存储器字节

接收信息时用到一系列特殊功能存储器。端口 0 用 SMB86～SMB94；端口 1 用 SMB186～SMB194。各字节的功能描述见表 8-3。

表 8-3　特殊寄存器功能

端口 0	端口 1	说　　明
SMB86	SMB186	接收信息状态字节
SMB87	SMB187	接收信息控制字节
SMB88	SMB188	信息字符的开始
SMB89	SMB189	信息字符的结束
SMB90	SMB190	空闲时间段毫秒设定，空闲后收到的第一个字符是新信息的首字符
SMB92	SMB192	中间字符定时器段毫秒设定，超过这一时间则终止接收信息
SMB94	SMB194	要接收的最大字符数

1）状态字节

状态字节 SMB86 和 SMB186 的结构如图 8-9 所示。

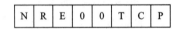

图 8-9　SMB86 和 SMB186 的结构

各位含义如下：

- N＝1 表示用户通过禁止命令结束接收信息操作。
- R＝1 表示因输入参数错误或缺少起始结束条件引起的接收信息结束。
- E＝1 表示接收到字符。
- T＝1 表示超时，接收信息结束。
- C＝1 表示字符数超长，接收信息结束。
- P＝1 表示奇偶校验错误，接收信息结束。

2）接收信息控制字节

接收信息控制字节的结构如图 8-10 所示。

图 8-10　接收信息控制字节的结构

各位含义如下：

- EN 表示接收允许。为 0，禁止接收信息；为 1，允许接收信息。
- SC 表示是否使用 SMB88 或 SMB188 的值检测起始信息。为 0 忽略；为 1 使用。
- EC 表示是否使用 SMB89 或 SMB189 的值检测结束信息。为 0 忽略；为 1 使用。
- IL 表示是否使用 SMB90 或 SMB190 的值检测空闲信息。为 0 忽略；为 1 使用。
- C/M 表示定时器定时性质。为 0，内部字符定时器；为 1，信息定时器。

- TMR 表示是否使用 SMB92 或 SMB192 的值终止接收。为 0 忽略；为 1 使用。
- BK 表示是否使用中断条件来检测起始信息。为 0 忽略；为 1 使用。

通过对接收控制字节各个位的设置，可以实现多种形式的自由口接收通信。

8.3.2 自由口发送接收指令

自由口发送接收指令的指令格式见表 8 - 4。

表 8 - 4 自由口发送接收指令的指令格式

LAB	STL	功 能 描 述
XMT EN　ENO ???? ─ TABLE ???? ─ PORT	XMT TABLE, PORT	发送指令 XMT，输入使能端有效时，激活发送的数据缓冲区（TABLE）中的数据。通过通信端口（PORT）将缓冲区（TABLE）的数据发送出去。
RCV EN　ENO ???? ─ TABLE ???? ─ PORT	RCV TABLE, PORT	接收指令 RCV，输入使能端有效时，激活初始化或结束接收信息服务。通过指定端口（PORT）接收从远程设备上传送来的数据，并放到缓冲区（TABLE）

自由口发送接收指令说明：

（1）XMT、RCV 指令只有在 CPU 处于 RUN 模式时，才允许进行自由端口通信。

（2）操作数类型。

TABLE：VB, IB, QB, MB, SMB, * VD, * AC, SB。

PORT：0, 1。

（3）数据缓冲区 TABLE 的第一个数据指明了要发送/接收的字节数，从第二个数据开始是要发送/接收的内容。

（4）XMT 指令可以发送一个或多个字符，最多有 255 个字符缓冲区。通过向 SMB30（端口 0）或 SMB130（端口 1）的协议选择区置 1，可以允许自由端口模式。当处于自由端口模式时，不能与可编程设备通信。当 CPU 处于 STOP 模式时，自由端口模式被禁止。通信端口恢复正常 PPI 模式，此时可以与可编程设备通信。

（5）RCV 指令可以接收一个或多个字符，最多有 255 个字符。在接收任务完成后产生中断事件 23（对端口 0）或事件 24（对端口 1）。如果有一个中断服务程序连接到接收完成事件上，则可实现相应的操作。

8.3.3 应用举例

1. 控制要求

在自由口通信模式下，实现一台本地 PLC（CPU 224）与一台远程 PLC（CPU 224）之间的数据通信。本地 PLC 接收远程 PLC 20 个字节数据，接收完成后，信息再发回对方。

2. 硬件要求

两台 CPU 224;网络连接器 2 个,其中一个带编程口;网络线 2 根(其中一根为 PPI 电缆)。

3. 参数设置

CPU 224 通信口设置为自由口通信模式。

通信协议为:波特率为 9600 b/s,无奇偶校验,每字符 8 位。

接收和发送用一个数据缓冲区,首地址为 VB100。

4. 程序

主程序如图 8－11 所示。实现的功能是初始化通信口为自由口模式,建立数据缓冲区,建立中断联系,并允许全局中断。

中断程序 INT_0:当接收完成后,启动发送命令,将信息发回对方。梯形图如图 8－12 所示。

中断程序 INT_1,当发挥对方的信息结束时,显示任务完成,通信结束。梯形图如图 8－13 所示。

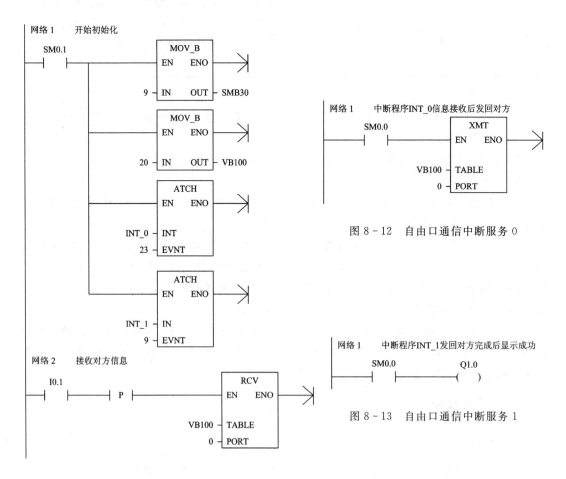

图 8－12 自由口通信中断服务 0

图 8－13 自由口通信中断服务 1

图 8－11 自由口通信主程序

8.4　网络通信运行

在实际应用中，S7-200 PLC 经常采用 PPI 协议。如果一些 S7-200 CPU 在用户程序中允许做主站控制器，则这些主站可以在 RUN 模式下，利用相关的网络通信指令来读写其他 PLC 主机的数据。

8.4.1　控制寄存器和传送数据表

1. 控制寄存器

将特殊标志寄存器的 SMB30 和 SMB130 中的内容设置为 16♯2，则可将 S7-200 CPU 设置为点到点接口 PPI 协议主站模式。

2. 传送数据表的格式及定义

执行网络读写指令时，PPI 主站与从站之间的数据以数据表的格式传送。具体数据表的格式如图 8-14 所示。

图 8-14 中：D 表示操作是否完成，为 1 表示完成，为 0 表示未完成；A 表示操作是否排队，为 1 表示排队有效，为 0 表示排队无效；E 表示操作返回是否有错误，为 1 表示有错误，为 0 表示无误。E_1、E_2、E_3、E_4 为错误编码，执行指令后 E＝1 时，由这四位返回一个错误码。这四位组成的错误码及其含义见表 8-5。

字节偏移量 7　　　　0

0	D A E 0　错误码
1	远程站地址
2	
3	远程站的数据指针
4	(I、Q、M或V)
5	
6	数据长度
7	数据字节0
8	数据字节1
⋮	⋮
22	数据字节15

图 8-14　网络读写数据表

表 8-5　错误码说明

$E_1 E_2 E_3 E_4$	错误码	说　　明
0000	0	无错误
0001	1	超时错误：远程站无响应
0010	2	接收错误：回答存在奇偶错误，响应时帧或检查时出错
0011	3	脱机错误：重复站地址或失败硬件引起冲突
0100	4	队列溢出错误：多于 8 个 NETR 和 NETW 方框被激活
0101	5	违反协议：未启动 SMB30 内的 PPI 协议而执行网络指令
0110	6	非法参数：NETR/NETW 表包含非法或无效数值
0111	7	无资源：远程站忙(正在进行上装或下载操作)
1000	8	第 7 层错误：违反应用协议
1001	9	信息错误：数据地址错误或数据长度不正确
1010～1111	A～F	未开发

8.4.2 网络运行指令

SIEMENS 公司 S7-200 系列 CPU 的网络指令有 2 条，分别是网络读指令（NETR）和网络写指令（NETW）。网络运行指令的格式见表 8-6。

表 8-6 网络运行的指令格式

LAB	STL	功能描述
NETR EN　ENO ???? ─ TABLE ???? ─ PORT	NETR TABLE, PORT	网络读指令 NETR，在使能端输入有效时，指令初始化通信操作，并通过端口（PORT）从远程设备接收数据，形成数据表 TABLE
NETW EN　ENO ???? ─ TABLE ???? ─ PORT	NETW TABLE, PORT	网络写指令 NETW，在使能端输入有效时，指令初始化通信操作，并通过指定端口（PORT）将数据表中的数据发送到远程设备

说明：

（1）数据表最多可以有 16 个字节的信息。

（2）操作数类型：

TABLE：VB，MB，* VD，* AC。

PORT：0，1。

（3）设定 ENO = 0 的错误条件为：SM4.3（运行时），0006（间接地址）。

8.4.3 网络读写举例

1. 系统功能描述

如图 8-15 所示，某产品自动装箱生产线将产品送到 4 台包装机中的 1 台上，包装机把每 10 个产品装到一个纸板箱中，一个分流机控制着产品流向各个包装机。4 个 CPU 221 模块用于控制打包机。1 个 CPU 222 模块安装了 TD 200 文本显示器，用来控制分流机。

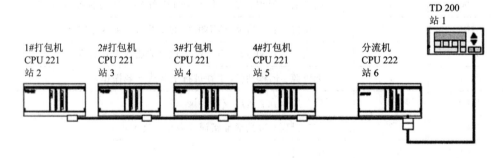

图 8-15　某产品自动装箱生产线控制结构图

2. 操作控制要求

网络站 6 要读写 4 个远程站(站 2、站 3、站 4、站 5)的状态字和计数值。CPU 224 通信端口号为 0。从 VB 200 开始设置接收和发送缓冲区。接收缓冲区从 VB 200 开始,发送缓冲区从 VB 300 开始,具体分区见表 8-7。

表 8-7 接收、发送缓冲区划分

VB200	接收缓冲区(站 2)	VB300	发送缓冲区(站 2)
VB210	接收缓冲区(站 3)	VB310	发送缓冲区(站 3)
VB221	接收缓冲区(站 4)	VB320	发送缓冲区(站 4)
VB230	接收缓冲区(站 5)	VB330	发送缓冲区(站 5)

CPU 222 用 NETR 指令连续地读取每个打包机的控制和状态信息。每当某个打包机装完 100 箱时,分流机(CPU 222)会注意到这个事件,并用 NETW 指令发送一条信息清除状态字。下面以 1♯打包机为例,编制其对单个打包机需要读取的控制字节、包装完的箱数和复位包装完的箱数的管理程序。

分流机 CPU 222 与 1♯打包机进行通信的接收/发送缓冲区划分见表 8-8。

表 8-8 1♯打包机通信用数据缓冲区划分

VB200	状态字	VB300	状态字
VB201	远程站地址	VB301	远程站地址
VB202		VB302	
VB203	指向远程站(&VB100)	VB303	指向远程站(&VB100)
VB204	的数据区指针	VB304	的数据区指针
VB205		VB305	
VB206	数据长度=3 字节	VB306	数据长度=2 字节
VB207	控制字节	VB307	0
VB208	状态(最高有效字节)	VB308	0
VB209	状态(最低有效字节)		

3. 程序清单及注释

网络站 6 通过网络读写指令管理站 2 的程序及其注释如图 8-16 所示。

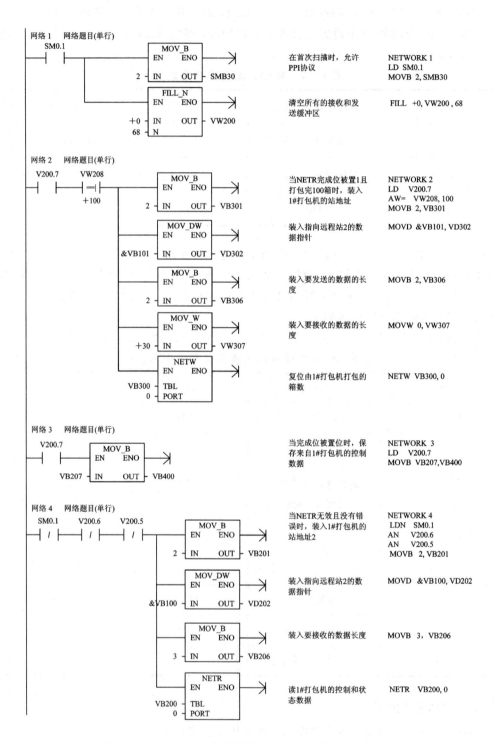

图 8-16 站 6 通过网络读写指令管理站 2 的程序及其注释

8.5 S7-200 CPU 的 Profibus-DP 通信

在传统的自动化工厂里，现场环境安装的自动化设备，如传感器、调节器、变送器、执行电器等，一般都是通过信号电缆与 PLC 相连。由于现场设备分布较广，电缆用量和铺设费用大大增加，这不仅在技术改造和系统扩展时缺乏灵活性，而且还给日常维护带来很大的困难。如果采用开放标准的现场总线系统将分散的设备部件连接起来，将会很好地改变这种情况。

Profibus 是目前最成功的现场总线之一。它依靠生产厂家开放式的现场总线，使各种自动化设备均可通过同样的接口交换信息，因此得到了广泛的应用。Profibus 已成为德国国家标准 DIN19245 和欧洲标准 EN50170。

SIMATIC S7 通过 Profibus 现场总线构成的系统是一个很好的工厂自动化(FA)解决方案。

8.5.1 Profibus 组成

Profibus 协议定义了各种数据设备连接的串行现场总线技术各功能特性，这些数据设备可以从底层(如传感器、执行电器)到中间层(如车间)广泛分布。Profibus 连接的系统由主站和从站组成。主站能控制总线，当主站得到总线控制权时可以主动发送信息。从站为简单的外围设备，典型的从站为传感器、执行电器、变送器等。它们没有总线控制权，仅对接收到的信息予以回答。协议支持一个网络上的 127 个地址(0 到 126)，网络上最多有 32 个主站。为了通信，网络上的所有设备必须具有不同的地址。

8.5.2 Profibus-DP 的标准通信协议

Profibus-DP 是欧洲 EN50170 和国际标准 IEC61158 定义的一种远程 I/O 通信协议。该协议的网络使用 RS-485 标准双绞线进行远距离高速通信。Profibus 网络通常有一个主站和几个 I/O 从站。一个 DP 主站组态应包含地址、从站类型以及从站所需要的任何参数赋值信息，还应告诉主站由从站读入的数据应放置在何处，以及从何处获得写入从站的数据。DP 主站通过网络初始化其他 DP 从站。主站从从站那里读出有关诊断信息，并验证 DP 从站已经接收参数和 I/O 配置。然后主站开始与从站交换 I/O 数据。每次对从站的事务处理为写输出和读输入。这种数据交换方式无限期地继续下去。如果有一个例外事件，从站会通知主站，然后主站从从站那里读出诊断信息。

一旦 DP 主机已将参数和 I/O 配置写入到 DP 站，而且从站已从主站 DP 那里接收到参数和配置，则主站就拥有那个从站。从站只能接收来自其主站的写请求。网络上的其他主站可以读取该主站的输入和输出。但是它们不能向该从站写入任何信息。

8.5.3 用 SIMATIC EM 277 模块将 S7-200 CPU 组成 DP 网络系统

1. EM 277 的功能

EM 277 是过程现场总线 Profibus 的分布式外围设备以及远程 I/O 设备。该设备上有一个 DP 端口，其电气特性属于 RS-458，遵循 Profibus-DP 协议和 MPI 协议。通过该端口，可将 S7-200 CPU 连接到 Profibus-DP 网络上。

作为 Profibus-DP 网络的扩展从站模块，这个端口可运行于 9600 b/s 和 12 Mb/s 之间的任何 Profibus 波特率。

作为 DP 从站，EM 277 模块接收从主站来的多种不同 I/O 配置，向从站发送和接收不同数量的数据。这种特性使用户能修改所传输的数据量，以满足实际应用的需要。

EM 277 Profibus-DP 模块的 DP 端口可连接到网络上的 DP 主站上，但仍能作为一个 MPI 从站与同一网络上（如 SIMATIC 编程器或 S7-300/S7-400 等）其他主站进行通信。图 8-17 是利用 EM 277 Profibus-DP 模块组成的一个典型 Profibus 网络。

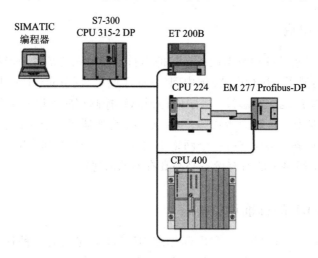

图 8-17　用 EM 277 Profibus-DP 模块和 CPU 224 组成的 Profibus 网络

图中：CPU 315-2 是 DP 主站，并且已通过一个带有 STEP7 编程软件的 SIMATIC 编程器进行组态；CPU 224 是 CPU 315-2 所拥有的一个 DP 从站，ET 200B 模块也是 CPU 315-2 的从站；CPU 400 连接到 Profibus 网络，并且借助于 CPU 400 用户程序中的 XGET 指令，可以从 CPU 224 读取数据。

2. 相关的特殊功能寄存器

SMB200 至 SMB299 提供有关从站模块的状态信息。若它是 I/O 链中的第一个智能模块，则 EM 277 的状态从 SMB200 至 SMB249 获得。如果 DP 尚未建立与主站的通信，那么这些 SM 存储单元显示缺省值。当主站已将参数和 I/O 组态写入到模块后，这些 SM 存储单元显示 DP 主站的组态集。有关 SMB200 至 SMB299 专用存储器单元的详细内容见表 8-9。

表 8 - 9　**SMB200 至 SMB299 的专用存储器字节**

DP 是第一个智能模块	DP 是第二个智能模块	说　　　明
SMB200～SMB215	SMB200～SMB215	模块名(16 ASCⅡ) "EM 277 Profibus-DP"
SMB216～SMB219	SMB266 至 SMB269	S/W 版本号(4 ASCⅡ字符)
SMW220	SMW270	错误代码: 16♯0000——无错误; 16♯0001——无用户电源; 16♯0002～16♯FFFF——保留
SMW222	SMW272	DP 从模块的站地址,由地址开关(0～99 十进制)设定
SMW223	SMW273	保留
SMW224	SMW274	DP 标准协议状态字节: MSB　　　　　　　　　　LSB 0　0　0　0　0　0　S1　S0 S1S0 为 DP 标准状态字节描述: 0　0—上电后,DP 通信未初始化; 0　1—组态/参数化错误; 1　0—处于数据交换状态; 1　1—退出数据交换状态
SMW225	SMW275	DP 标准协议,从站的主站地址(0～125)
SMW226	SMW276	DP 标准协议,输出缓冲区的 V 存储器地址,作为从 VB0 开始的输出缓冲区的偏移量
SMW228	SMW278	DP 标准协议,输出数据的字节数
SMW229	SMW279	DP 标准协议,输入数据的字节数
SMW230 至 SMB249	SMW 280 至 SMB299	保留,电源接通时清除

8.5.4　DP 通信的应用实例

某通信网络结构由 CPU 224 和 EM 277 Profibus-DP 模块构成,通信程序中 DP 缓冲区的地址由 SMW226 确定。DP 缓冲区的大小由 SMW228 和 SMW229 确定。程序驻留在 DP 从站的 CPU 里。使用这些信息以复制 DP 输出缓冲器中的数据到 CPU 224 的过程映像输出寄存器。同时,在 CPU 224 的过程映像输入寄存器中的数据可被复制到 V 存储器的输入缓冲区。

DP 从站的组态信息如下:

SMW220——DP 模块出错状态;

SMB224—— DP 状态;

SMB225—— 主站地址;

SMW226——V 存储器中输出的偏移;

SMB228——输出数据的字节数；

SMB229——输入数据的字节数；

VD1000——输出数据的指针；

VD1004——输入数据的指针。

DP从站实现数据通信实例程序如图8-18所示。

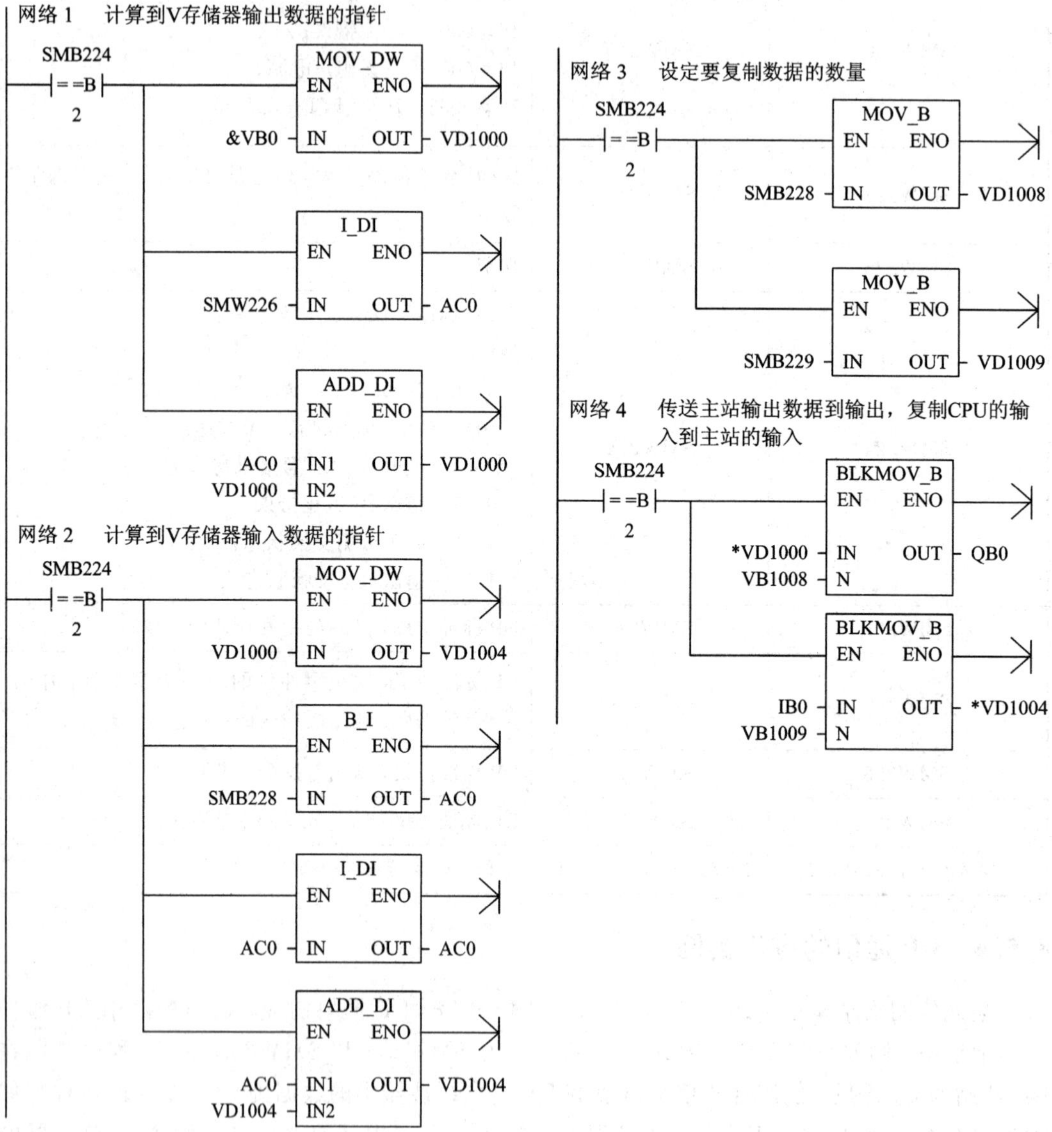

网络1　　计算到V存储器输出数据的指针

```
SMB224
==B
2
        ┌─── MOV_DW ───┐
        │ EN      ENO  │
  &VB0 ─┤ IN      OUT  ├─ VD1000
        └──────────────┘

        ┌──── I_DI ────┐
        │ EN      ENO  │
SMW226 ─┤ IN      OUT  ├─ AC0
        └──────────────┘

         ┌─── ADD_DI ───┐
         │ EN      ENO  │
   AC0 ──┤ IN1     OUT  ├─ VD1000
 VD1000 ─┤ IN2          │
         └──────────────┘
```

网络2　　计算到V存储器输入数据的指针

```
SMB224
==B
2
         ┌─── MOV_DW ───┐
         │ EN      ENO  │
 VD1000 ─┤ IN      OUT  ├─ VD1004
         └──────────────┘

         ┌──── B_I ─────┐
         │ EN      ENO  │
SMB228 ──┤ IN      OUT  ├─ AC0
         └──────────────┘

         ┌──── I_DI ────┐
         │ EN      ENO  │
   AC0 ──┤ IN      OUT  ├─ AC0
         └──────────────┘

         ┌─── ADD_DI ───┐
         │ EN      ENO  │
   AC0 ──┤ IN1     OUT  ├─ VD1004
 VD1004 ─┤ IN2          │
         └──────────────┘
```

网络3　　设定要复制数据的数量

```
SMB224
==B
2
         ┌──── MOV_B ───┐
         │ EN      ENO  │
SMB228 ──┤ IN      OUT  ├─ VD1008
         └──────────────┘

         ┌──── MOV_B ───┐
         │ EN      ENO  │
SMB229 ──┤ IN      OUT  ├─ VD1009
         └──────────────┘
```

网络4　　传送主站输出数据到输出，复制CPU的输入到主站的输入

```
SMB224
==B
2
          ┌── BLKMOV_B ──┐
          │ EN      ENO  │
*VD1000 ──┤ IN      OUT  ├─ QB0
 VB1008 ──┤ N            │
          └──────────────┘

          ┌── BLKMOV_B ──┐
          │ EN      ENO  │
   IB0 ───┤ IN      OUT  ├─ *VD1004
VB1009 ───┤ N            │
          └──────────────┘
```

图8-18　DP从站实现数据通信实例程序

小　　结

本章主要介绍网络基本知识和西门子可编程控制器网络的具体应用。

（1）数据通信的基本形式有并行通信和串行通信两种。它们各有优缺点和应用领域。

串行通信又分为同步和异步两种传输方式，PLC 一般采用异步通信。

（2）网络结构配置包括硬件和软件两个方面。硬件方面考虑通信接口和通信介质。软件方面主要考虑通信协议。

（3）SIMATIC 网络结构主要由四个层次、三级总线复合而成。S7 系列的通信协议主要有 PPI 协议、MPI 协议、Profibus 协议和自由口协议。通信类型可以是单主站型和多主站多从站型。

（4）当主机处于 RUN 模式时，可通过设置特殊功能寄存器使通信口处于自由口通信方式。此时，主机可采用中断控制，实现与其他智能设备数据的接收或发送，用到的指令有自由口接收指令和自由口发送指令。

（5）当主机处于 RUN 模式时，可以用网络读写指令来读写其他 CPU 的数据。

（6）Profibus-DP 总线是目前最成功的总线之一。它主要由一个主站和多个从站组成。DP 主站通过网络初始化其他 DP 从站，从从站获得有关的数据信息。DP 通信对从站的操作有读输入和写输出。

习　题

8.1　数据通信方式有哪两种？它们分别有什么特点？

8.2　串行通信方式包含哪两种传输方式？

8.3　可编程控制器采用什么方式通信？其特点是什么？

8.4　SIEMENS 公司的 S7-200 CPU 支持的通信协议主要有哪些？各有什么特点？

8.5　如何进行以下通信设置，要求：从站设备地址为 4，主站地址为 0，用 PC/PPI 电缆连接到本计算机的 COM2 串行口，传送速率为 9600 b/s，传送字符格式为默认值。

8.6　带 RS-232C 接口的计算机如何与带 RS-485 接口的 PLC 链接？

第9章 S7-200 SMART 系列 PLC

S7-200 SMART PLC 是在 S7-200 PLC 的基础上设计出来的，保留了很多 S7-200 PLC 的特征，例如程序结构、寻址方法、通信功能、简化复杂任务的向导和库、PID 参数自整定功能等。但是作为一个更新换代产品，也有很多改进的地方，例如提高了性价比、采用信号板设计等。本章主要阐述 S7-200 SMART PLC 的硬件和软件的特点，硬件产品系列及性能，软件安装及使用 S7-200 SMART PLC 编程软件编辑、下载、上传、调试和监控程序的一般方法。

9.1 S7-200 SMART 的特点

1. 产品的产生背景

S7-200 SMART 是德国西门子近几年推出的的高性价比小型 PLC，也是国内广泛使用的 S7-200 的更新换代产品。与 S7-200 相比，它有很多优点。

2. S7-200SMART 与 S7-200 的硬件区别

(1) 性价比提高。S7-200 SMART 有 10 种 CPU 模块，CPU 模块分为标准型(SR)和经济型(CR)两类，它在性能和价格上与 S7-200 拉开了差距，给用户更多的选择。经济型的 40 点 CPU CR40 在价格上比 24 点的 CPU 224 还要便宜一点。S7-200 SMART 有 60 点的 CPU，而 S7-200 的 CPU 最多 40 点（CPU 226），它们的价格相差不多。另外 S7-200 SMART 系列 CPU 采用了高速处理芯片，基本指令执行的时间缩短到 $0.15\mu s$。可见 S7-200 SMART 的性价比较高。

(2) S7-SMART 的 CPU 模块采用了信号板设计，提高了 CPU 模块自身的扩展功能，降低了扩展成本。

(3) S7-200 SMART 的 CPU 保留了 S7-200 的 RS-485 接口，增加了一个以太网接口，还可以用信号板扩展一个 RS-485/RS-232 接口。增加的以太网接口使 S7-200 SMART 具有了以太网的强大功能，用网线即可实现程序的下载、上传和监控。操作方便，工作速度快，价格便宜，适用性强。与 S7-200 相比，S7-200 SMART 节省了一根专用编程电缆，且通过以太网接口还可与其他 CPU 模块、触摸屏、计算机进行通信，轻松组网。

(4) 更新升级方便。S7-200 SMART PLC CPU 本机模块集成了 Micro SD 卡插槽，使用市场上通用的 Micro SD 卡即可实现程序的更新和 PLC 固件升级。

(5) 运动功能的升级。S7-200 SMART PLC 的 CPU 模块本体最多集成 3 路高速脉冲输出，频率高达 100 kHz，支持 PWM/PTO 输出方式以及多种运动模式，可自由设置运动包络；配以方便易用的向导设置功能，可快速实现设备调速、定位等功能。

（6）功能更加齐全。S7-200 SMART 可编程控制器、Smart Line IE 触摸屏和 SI-NAMICS V20 变频器完美整合，为 OEM 客户带来高性价比的小型自动化解决方案，可满足客户对于人机交互、控制、驱动等功能的全方位需求。另外，随着 S7-200 SMART 的推广应用，很多其他公司的触摸屏和变频器也支持新型的 S7-200 SMART PLC。

3. S7-200 SMART 与 S7-200 的软件区别

S7-200 SMART 继承了 S7-200 的优点，例如先进的程序结构、灵活方便的寻址方法、强大的通信功能、简化复杂任务的向导和库、PID 参数自整定功能等。

（1）S7-200 SMART 的编程语言、指令系统和监控方法与 S7-200 兼容。除了少数几条与硬件有关的指令，其他指令与 S7-200 的相同，熟悉 S7-200 的用户几乎不需要任何培训就可以使用 S7-200 SMART。

（2）相对于 STEP7－Micro/WIN 软件来说，STEP7-Micro/WIN SMART 的软件更人性化，如新颖的带状式菜单、全移动式界面窗口、方便的程序注释功能等。STEP7-Micro/WIN 编程软件中的系统快、数据块、状态图标等都不支持拖动功能，位置是固定的，而 STEP7-Micro/WIN SMART 的编程软件都可以支持拖动功能，这给调试程序带来了方便。

（3）STEP7-Micro/WIN 的 PLC 不支持硬件组态功能，而 STEP7-Micro/WIN SMART 的 PLC 支持硬件组态功能。

（4）S7-200 SMART 的软件自带 Modbus RTU 指令库和 USS 协议指令库，而 S7-200 则需要用户自己安装这些库。S7-200 SMART Modbus 主站指令和从站指令读写相同字节数数据的时间、初始化 Modbus RTU 的 CRC 表格的时间不到 S7-200 的二十分之一。

（5）与 S7-200 一样，S7-200 SMART 的编程软件集成了简易快捷的向导设置功能，只需按照向导的提示，设置每一步的参数就可以完成复杂功能的设定，允许用户直接设置某一步的功能。S7-200 的编程软件 STEP 7-Micro/WIN 在某一时刻只能显示程序编辑器、符号表、状态表、数据块和交叉引用表中的一个。S7-200 SMART 的变量表、输出窗口、交叉引用表、数据块、符号表、状态图表均可以浮动、隐藏和停靠在程序编辑器或软件界面的四周，浮动时可以调节表格的大小和位置，可以同时打开和显示多个窗口；项目树窗口也可以浮动、隐藏和停靠在其他位置。

（6）S7-200 SMART 的帮助增加了搜索功能，指令的帮助不像 S7-200 有固定的区域，而是可以在整个窗口区滚动。光标放到 S7-200 SMART 的指令树或程序编辑器中的指令上时，将显示出该指令的名称和输入、输出参数的数据类型。

（7）S7-200 SMART 的编程软件短小精干，仅有 80 多 MB。S7-200 的编程软件有 300 多 MB，安装编程软件时必须搭配安装很少使用的 TD 400C(已停产)的面板设计工具。S7-200 的编程软件 STEP7 Basic V11 有 3 个多 GB。

（8）与 S7-200 相比，S7-200 SMART 的堆栈由 9 层增加到 32 层，中断程序调用子程序的嵌套层数由 1 层增加到 4 层。

9.2　硬件介绍

1. S7-200 SMART 的 CPU

S7-200 SMART 的 CPU 外观如图 9-1 所示，其外部接口如图中的标注。

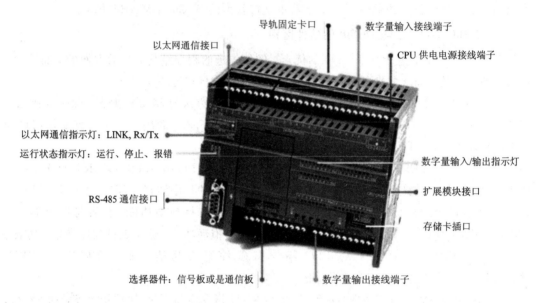

图 9-1　S7-200 SMART CPU 的外观图

CPU 模块有经济型和标准型两类，共 10 种。其中经济型 CPU 有 2 种，没有扩展功能；标准型 CPU 有 8 种，可以扩展 6 种模块。

型号说明如下：

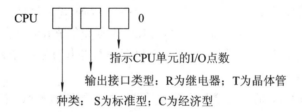

例如，CPU SR60 为标准型，继电器输出，本机 I/O 60 点。

经济型 CPU 内部集成有 4 路 100 kHz 的计数器，2 个通信端口，1 个以太网和 1 个485 接口；标准型 CPU 内部集成有 4 路 200 kHz 的计数器，本机模块有 2 个通信端口，还可以扩展 1 个通信接口，有 4 个输入中断，2 个定时中断。CPU SR60/ST60 的程序区大小为 30 KB，用户数据区大小为 20 KB，最大数字量 I/O 252 点。标准型 CPU 最大模拟量 36点；晶体管输出的 CPU 有 2 个或 3 个 100 kHz 高速输出。

S7-200 SMART CPU 的主要技术指标如表 9-1 所示。

表 9－1　S7-200 SMART CPU 的主要技术指标

	CR40	CR60	SR20	ST20	SR30	ST30	SR40	ST40	SR60	ST60
紧凑型，不可扩展	√	√								
标准型，可扩展			√	√	√	√	√	√	√	√
继电器输出	√	√	√		√		√		√	
晶体管输出（DC）				√		√		√		√
I/O 点（内置）	40	60	20	20	30	30	40	40	60	60

（1）标准型 CPU 的性能指标如表 9－2 所示。

表 9－2　标准型 CPU 的主要性能指标

特性		CPU SR20、CPU ST20	CPU SR30、CPU ST30	CPU SR40、CPU ST40	CPU SR60、CPU ST60
尺寸：W×H×D(mm)		90×100×81	110×100×81	125×100×81	175×100×81
用户存储器	程序	12 KB	18 KB	24 KB	30 KB
	用户数据	8 KB	12 KB	16 KB	20 KB
	保持性	最大 10 KB①	最大 10 KB①	最大 10 KB①	最大 10 KB①
板载数字量 I/O	输入	12 DI	18 DI	24 DI	36 DI
	输出	8 DQ	12 DQ	16 DQ	24 DQ
扩展模块		最多 6 个	最多 6 个	最多 6 个	
信号板		1	1	1	1
高速计数器		200 kHz 时 4 个，针对单相；100 kHz 时 2 个，针对 A/B 相	200 kHz 时 4 个，针对单相；100 kHz 时 2 个，针对 A/B 相	200 kHz 时 4 个，针对单相；100 kHz 时 2 个，针对 A/B 相	200 kHz 时 4 个，针对单相；100 kHz 时 2 个，针对 A/B 相
脉冲输出②		2 个，100 kHz	3 个，100 kHz	3 个，100 kHz	3 个，100 kHz
PID 回路		8	8	8	8
实时时钟，备用时间 7 天		有	有	有	有

①：可组态 V 存储器、M 存储器、C 存储器的存储区（当前值）以及 T 存储器要保持的部分（保持性定时器上的当前值），最大可为最大指定量。

②：指定的最大脉冲频率仅适用于带晶体管输出的 CPU 型号。对于带继电器输出的 CPU 型号，不建议进行脉冲输出操作。

（2）紧凑型不可扩展 CPU 的性能指标如表 9-3 所示。

表 9-3　紧凑型不可扩展 CPU 的主要性能指标

特性		CPU CR40	CPU CR60
尺寸：W×H×D(mm)		125×100×81	175×100×81
用户存储器	程序	12 KB	12 KB
	用户数据	8 KB	8 KB
	保持性	最大 10 KB[①]	最大 10 KB[①]
板载数字量 I/O	输入	24 DI	36 DI
	输出	16 DQ	24 DQ
扩展模块		无	无
信号板		无	无
高速计数器		100 kHz 时 4 个，针对单相；50 kHz 时 2 个，针对 A/B 相	100 kHz 时 4 个，针对单相；50 kHz 时 2 个，针对 A/B 相
PID 回路		8	8
实时时钟，备用时间 7 天		无	无

①：可组态 V 存储器、M 存储器、C 存储器的存储区（当前值）以及 T 存储器要保持的部分（保持性定时器上的当前值），最大可为最大指定量。

2. 信号板

SMART 标准型的 CPU 配置有 4 种信号板，对于少量的灵活的 I/O 点数扩展、通信端口的扩展需求，信号板能够提供更加经济、灵活的解决方案，可以满足一些特定的、简单的控制需要，无需购置扩展模块。信号板相对于扩展模块，体积小、安装方便、性价比高。4 种信号板的规格及性能如下：

- SB AQ01：1 点模拟量输出信号板，精度为 12 位。
- SB DT04：2 点数字量直流输入/2 点数字量晶体管输出。
- SB CM01：RS-485/RS-232 信号板，在软件中设置即可转换。
- SB BA01：电池信号板，使用 CR1025 钮扣电池，保持时钟运行大约一年。

3. 扩展模块

PLC 扩展模块的使用，除了增加 I/O 点数的需要外，还增加了 PLC 许多控制功能。S7-200 SMART CPU 主要扩展模块的种类如表 9-4 所示。

表 9 - 4 S7-200 SMART CPU 常用的扩展模块型号及用途

分　类	型　号	功　能　用　途
数字量输入/ 输出扩展模块	EMDI08	8 点数字量输入模块
	EMDT08	8 点数字量输出模块（晶体管型）
	EMDR08	8 点数字量输出模块（继电器型）
	EMDT16	8 点数字量输入模块，8 点数字量输出模块（晶体管型）
	EMDR16	8 点数字量输入模块，8 点数字量输出模块（继电器型）
	EMDT32	16 点数字量输入模块 16 点数字量输出模块（晶体管型）
	EMDR32：	16 点数字量输入模块，16 点数字量输出模块（继电器型）
模拟量输入/ 输出模块	EMAE04	4 点模拟量输入
	EMAQ02	2 点模拟量输出
	EMAM06	4 点模拟量输入，2 点模拟量输出
温度传感器 接口模块	EMAT04	4 点热电偶输入接口模块（16 位）
	EMAR02	2 点热电阻输入接口模块（16 位）

4. 通信设备

S7-200 SMART 可实现 CPU、编程设备和 HMI 之间的多种通信。通过不同的通信设备来完成特定的通信功能。S7-200 SMART 标准型 CPU 集成了以太网接口和 RS-485 通信接口，通过连接信号板还可以扩展 RS-232 接口，三种接口支持的功能如下。

1）以太网
- 编程设备到 CPU 的数据交换。
- HMI 与 CPU 间的数据交换。
- 与其他 S7-200 SMART CPU 的对等通信。

2）RS-485
- 总共支持 126 个可寻址设备（每个程序段 32 个设备）。
- 支持 PPI（点对点接口）协议。
- HMI 与 CPU 间的数据交换。
- 使用自由端口在设备与 CPU 之间交换数据（XMT/RCV 指令）。

3）RS-232
- 支持与一台设备的点对点连接。
- 支持 PPI 协议。
- HMI 与 CPU 间的数据交换。
- 使用自由端口在设备与 CPU 之间交换数据（XMT/RCV 指令）。

9.3 软件介绍

9.3.1 SMART编程软件概述

STEP7-Micro/WIN SMART 提供了一个用户友好的环境，供用户开发、编辑和监视控制应用所需的逻辑。软件的界面如图 9-2 所示。顶部是常见任务的快速访问工具栏，其后是所有公用功能的菜单。左边是用于对组件和指令进行便捷访问的项目树和导航栏。打开的程序编辑器和其他组件占据用户界面的剩余部分。STEP7-Micro/WIN SMART 提供三种程序编辑器（LAD、FBD 和 STL），用于方便高效地开发适合用户应用的控制程序。STEP7-Micro/WIN SMART 还提供了内容丰富的在线帮助系统。

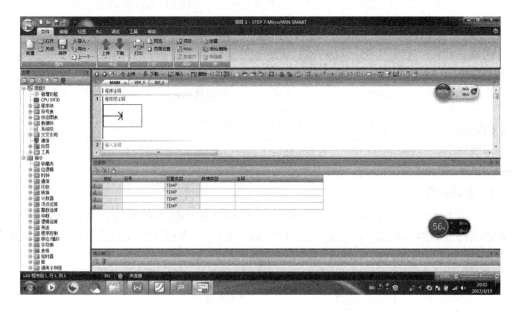

图 9-2　STEP7-Micro/WIN SMART 的编程软件

本节以 STEP7-Micro/WIN SMART V2.0 为基础介绍 S7-200 SMART 编程软件的应用。

STEP7-Micro/WIN SMART 在个人计算机上运行，计算机应满足以下最低要求：

- 操作系统：Windows XP SP3（仅 32 位）、Windows 7（支持 32 位和 64 位）。
- 至少 350M 字节的空闲硬盘空间。
- 鼠标（推荐）。

安装 STEP7-Micro/WIN SMART V2.0 之前，建议关闭所有的应用程序，否则可能装错。将 STEP7-Micro/WIN SMART CD 插入到计算机的 CD-ROM 驱动器中，安装程序将自动启动并引导完成整个安装过程。

9.3.2 SMART 编程软件界面

如图 9 - 3 所示，STEP7-Micro/WIN SMART 编程界面从上到下的区域分别是：标题栏、菜单栏、菜单功能区、程序编辑区和状态栏。

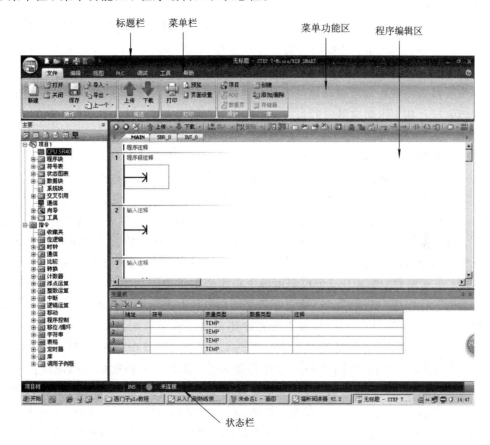

图 9 - 3   STEP7-Micro/WIN SMART 编程软件区域分布图

1. 标题栏

标题栏左侧为快速访问工具栏，默认有文件按钮，紧接的右侧有新建按钮、打开按钮、保存按钮和打印按钮等几个按钮。单击快速访问工具栏右边的按钮，出现"自定义快速访问工具栏"菜单，单击"更多命令..."，打开"自定义"对话框，还可以增减快速访问工具栏上的命令按钮。单击文件按钮 文件 ，可以快速地访问文件菜单的大部分功能，并显示出最近打开过的文件。单击其中的某个文件，可以直接打开它。

标题栏中间部分为本次编辑的文档名称 无标题 - STEP 7-Micro/WIN SMART 。

标题栏右侧为文件最小化、最大化和关闭等几个按钮 ▬ □ Ⅹ 。

2. 菜单栏

菜单栏自左至右分别为：文件、编辑、视图、PLC 、调试、工具、帮助菜单。单击某个菜单可以打开该菜单的功能区并关闭其他菜单的功能区。

菜单栏最右侧的"?"为帮助页面的快捷按钮，按此快捷按钮即可弹开帮助页。

3. 菜单功能区

菜单功能区提供了菜单相应的功能。利用这些功能可完成对 SMART 程序的建立、编辑、修改、编译、下载、上传、调试和监控等工作。

4. 程序编辑区

在程序编辑区有两个主要的窗口，左侧为项目树和导航栏，右侧为程序编辑器。

项目树用于组织项目。项目树顶端一行左侧有"主要"两字，右键点击两字右侧区域可以把项目树改变为停靠、浮动和隐藏三种状态。左键单击项目树顶端一行最右侧的█符号，也可以使项目树隐藏在程序编辑区的左侧。项目树顶端第二行为导航栏，导航栏上可以在程序编辑区打开和关闭相应对象的窗口。导航栏上有符号表█、状态图表█、数据块█、系统块█、交叉引用█和通信█等按钮。

项目树的项目组件以文件夹树状结构排列，故名项目树，项目树中的主要文件夹有两个：第一个是程序项目相关的设定和操作文件夹；第二个是指令文件夹。

在第一个项目名称文件夹中自上而下包含的项目组件有程序块、符号表、状态图表、数据块、系统块、交叉引用、通信、向导、工具。点击项目树中文件夹左侧的＋、－符号可以展开、隐藏文件夹中的内容。当相关文件夹打开之后，点击文件夹下展开的项目组件即可打开相应的窗口进行编辑和设定。其中，"程序块"文件夹下包含项目相关的程序结构，即主程序、子程序和中断程序。可以利用插入功能增加子程序和中断程序，或者删除功能删除多余的子程序或中断程序。已确定好程序结构以后点击相关的程序单元(POU)可以打开该程序单元的编辑窗口，子程序和中断程序还可以在程序编辑过程中进行调用。"符号表"文件夹下包含表格 1、系统符号、POU 符号、I/O 符号。其中，POU 符号是系统加密的，用户不能修改且不能删除；I/O 符号也是加密的，用户不能修改但可以删除；表格 1，系统符号可以编辑，支持重命名、复制、粘贴、插入和删除等操作。"状态图表"文件夹下有图表 1 供用户编辑，支持重命名、复制、粘贴、插入和删除等操作。"数据块"文件夹下有页面 1，除了普通的操作之外，还可以设置属性、导入和导出等功能。"数据块"文件夹下面是"系统块"选项，点击系统块选项可以弹出系统块窗口，可以设置系统块相关的内容。"交叉引用"文件夹下有交叉使用、字使用、位使用三个选项，单击之后可以打开相应的窗口，供用户查询程序使用内部元件的情况，执行编译时，才显示内部元件的使用情况，不支持用户编辑。"交叉引用"文件夹下面是"通信"，点击其可以弹出通信窗口，设置通信情况。"向导"文件夹下是 SMART 软件的一些特殊功能，主要有运动、高速计数、PID、PWM、文本显示、GET/PUT、数据日志等选项，单击某一选项即选中某一功能的向导，根据向导可以设定相应的功能。"工具"文件夹下有运动控制面板、PID 整定控制面板、SMART 组态控制面板。单击相应的选项，可以打开相应的面板进行操作。

在第二个指令文件夹中，包含了 S7-200 编辑所用的指令系统，点击文件夹左侧的＋、－符号可以展开、隐藏文件夹中的具体指令供编辑程序使用。

项目树的操作方法为：单击项目树中文件夹左边有加减符号的小方框，可以打开或关闭该文件夹。也可以双击文件夹打开它。右键单击项目树中的某个文件夹可以用快速菜单中的命令做打开、插入等操作，允许的操作与具体的文件夹的功能有关。文件夹打开之后，文件夹中的操作供组态设置编辑程序之用，右键点击相应的选项还可以进行打开、复制、剪切、粘贴、插入、删除、重命名、设置属性等操作。允许的操作与具体的对象有关。

在程序编辑器的顶部是工具栏，主要有一些快捷功能键，下方是程序标题栏，其下面为程序编辑区域。此窗口为主窗口，显示比例可以调节，但是不能关闭。其他的窗口(符号表、状态图表等)通过左侧的指令树可以打开，可以隐藏也可以关闭。

5. 状态栏

在程序编辑区的底部为状态栏，自左至右依次为，鼠标操作的位置(项目树或程序编辑器的某一位置)、编辑状态(INS 插入或 OVR 覆盖)、通信状态(未连通或已连通 PLC 的 IP 地址)、程序编辑区的显示比例调节滑动块。状态栏显示的内容可以通过设置来增加和删除。

9.3.3 自定义 STEP7-Micro/WIN SMART 的外观

STEP7-Micro/WIN SMART 提供多种方式以访问和显示信息。可以移动、关闭或最小化程序设计时需要的窗口(如变量表和符号表)，仅在必要时调出这些窗口。这样可为主要项目——项目树和程序编辑器窗口腾出最大的空间。编译时输出窗口自动恢复。

1. 查看窗口

方法一是在"视图"(View)菜单功能区的"窗口"(Windows)区域的"组件"(Component)下拉列表中，选择要显示的对象。方法二是双击项目树中的对象(如状态图表或数据块页面)进行显示。

2. 更改窗口外观

除了始终显示在固定位置的程序编辑器窗口之外，所有窗口均可取消停放并移动到所选的任意位置。要移动窗口，可使用以下方法之一。

方法一：单击窗口框架，然后将其拖动到要显示的位置。

方法二：右键单击停放窗口，然后选择"浮动"(Floating)，该窗口将浮动显示在 STEP7-Micro/WIN SMART 窗口内部，可将其移动到任意位置，包括 STEP7-Micro/WIN SMART 窗口外部。

方法三：右键单击浮动窗口，然后选择"停放"(Docking)，默认情况下窗口将停靠在 STEP7-Micro/WIN SMART 窗口底部。

方法四：如果要停靠浮动窗口，请将其移动到一个方向指示器上方，以将其停靠在程序编辑器窗口或整个 STEP7-Micro/WIN SMART 窗口的顶部、底部、左侧或右侧区域。移动到方向指示器上方时，可以看到各个选择的停放位置。

方法五：将一个窗口拖动到另一窗口之上可使该窗口成为第一个窗口的选项卡。这样，可将多个窗口合并起来，以免使工作区显得杂乱无序。之后可使用选项卡切换窗口。

3. 关闭窗口

要关闭窗口，单击窗口右上角的"×"即可。

4. 调整窗口大小

使用窗口各边角的图标可调整其大小。请注意，当最大化窗口时，其按钮显示在 STEP7-Micro/WIN SMART 窗口按钮下方的菜单条区中。

5. 固定窗口和窗口隐藏

可使用图钉按钮取消窗口固定或将其固定在适当位置。取消固定后，窗口最小化到 STEP 7-Micro/WIN SMART 窗口底部托盘，与任何其他"已取消固定"窗口显示在一起。

可单击托盘中已取消固定的窗口将其恢复。

6. 使用选项卡查看窗口的不同组件

程序编辑器(Program Editor)、状态图表(Status Chart)、符号表(Symbol Table)和数据块(Data Block)等窗口均有多个选项卡。例如，程序编辑器窗口包含允许用户在主程序(OB1)、子例程和中断例程之间导航的选项卡。显示多个窗口时，每一窗口包含的所有选项卡不一定全都可见。可以使用选项卡旁的一对滚动箭头，从第一个选项卡浏览到最后一个选项卡。选项卡旁边的一对滚动箭头用于浏览选项卡。请勿将其与用于垂直和水平滚动窗口本身的滚动箭头混淆。

9.3.4 使用 SMART 编程软件编辑下载程序

1. 简介

1) 将 CPU 连接至电源

SMART 的 CPU 有两种供电方式，分别是直流 24 V 供电和交流 220 V 供电，具体的供电方式取决于 CPU 的型号，接线方式如图 9-4 所示。

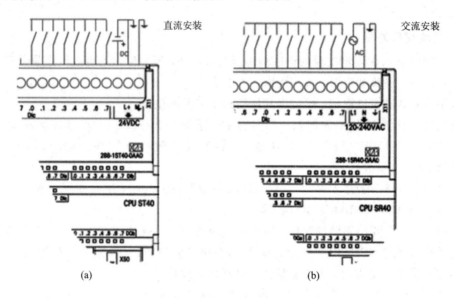

图 9-4 SMART 的 CPU 的两种供电方式

(a) 直流供电方式；(b) 交流供电方式

2) 建立硬件通信连接

图 9-5 所示为将 CPU 通过以太网口接入编程设备。

在 CPU 和编程设备之间建立通信时请考虑以下几点：

• 组态/设置：单个 CPU 不需要硬件配置。如果想要在同一个网络中安装多个 CPU，则必须将默认 IP 地址更改为新的唯一的 IP 地址。

图 9 - 5 将 CPU 通过以太网口接入编程设备

- 一对一通信不需要以太网交换机；网络中有两个以上的设备时需要以太网交换机。

3）软件设置与 CPU 建立通信

在 STEP7-Micro/WIN SMART 中，使用以下方法之一显示"通信"（Communications）对话框，组态与 CPU 的通信：

- 在项目树中，双击"通信"（Communications）节点。
- 单击导航栏中的"通信"（Communications）按钮。
- 在"视图"（View）菜单功能区的"窗口"（Windows）区域内，从"组件"（Component）下拉列表中选择"通信"（Communications）。

"通信"（Communication）对话框提供了两种方法来选择所要访问的 CPU：

- 单击"查找 CPU"（Find CPU）按钮以使 STEP7-Micro/WIN SMART 在本地网络中搜索 CPU。在网络上找到的各个 CPU 的 IP 地址将在"找到 CPU"（Found CPU）下列出。

- 单击"添加 CPU ..."（Add CPU ...）按钮，输入所要访问的 CPU 的访问信息（IP 地址等）。通过此方法添加的各 CPU 的 IP 地址将在"添加 CPU"（Added CPU）中列出并保留。

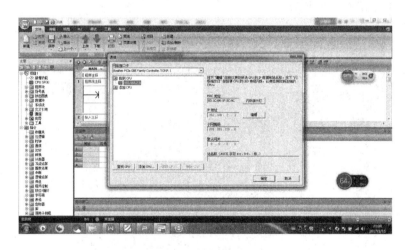

图 9 - 6 编程软件与 CPU 的通信

对于"已发现 CPU"（CPU 位于本地网络），可通过"通信对话框"（Communications dialog）与您的 CPU 建立连接：

- 选择网络接口卡的 TCP/IP。
- 单击"查找 CPU"（Find CPU）按钮，将显示本地以太网网络中所有可操作 CPU

（"已发现 CPU"）。所有 CPU 都有默认 IP 地址，如图 9-6 所示。

• 选中高亮显示 CPU，然后单击"确定"（OK）按钮。

4）图解使用编程软件编辑下载程序的一般过程

（1）启动运行 S7-200 SMART 软件。如图 9-7 所示，创建项目或打开已有的项目。

单击快速访问工具栏最左边的"新建"按钮，生成一个新的项目。单击快速访问工具栏上的"打开"按钮，可以打开已有的项目（包括 S7-200 的项目）。

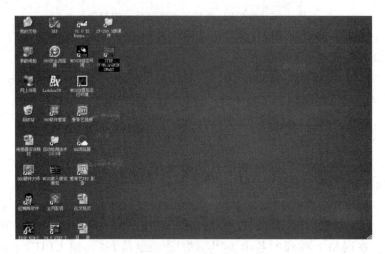

图 9-7　启动编程软件

（2）设置硬件组态。点击项目 1 下面的系统块图表按钮，在弹出的系统块对话框中设置硬件组态，如图 9-8、图 9-9 所示。

（3）设置通信组态。点击指令树中的通信按钮，在弹出的通信对话框中，设置通信组态，如图 9-10、图 9-11 所示。

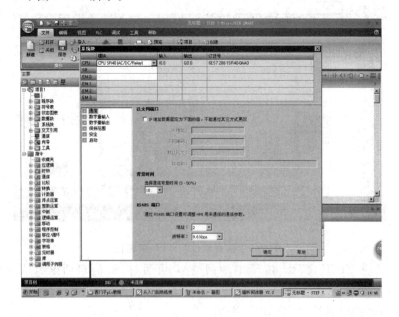

图 9-8　设置硬件组态

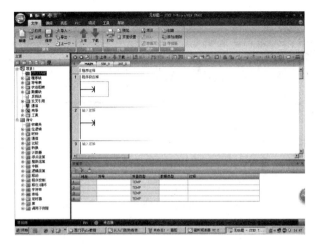

图 9 - 9　硬件 CPU 组态为 CPU SR40

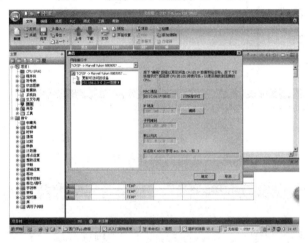

图 9 - 10　设置通信组态

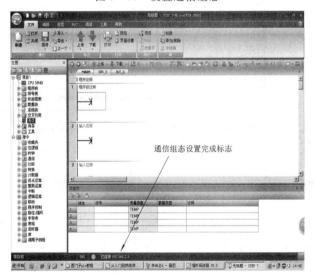

图 9 - 11　设置通信组态完成标志

（4）编辑输入程序。如图9-12所示，在程序编辑器件编辑输入程序。

图 9-12　在程序编辑器中编辑输入程序

（5）编译程序。点击程序编辑器顶端的编译按钮，编译程序，如图9-13所示。

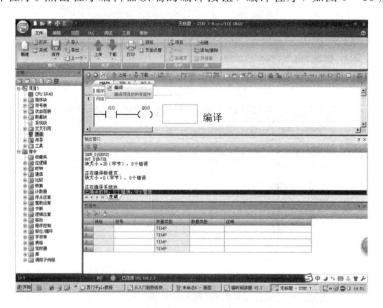

图 9-13　编译程序

（6）下载程序块。点击程序编辑器顶端的下载按钮下载程序，如图9-14所示。

（7）将PLC置于运行状态。点击程序编辑器顶端的运行按钮，置于运行状态，如图9-15所示。

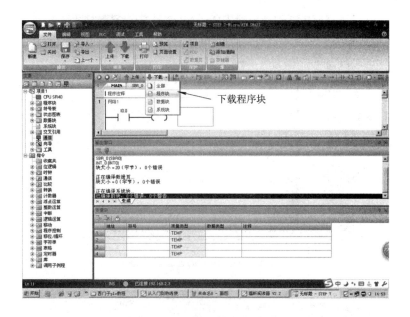

图 9-14　下载程序

图 9-15　将 PLC 置于运行状态

（8）对程序运行情况进行监控。如图 9-16 所示，当 I0.0 未接通时，Q0.0 断开；如图 9-17 所示，当 I0.0 接通时，Q0.0 接通。

（9）结束监控，回到编辑状态。点击箭头所指的按钮，即解除监控状态，如图 9-18 所示。

若通信仍然连接不上，可检查计算机的 IP 地址与 PLC 是否在同一网段。

下面一步一步地讲解程序的编辑与下载的具体操作。

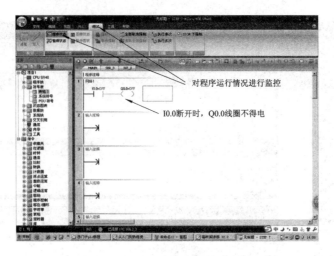

图 9-16　程序状态监控(一)

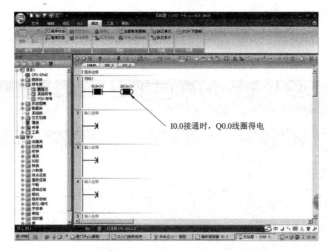

图 9-17　程序状态监控(二)

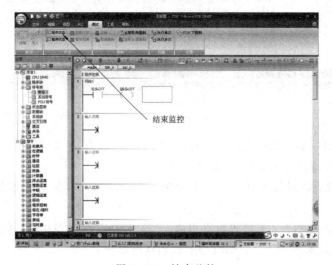

图 9-18　结束监控

2. 建立文件

1）创建项目

单击快速访问工具栏最左边的"新建"按钮，生成一个新的项目。单击快速访问工具栏上的"打开"按钮，可以打开已有的项目（包括 S7-200 的项目）。

2）硬件组态

硬件组态的任务就是用系统块生成一个与实际的硬件系统相同的系统，组态的模块和信号板与实际的硬件安装的位置和型号最好完全一致。组态硬件时，还需要设备各模块和信号板的参数，即给参数赋值。下载项目时，如果项目中组态的 CPU 型号或固件版本号与实际的 CPU 型号或固件版本号不匹配，STEP7-Micro/WIN SMART 将发出警告信息，但可以继续下载；如果连接的 CPU 不支持项目需要的资源和功能，将发出警告信息，也可以继续下载；如果连接的 CPU 不支持项目需要的资源和功能，将会出现下载错误。

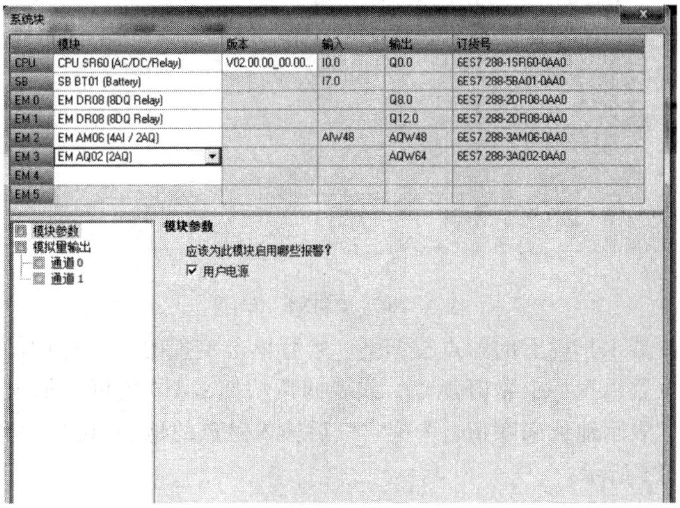

图 9-19　系统块

单击导航栏上的"系统块"按钮，或双击项目树中的系统块图标，打开系统块（见图 9-19）。默认的 CPU 的型号和版本号如果与实际的不一致，则单击 CPU 所在行的"模块"列单元最右边隐藏的按钮▼，用出现的 CPU 下拉式列表将它改为实际使用的 CPU 即可。单击信号板 SB 所在行的"模块"列单元最右边隐藏的按钮▼，设置信号板的型号。如果没有使用信号板，则该行为空白。用同样的方法在 EM0～EM5 所在的行设置实际使用的扩展模块的型号。扩展模块必须连续排列，中间不能有空行。硬件组态给出了 PLC 输入/输出点的地址，为设计用户程序打下了基础。选中"模块"列的某个单元，可以用计算机的 Delete 键删除该行的模块或信号板。单击界面左上角的"文件"按钮 文件 ，执行"另存为"命令，可以修改项目的名称和保存项目文件的文件夹。

3）保存文件

单击快速访问工具栏上的"保存"按钮🖫，在出现的"另存为"对话框中输入项目的文件名"×××"，设置保存项目的文件夹。单击"保存"按钮，软件将所有项目数据（程序、数据块、系统块、符号表、状态图和注释等）的当前状态存储在后缀为 smart 的单个文件中。

3．编辑用户程序

1）编写用户程序

生成新项目后，程序编辑器自动生成三个程序，MAIN 主程序、SBR_0 子程序和 INT_0 中断程序。默认打开的是主程序 MAIN(OB1)，程序段 1 最左边的箭头处有一个矩形光标(见图 9-20)。

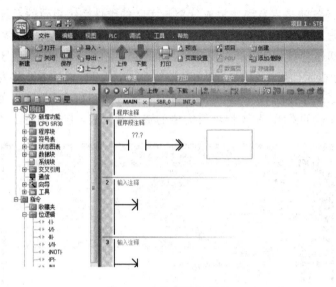

图 9-20　编辑输入程序

单击程序编辑器工具栏上的触点按钮，然后单击出现的对话框中的常开触点，将在矩形光标所在的位置出现一个常开触点。或者使用快捷键 F4 也可以插入触点。触点上面红色的问号"??.?"表示地址未赋值，选中它以后输入触点的地址 I0.0，光标将移动到触点的右边，如图 9-21 所示。

图 9-21　输入触点

单击程序编辑器工具栏上的触点按钮 ，或者按下 F6 快捷键，然后单击出现的对话框中的常闭触点，生成一个常闭触点，或者按快捷键 F6 也可以插入线圈。输入线圈的地址 Q0.0，如图 9 - 22 所示。

图 9 - 22　输入线圈

在程序段 2 中先用上面的方法放置一个常开触点 I0.1，然后在 I0.1 的后面串联一个接通延时定时器。

有三种方法可以在程序中生成接通延时定时器：

• 将指令列表"定时器"文件夹中的 TON 图标拖放到编辑区域的双箭头所在的位置。

• 将光标放到图的水平双箭头上，然后双击指令列表中的 TON 图标，在光标处生成接通延时定时器。

• 将光标放到图的水平双箭头上，单击工具栏上的"插入框"按钮，向下拖动打开的指令列表中的垂直滚动条，显示出指令 TON 后单击它，在光标处生成接通延时定时器。出现指令列表对话框后键入 TON，将会自动显示和选中指令列表中的 TON，单击它将在光标处生成接通延时定时器。

在 TON 方框上面输入定时器的地址 T37。单击 PT 输入端的红色问号"????"，键入以 100 ms 为单位的时间预设值 100(10 s)。图 9 - 23 所示是程序段 2 输入结束后的梯形图。

2）对程序段的操作

梯形图程序被划分为若干个程序段，编辑器在程序段的左边自动给出程序段的编号。一个程序段只能有一块不能分开的独立电路，某些程序段可能只有一条指令（例如 SCRE）。如果一个程序段中有两块独立电路，在编译时将会出现错误，显示"程序段无效，或者程序段过于复杂，无法编译"。语句表允许将若干个独立电路对应的语句放在一个程

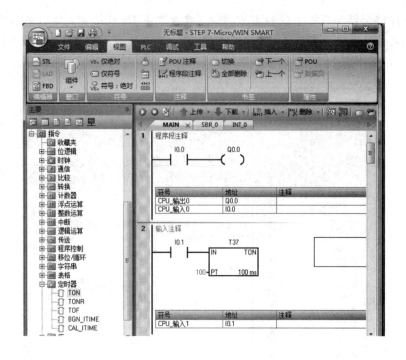

图 9 - 23　输入定时器

序段中。梯形图一定能转换为语句表程序。但是只有将语句表程序正确地划分为程序段，才能将语句表程序转换为梯形图。不能转换的程序段将显示"无效程序段"。

程序编辑器中输入的参数或数字用红色文本表示非法的语法，数值下面的红色波浪线表示数值超出范围或数值对该指令不正确。数值下面的绿色波浪线表示正在使用的变量或符号尚未定义。STEP7-Micro/WIN SMART 允许先编写程序，后定义变量和符号。

用鼠标左键单击程序区左边的灰色序号区，对应的程序段被选中，整个程序段的背景色变为深蓝色。单击程序段左边灰色的部分后，按住鼠标左键，在程序区内往上或往下拖动，可以选中相邻的若干程序段。可以用删除(Delete)键删除选中的程序段，或者通过剪贴板复制、剪切、粘贴选中的程序段中的程序。用矩形光标选中梯形图中某个编程元件后，可以删除它，或者通过剪贴板复制和粘贴它。

将鼠标指针悬停在某条指令上，将会显示该指令的名称和参数的数据类型。

选中指令列表或程序中的某条指令后按 F1 键，可以得到与该指令有关的在线帮助。

3) 打开和关闭注释

主程序、子程序和中断程序总称为程序组织单元(POU)。可以在程序编辑器中为POU 和程序段添加注释(见图 9 - 24)。单击工具栏上的"POU 注释"按钮或"程序段注释"按钮，可以打开或关闭对应注释。

4) 编译程序

单击程序编辑器工具栏上的"编译"按钮，对项目进行编译。如果程序有语法错误，编译以后在编辑器下面出现的输出窗口将会显示错误个数、各条错误的原因和错误在程序中的位置。双击某一条错误，将会打开出错程序块，用光标指示出错位置。必须改正程序中所有的错误才能下载。编译成功后，显示生成的程序和数据块大小。

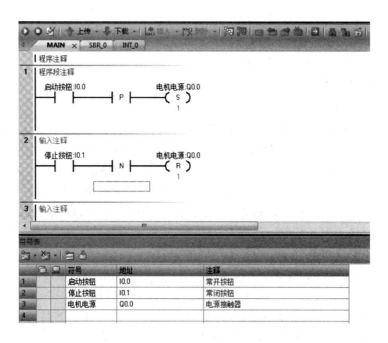

图 9 - 24　程序注释的显示与隐藏

如果没有编译程序,在下载之前编程软件将会自动地对程序进行编译,并在输出窗口显示编译结果。

5)设置程序编辑器参数

单击"工具"菜单功能区的"设置"区域中的"选项"按钮,打开"选项"对话框(见图9 - 25),选中"LAD",可以设置梯形图编辑器中网格(即矩形光标)的宽度、字符的字体、样式和大小等属性。样式上面的图形显示参数设置的效果。

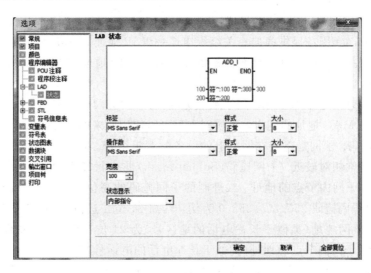

图 9 - 25　设置程序编辑器参数

选中"LAD"下面的"状态",可以设置梯形图程序状态监控时上述的参数以及符号地址和状态值在方框指令的方框内还是方框外显示。单击左边窗口中的某个对象,可以进行有关的参数设置。选中左边窗口的"常规"节点，在右边窗口可以选择使用"国际"或"SIMAT-IC"助记符集，它们分别是英语和德语指令助记符。单击左边窗口的"项目"节点，再单击"浏览"按钮，可以设置默认的文件位置。

4. 通信的具体操作

1) 以太网基础知识

(1) 以太网。西门子的工业以太网最多可以有 32 个网段、1024 个节点。以太网可以实现 100 Mb/s 的高速长距离数据传输，铜缆最远约为 1.5 km，光纤最远约为 4.3 km。

可以将 S7-200 SMART CPU 链接到基于 TCP/IP 通信标准的工业以太网，自动检测全双工或半双工通信，自适应 10/100 Mb/s 通信速率。以太网用于 S7-200 SMART 与编程计算机、人机界面和其他 S7PLC 的通信。通过交换机可以与多台以太网设备进行通信，实现数据的快速交换。STEP7-Micro/WIN SMART 只能通过以太网端口用普通网线下载程序。

(2) MAC 地址。MAC(Media Access Control，媒体访问控制)地址是以太网端口设备的物理地址。通常由设备生产厂家将 MAC 地址写入 E^2PROM 或闪存芯片。在传输数据时，用 MAC 地址标识发送和接收数据的主机的地址。在网络底层的物理传输过程中，通过 MAC 地址来识别主机。MAC 地址是 48 位二进制数，分为 6 个字节(6B)，一般用十六进制数表示，例如 00-05-BA-CE-07-0C。其中的前 3 个字节是网络硬件制造商的编号，它由 IEEE(电气与电子工程师协会)分配，后 3 个字节代表该制造商生产的某个网络产品(例如网卡)的序列号。形象地说，MAC 地址就像我们的身份证号码，具有全球唯一性。

每个 CPU 在出厂时都已装载了一个永久唯一的 MAC 地址，不能更改 CPU 的 MAC 地址。MAC 地址印在 CPU 正面左上角，打开以太网端口上面的盖板就能看到 MAC 地址。

(3) IP 地址。为了使信息能在太网上准确快捷地传送到目的地，连接到以太网的每台计算机必须拥有一个唯一的 IP 地址。

IP 地址由 32 位二进制数(4B)组成，是 Internet(网际)协议地址。每个 Internet 包必须有 IP 地址，Internet 服务提供商向有关组织申请一组 IP 地址，一般是动态分配给用户的，用户也可以根据接入方式向互联网服务提供商申请一个 IP 地址。在控制系统中，一般使用固定的 IP 地址。

IP 地址通常用十进制数表示，用小数点分隔，例如 192.168.2.117。同一个 IP 地址可以使用具有不同 MAC 地址的网卡，更换网卡后可以使用原来的 IP 地址。

(4) 子网掩码。子网是连接在网络上的设备的逻辑组合。同一个子网中的节点彼此之间的物理位置通常相对较近。子网掩码(Subnet mask)是一个 32 位地址，用于将 IP 地址划分为子网地址和子网内节点的地址。二进制的子网掩码的高位应该是连续的 1，低位应该是连续的 0。以子网掩码 255.255.255.0 为例，其高 24 位二进制数(前 3 个字节)为 1，表示 IP 地址中的子网地址(类似于长途电话的地区号)为 24 位；低 8 位二进制数(最后一个字节)为 0，表示子网内节点的地址(类似于长途电话的电话号)为 8 位。

S7-200 SMART CPU 出厂时默认的 IP 地址为 192.168.2.1，默认的子网掩码为 255.255.255.0。与编程计算机通信的单个 CPU 可以采用默认的 IP 地址和子网掩码。

(5) 网关。网关(或 IP 路由器)是局域网(LAN)之间的链接器。局域网中的计算机可以使用网关向其他网络发送消息。如果数据的目的地不在局域网内，网关数据转发给另一个网络或网络组。网关用 IP 地址来传送和接收数据包。

2）组态以太网地址

（1）用系统块设置 CPU 的 IP 地址。

双击项目树或导航栏中的"系统块"，打开"系统块"对话框，自动选中模块列表中的 CPU 和左边窗口中的"通信"节点，在右边窗口设置 CPU 的以太网端口和 RS-485 端口的参数。图 9-26 中是默认的以太网端口的参数，也可以修改这些参数。

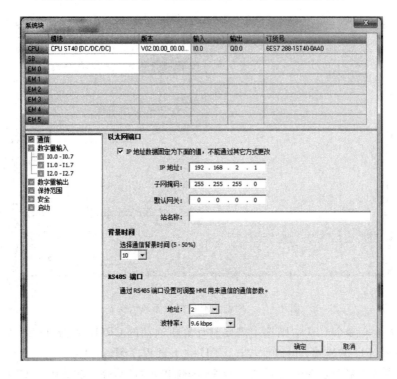

图 9-26　用系统块设置通信组态

如果选中多选框"IP 地址数据固定为下面的值，不能通过其它方式更改"，则输入的是静态 IP 信息，只能在"系统块"对话框中更改 IP 信息，并将它下载到 CPU。如果未选中该多选框，则此时 IP 地址信息为动态 IP 信息，可以在"通信"对话框中更改 IP 信息，或使用用户程序中的 SIP_ADDR 指令更改 IP 信息。静态和动态 IP 信息均存储在永久性存储器中。

子网掩码的值通常为 255.255.255.0，CPU 与编程设备的 IP 地址中的子网地址和子网掩码应完全相同。同一个子网中各设备的子网内的地址不能重叠。如果在同一个网络中有多台 CPU，则除了一台 CPU 可以保留出厂时默认的 IP 地址 192.168.2.1 外，必须将其他 CPU 默认的 IP 地址更改为网络中唯一的其他 IP 地址。

如果连接到互联网，编程设备、网络设备和 IP 路由器可以与全球通信，但是必须分配唯一的 IP 地址，以避免与其他网络用户冲突。应请公司 IT 部门熟悉工厂网络的人员分配 IP 地址。

"背景时间"用于设置通信请求的时间占扫描周期的百分比。增加背景时间将会增加扫描时间，从而减慢控制过程的运行速度，一般采用默认的 10%。

设置完成后，单击"确定"按钮，确认设置的参数，并自动关闭"系统块"对话框。需要通过对"系统块"设置将新的设置下载到 PLC，参数被存储在 CPU 模块的存储器中。

（2）用通信对话框设置 CPU 的 IP 地址。

双击项目树中的"通信"图标，打开"通信"对话框（见图 9 - 27）。用"网络接口卡"下拉式列表选中使用的以太网网卡，单击"查找 CPU"按钮，将会显示出网络上所有可访问的设备中的 IP 地址。

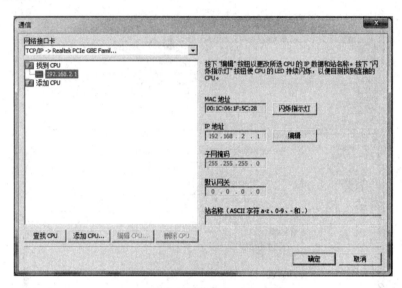

图 9 - 27　用通信对话框设置通信组态

如果网络上有多个 CPU，则选中需要与计算机通信的 CPU，单击"确定"按钮，就建立起了和对应的 CPU 的连接，可以监控该 CPU 并下载程序到该 CPU。

如果需要确认哪个是选中的 CPU，单击"闪烁指示灯"按钮，被选中的 CPU 的 STOP、RUN 和 ERROR 灯将会同时闪烁，直到下一次单击该按钮为止。单击"编辑"按钮可以更改 IP 地址和子网掩码等。单击"确定"按钮，修改后的值被下载到 CPU。如果在"系统块"中组态了"IP 地址数据固定为下面的值，不能通过其它方式更改"，并且将"系统块"内容下载到了 CPU，将会出现错误信息，不能更改 IP 地址。

如果 S7-200 SMART 不能与计算机建立连接（单击"查找 CPU"按钮后没有出现 CPU 的 IP 地址），但是用 Windows 的"运行"对话框执行"PING 192.168.2.1"指令后，CPU 有回复的数据，一般原因是应用程序 pniomgr. exe 被禁止时在开机时自动启动。可以用 360 卫士的"优化加速"的"启动项"选项卡允许它自动启动。在 360 卫士中 pniomgr. exe 被称为"西门子软件的关联启动程序"。

打开 STEP7-Micro/WIN SMART 项目，不会自动选择 IP 地址或建立到 CPU 连接。每次创建新项目或打开现有的 STEP7-Micro/WIN SMART 项目，在线操作（例如下载或改变工作模式）时将会自动打开"通信"对话框，显示上一次连接的 CPU 的 IP 地址，可以采用上一次连接的 CPU，或选择其他显示出 IP 地址的可访问的 CPU，最后单击"确定"按钮确认。

3）在用户程序中设置 CPU 的 IP 信息

SIP_ADDR（设置 IP 地址）指令用参数 ADDR、MASK 和 GATE 分别设置 CPU 的 IP 地址、子网掩码和网关。设置的 IP 地址信息存储在 CPU 的永久存储器中。

4）设置计算机网卡的 IP 地址

对于 Windows XP 操作系统，打开计算机的控制面板，双击其中的"网络连接"图标。在"网络连接"对话框中，用鼠标右键单击通信所用的网卡对应的连接图标，例如"本地连接"图标，执行出现的快捷菜单中的"属性"命令，打开"本地连接 属性"对话框（见图 9-28）。选中"此连接使用下列项目"列表框最下面的"Internet 协议（TCP/IP）"，单击"属性"按钮，打开"Internet 协议（TCP/IP）属性"对话框。

用单选框选中"使用下面的 IP 地址"，键入 PLC 以太子网端口默认的子网地址 192.168.2，IP 地址的第 4 个字节是子网内设备的地址，可以取 0～255 的某个值，但是不能与网络中其他设备的 IP 地址重叠。单击"子网掩码"输入框，自动出现默认的子网掩码 255.225.255.0。一般不用设置网关的 IP 地址。

设置结束后，单击各级对话框中的"确定"按钮，最后关闭"网络连接"对话框。

如果是 Windows 7 操作系统，则用以太网电缆连接计算机和 CPU，打开"控制面板"，单击"查看网络状态和任务"，再单击"本地连接状态"对话框，单击"属性"按钮，在"本地连接 属性"对话框中，选中"此连接使用下列项目"列表框中的"Internet 协议版本 4"，单击"属性"按钮，打开"Internet 协议版本 4（TCP/IPv4）属性"对话框（见图 9-29），设置计算机的 IP 地址和子网掩码。

图 9-28　选择计算机的 IP 协议

图 9-29　设置计算机的 IP 地址

5）以太网电缆连接方式与通信设置

CPU 通过以太网与运行 STEP7-Micro/WIN SMART 的计算机通信。两台设备的一对一通信不需要以太网交换机，含有两台以上设备（CPU、HMI、PC）的网络需要使用以太网交换机或路由器。可以使用普通的交换机或路由器，或使用西门子的 4 端口以太网交换机 CSM 1277。

计算机直接连接单台 CPU 时，可以使用标准的以太网电缆，也可以使用交叉以太网电缆。下载之前应确保计算机与 PLC 的以太网通信正常，还应关闭程序状态监控和状态图表监控。

单击工具栏上的"下载"按钮，如果弹出"通信"对话框，则第一次下载时，用"网络接口卡"下拉式列表选中使用的以太网端口。单击"查找 CPU"按钮，应显示出网络上连接的所有 CPU 的 IP 地址，选中需要下载的 CPU 即可。

9.3.5 用编程软件监控或调试程序

1. 程序编辑器的程序状态监控和调试功能

在运行 STEP7-Micro/WIN SMART 的计算机与 PLC 之间成功地建立起通信连接，并将程序下载到 PLC 之后，便可以使用监控和调试功能了。

可以用程序编辑器的程序状态、状态图表中的表格和状态图表的趋势视图中的曲线，读取和显示 PLC 中数据的当前值，将数据值写入（见图 9-30）或强制（见图 9-31）到 PLC 的变量中去。

可以通过单击工具栏上的按钮或单击"调试"菜单功能区（见图 9-32）的按钮来选择调试工具。

图 9-30　写入功能

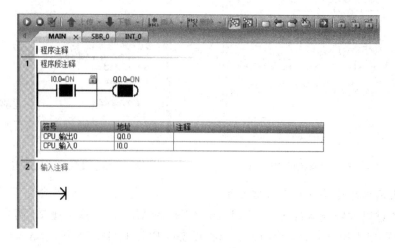

图 9-31　强制功能

图 9-32　梯形图的程序状态监控

在程序编辑器中打开要监控的 POU，单击工具栏上的"程序状态"按钮，开始启用程序状态监控。

如果 CPU 中的程序与打开的项目程序不同，或者在切换使用的编程语言后启用监控功能，可能会出现"时间戳不匹配"对话框（见图 9-33）。单击"比较"按钮，如果经检查确认 PLC 中的程序和打开的项目中的程序相同，对话框中将显示"已通过"。单击"继续"按钮，开始监控。如果 CPU 处于 STOP 模式，将出现对话框询问是否切换到 RUN 模式。如果检查出问题，应重新下载程序。

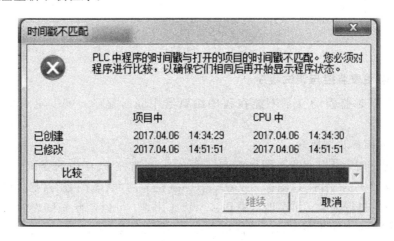

图 9-33　比较时间戳

PLC 必须处于 RUN 模式才能查看连续的状态更新，不能显示未执行的程序区（例如未调用的子程序，中断程序或被 JMP 指令跳过的区域）的程序状态。

在 RUN 模式启动程序状态功能后，将用颜色显示出梯形图中各元件的状态（见图 9-34），左边的垂直"电源线"和与它相连的水平"导线"变为深蓝色。如果线圈和触点处于接通状态，它们中间出现深蓝色的方块，有"能流"通过的"导线"也变为深蓝色。如果有能流流入方框指令 EN（使能）输入端，且该指令被成功执行时，方框指令的方框变为深蓝色，定时器和计数器的方框为绿色时表示它们包含有效数据。红色方框表示执行指令时出现了错误。灰色表示无能流，指令被跳过，未调用或 PLC 处于 STOP 模式。

在 RUN 模式下启用程序状态监控，将以连续方式采集状态值。连续并非意味着实时，而是指编程设备不断地从 PLC 轮询状态信息，并在屏幕上显示，按照通信允许的最快速度更新显示。有可能捕获不到某些快速变化的值（例如流过边沿检测触点的能流），并在屏幕上显示，或者因为这些值变化太快，无法读取。

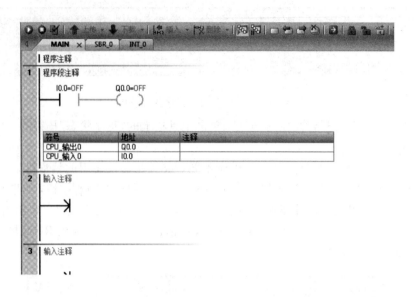

图 9 - 34　监控状态

2. 用状态图表监控与调试程序

如果需要同时监控的变量不能在程序编辑器中同时显示,可以使用状态图表监控功能。

1) 打开和编辑状态图表

在程序运行时,可以用状态图表来读、写、强制和监控 PLC 中的变量。双击项目树的"状态图表"文件夹的"图表 1"图标,或者单击导航栏上的"状态图表"按钮,均可以打开状态图表,并对它进行编辑。如果项目中有多个状态图表,可以用状态图表编辑器底部的标签来切换它们。未启动状态图表的监控功能时,在状态图表的"地址"列键入要监控的变量的绝对地址或符号地址,可以采用默认的显示格式,或用"格式列"隐藏的下拉式列表来改变显示方式。定时器和计数器可以分别按位或字监控。如果按位监控,显示的是它们的输出位的 ON 或 OFF 状态。如果按字监控,显示的是它们的当前值。

选中符号表中的符号单元或地址单元,并将其复制到状态图表的地址列,可以快速地创建要监控的变量。单击状态图表某个"地址"列的单元格后按 ENTER 键,可以在下一行插入或添加一个具有顺序地址和相同显示格式的新的行。

按住 Ctrl 键,将选中的操作数从程序编辑器拖放到状态图表,可以向状态图表添加条目。此外,还可以从 Excell 电子表格复制和粘贴数据到状态图表。

2) 创建新的状态图表

可以根据不同的监控任务创建新的状态图表。选中项目树中的"状态图表"右键选择插入图表按钮,即可创建新的状态图表。

3) 启动和关闭状态图表的监控功能

与 PLC 的通信连接成功后,打开状态图表,单击工具栏上的"图表状态"按钮 ，该按钮被按下(按钮背景变黄色)即启动了状态图表的监控功能。编程软件从 PLC 收集状态信息,在状态图表的"当前值"列将会出现从 PLC 读取的连续更新的动态数据。

启动监控后,用接在输入端子上的小开关来模拟启动按钮和停止按钮,可以看到各个位地址的 ON/OFF 状态和定时器的变化情况。

用二进制格式监控字节、字或双字,可以在同一行中同时监控 8 点、16 点或 32 点的位变量。

4)趋势视图

趋势视图(见图 9-35)用随时间变化的曲线跟踪 PLC 的状态数据。单击状态图表工具栏上的趋势视图按钮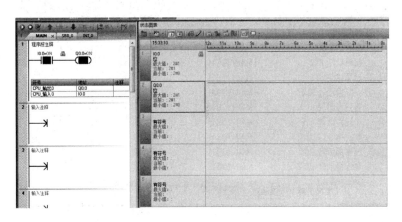,可以在表格视图和趋势视图之间切换。用鼠标右键单击状态图表内部,然后执行弹出菜单中的命令"趋势形式的视图",也可以完成同样的操作。启动趋势视图后,单击工具栏上的"暂停图表"按钮,可以冻结趋势视图。再次单击该按钮,将结束暂停。实时趋势功能不支持历史趋势,即不会保留超出趋势视图窗口的时间范围的趋势数据。

图 9-35 趋势视图

3．调试程序的其他方法

1)使用书签

工具栏上的"切换书签"按钮用于在当前光标指定位置指定的程序段设置或删除书签,单击或按钮,光标将移动到程序下一个或上一个标有书签的程序段。单击按钮,将删除程序中所有的书签。

2)单次扫描

从 STOP 模式进入 RUN 模式,首次扫描位 SM0.1 在第一次扫描时为 ON。由于执行速度太快,在程序运行状态很难观察到首次扫描刚结束的某些编程元件的状态。在 STOP 模式单击"调试"菜单功能区的"扫描"区域中的"执行单次"按钮,PLC 进入 RUN 模式,执行一次扫描后,自动回到 STOP 模式,可以观察到首次扫描后的状态。

3)多次扫描

在 STOP 模式单击"调试"菜单功能区的"扫描"区域中的"执行多次"按钮,在出现的对话框中指定执行程序扫描的次数(1～65536 次)。单击"启动"按钮,执行完指定的扫描次数后,将自动返回 STOP 模式。在 RUN 模式如果使用首次扫描或多次扫描将会出现显示"PLC 处于错误模式"的对话框。

4）交叉引用表

交叉引用表用于检查程序中参数当前的赋值情况，可以防止无意间的重复赋值。必须成功地编译后才能查看交叉引用表。交叉引用表并不下载到 PLC 中。交叉引用表列举出程序中使用的各编程元件所有的触点、在哪一个程序块的程序段出项以及使用的指令，还可以查看哪些存储区域被使用，是作为位(bit)还是作为字节(B)、字(W)或双字(D)使用。交叉引用表中的某一行可以显示出该行的操作数和指令所在的程序段。

打开项目树的“交叉引用”文件夹，双击其中的“交叉引用”（见图 9-36）、“字节使用”（见图 9-37）、“位使用”（见图 9-38），或单击导航栏中的交叉引用按钮，也可以打开交叉引用表。

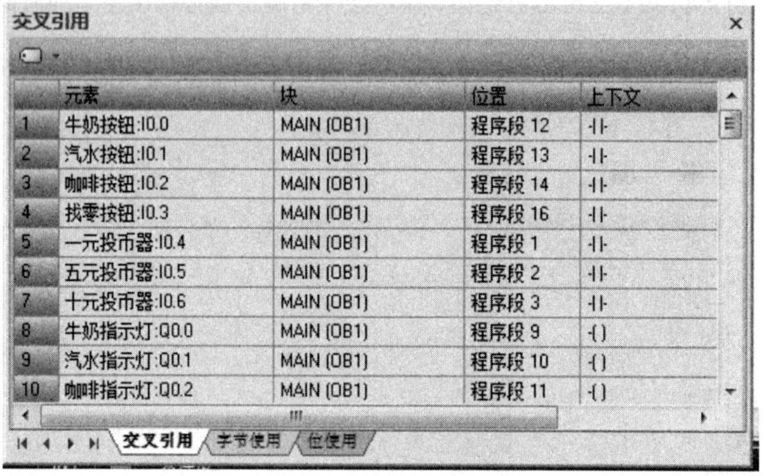

	元素	块	位置	上下文
1	牛奶按钮:I0.0	MAIN (OB1)	程序段 12	-| |-
2	汽水按钮:I0.1	MAIN (OB1)	程序段 13	-| |-
3	咖啡按钮:I0.2	MAIN (OB1)	程序段 14	-| |-
4	找零按钮:I0.3	MAIN (OB1)	程序段 16	-| |-
5	一元投币器:I0.4	MAIN (OB1)	程序段 1	-| |-
6	五元投币器:I0.5	MAIN (OB1)	程序段 2	-| |-
7	十元投币器:I0.6	MAIN (OB1)	程序段 3	-| |-
8	牛奶指示灯:Q0.0	MAIN (OB1)	程序段 9	-( )
9	汽水指示灯:Q0.1	MAIN (OB1)	程序段 10	-( )
10	咖啡指示灯:Q0.2	MAIN (OB1)	程序段 11	-( )

图 9-36　交叉引用

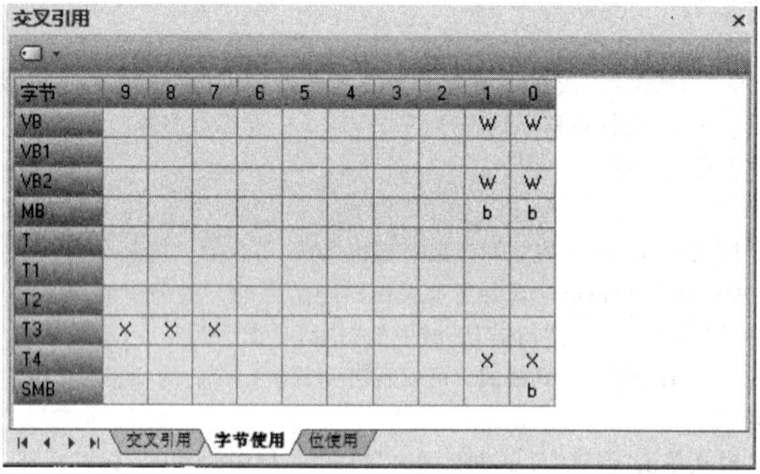

字节	9	8	7	6	5	4	3	2	1	0
VB									W	W
VB1										
VB2									W	W
MB									b	b
T										
T1										
T2										
T3	X	X	X							
T4									X	X
SMB										b

图 9-37　交叉引用中字节使用情况

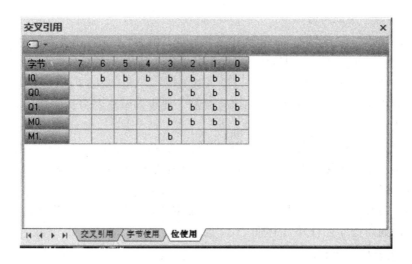

图 9-38　交叉引用中位使用情况

9.3.6　符号表与符号地址的使用

1. 打开符号表

为了便于程序的阅读与调试，可以用符号表（见图 9-39）来定义地址或常数的符号。可以为存储器类型 I、Q、M、SM、AI、AQ、V、S、C、T、HC 创建符号名，在符号表中定义的符号属于全局变量，可以在所有的程序组织单元中使用它们。可以在创建之前或创建之后定义符号。符号表有专用符号表和用户自定义符号表。专用符号表有 POU 符号表、默认 I/O 符号表、系统符号表。点击指令树中下拉菜单中的符号表按钮，即可打开符号表。

图 9-39　符号表

2. 创建符号表

用户可以创建多个自定义符号表，系统会为用户默认建立一个表格 1，用户可以右键选择插入新的符号表，也可以删除符号表，还可以为符号表重命名。成功插入新的符号表后，符号表窗口底部会出现新的选项卡，通过单击这些选项卡可打开不同的符号表。

3．在符号表中生成符号

在打开的用户符号表中的"符号"列键入符号名，例如"一元投币器"，在"地址"列中键入地址或常数。可以在"注释"列键入最多 79 个字符的注释。符号名最多包含 23 个字符，可以使用英文字母、数字字符、下划线以及 ASCII128～ASCII255 的扩充字符和汉字。

在为符号指定地址或常数之前，用绿色波浪下划线表示该符号为未定义符号。在地址列键入地址或常数后，绿色波浪线消失。

符号表用 ■ 表示地址重叠的符号，用 ■ 表示未使用的符号。键入时用红色的文本表示下列语法错误：符号以数字开始、使用关键字作为符号或使用无效的地址。红色波浪线表示用法无效，例如重复的符号名或重复的地址。

如果用户符号表的地址与 I/O 符号表的地址重叠，可以删除 I/O 符号表。

表格中的通用操作在符号表中都适用，像调节列宽、行宽，插入，删除，多项选中等。

4．符号创建的其他方法

在程序编辑器或状态图表中，用右键单击未连接任何符号的地址，执行出现快捷菜单中的"定义符号"命令，可以在打开的对话框中定义符号，单击"确定"即可。被定义的符号将同时出现在程序编辑器和状态图表中的符号表中。

用右键单击程序编辑器或状态图表中的某个符号，执行快捷菜单中的"编辑符号"命令，可以编辑该符号的地址和注释。用右键单击某个未定义的地址，执行快捷菜单中的"选择符号"命令，出现"选择符号"列表，可以为该地址选用符号列表中可用的符号。

5．符号表中符号的排列

为了方便在符号表中查找符号，可以对符号进行排序。单击符号列或地址列的列标题，可以改变排序的方式。例如单击"符号"所在的列标题，该单元出现向上的三角形，表中的各行按符号升序排列，即符号按字母或汉语拼音从 A 到 Z 的顺序排列，再次单击"符号"的列标题，该单元出现向下的三角形，表中的各行按符号的降序排列，也可以单击地址列的列标题，按地址排序。

6．地址和符号的切换显示

在程序编辑器、状态图表、数据块和交叉引用表中可以用下述三种方式切换地址的表示方式。

单击"视图"菜单功能区的"符号"区域中的"仅绝对"、"仅符号"、"符号：绝对"按钮（见图 9-40），则只显示绝对地址（见图 9-41）、只显示符号名称（见图 9-42）、同时显示绝对地址和符号名称（见图 9-43）。

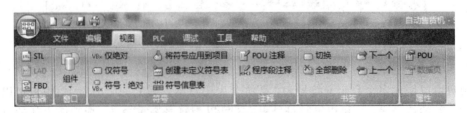

图 9-40　视图菜单

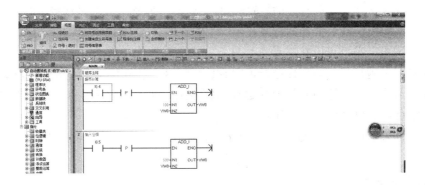

图 9-41 只显示绝对地址

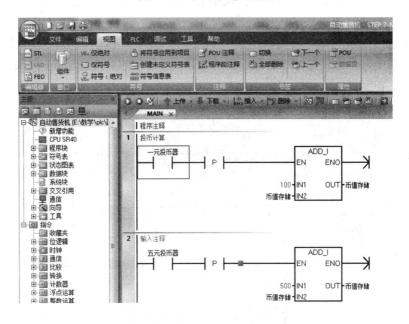

图 9-42 只显示符号名称

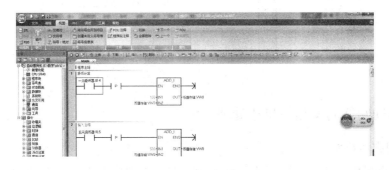

图 9-43 同时显示绝对地址和符号名称

在符号地址显示方式输入地址时，可以输入符号地址和绝对地址，输入后按设置的显示方式显示地址。

单击工具栏上的"切换寻址"按钮 ⬛ 左边的 ⬛ ，将在三种显示方式之间进行切换，每单击一次按钮切换一次。单击右边的 ▓ 按钮，将会列出三种显示方式供选择。如果为常量定义了符号，则不能按仅显示常量的方式显示。

使用 Ctrl＋Y 键也可以在三种符号显示方式之间进行切换。

如果符号的地址过长，并且选择了同时显示符号地址和绝对地址，则程序编辑器只能显示部分符号名。将鼠标的光标放在这样的符号上，可以在出现的符号框中看到显示的符号全称、绝对地址和符号表中的注释。

在程序编辑器中使用符号时，可以像绝对地址一样，对符号名使用间接寻址的记号 & 和 *。

7. 符号信息表

单击"视图"菜单功能区的"符号"区域中的"符号信息表"按钮 ▦（见图 9 - 44），或单击工具栏上的该按钮，将会在每个程序段下面显示或隐藏符号信息表，显示绝对地址时，单击"视图"菜单功能区的符号区域中的 ☁ 将符号应用到项目按钮，或单击符号表中的该按钮，将符号表中定义的所有符号名称应用到项目，从显示绝对地址切换到显示符号地址。

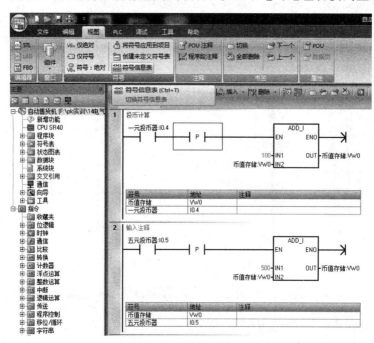

图 9 - 44　符号信息表

9.3.7　帮助功能的使用与出错处理

1. 使用在线帮助

单击指令树中的某个文件夹或文件夹中的某个对象、选中某个菜单项、单击某个窗口、单击指令或程序编辑器中的某条指令，按 F1 键可以得到选中对象的在线帮助。

2. 从菜单获得帮助

（1）用菜单命令"帮助"中的"信息"打开帮助窗口，借助目录浏览器可以寻找需要的帮助主题，窗口中索引部分提供了按字母顺序排列的主题关键词，用鼠标双击某一关键词，可以获得有关的帮助。

（2）执行菜单命令"帮助"中的"版本"，可以显示该软件的版本信息。

（3）执行菜单命令"帮助"中的"web"，可以访问 S7-200 提供的技术支持和产品信息的西门子互联网站。单击"中文"，可以切换到中文显示模式。

小　　结

本章内容主要介绍西门子小型 PLC，即 S7-200 SMART 与 S7-200 系列 PLC 的区别，S7-200 SMART CPU 的特点及硬件性能；S7-200 SMART 的编程软件的使用方法；对软件使用过程中一些具体操作进行了详细的指导，比如自定义 STEP7-Micro/WIN SMART 软件界面的外观，使用 SMART 编程软件编辑、下载程序，用编程软件监控或调试程序，符号表与符号地址的使用，帮助功能的使用与出错处理等。

习　　题

9.1　S7-200 SMART 与 S7-200 的区别是什么？

9.2　S7-200 SMART 有何特点？

9.3　S7-200 SMART 的 CPU 有哪些型号？

9.4　S7-200 SMART 的程序结构是什么？

9.5　如何使用 S7-200 SMART 编程软件编辑下载程序？

9.6　怎样切换 CPU 的工作状态？

9.7　S7-200 SMART 的程序编辑器中地址显示方式有哪些？如何切换这些显示方式？

9.8　什么是状态图标？如何使用状态图标监控调试程序？

第 10 章 电气控制系统设计

生产机械不同,其电气控制系统也不同,但是它们的设计原则相同,都包括电气控制原理设计和工艺设计两个方面。电气控制原理设计以满足机械设备的基本要求为目标,综合考虑设备的自动化程度和技术的先进性。而工艺设计的合理性则决定着电气控制设备生产制作的可行性、经济性、造型的美观及使用与维修的方便等技术和经济指标。本章主要论述电气控制系统设计的一般规律和设计方法。

10.1 电气控制系统设计的内容

电气控制系统设计的基本内容是根据电气控制要求设计和编制出设备的电气控制系统制造和使用、维护中的所有图纸和资料。电气图纸主要包括电气原理图、电气安装图、电气接线图等。主要资料包括元器件清单及用途表、设备操作使用说明书、设备原理及结构、维修说明书等。

10.1.1 电气控制系统设计的基本原则

电气控制系统设计涉及的内容十分广泛,设计的每一个环节都与产品的质量和成本密切相关,其基本原则如下:

(1) 电气控制方式应与设备的通用化和专用化程度相适宜,既要考虑控制系统的先进性,又要与具体国情和企业实力相适应。脱离实际盲目地追求自动化和高技术指标是不可取的。

(2) 设备的电力拖动方案和控制方式应符合设计任务书提出的控制要求和技术、经济标准,拖动方案和控制方式应在经济、安全的前提下,最大限度地满足机械设备的加工工艺要求。

(3) 合理地选择元器件,在保证电气性能的基础上降低生产制造成本。

(4) 操作维修方便,外形结构美观。

10.1.2 电气控制系统设计的基本内容

电气控制系统设计的基本任务是满足生产机械的控制要求,在电气原理和工艺设计过程中,需要完成以下设计项目:

(1) 拟定电气设计任务书(技术条件)。电气设计任务书是电气设计的依据,应会同电气和机械设计及企业管理决策人员共同分析设备的机械、液压、气动装置等原理及动作要求、技术及经济指标，确定电气的设计任务书。

（2）电力拖动方案的选择。设备的拖动方法主要有电力拖动、液压传动、气动等。电力拖动的传动，液压和气动系统的控制要求是电气控制系统设计的主要依据。采用电力拖动时，应根据机械设备驱动力矩或功率的要求，合理选择电机类型和参数。电力拖动方案要考虑电机启动及换向方法、调速方式及方法、制动方法等内容。

（3）控制方式的选择。应根据拖动方式和设备自动化程度的要求，合理选择控制方式。随着电力电子技术、检测技术、计算机技术及自动控制理论的不断发展进步，以及机械结构与工艺水平的不断提高，电气控制技术也由传统的继电接触器控制向顺序控制、可编程控制、计算机网络控制等方面发展，控制方案的可选性不断增多。

对于一般机械设备(含通用和专用)，其工作程序是固定不变的，多选用固定式的基本逻辑型继电接触器控制方式。对于经常变换加工工序的设备，可以采用可编程控制器控制。对于复杂控制系统(如自动生产线、加工中心等)以及对显示操作有特殊要求的设备，可采用较大型的可编程控制系统，触摸屏操作、显示等先进控制手段，亦可选用工业控制计算机和组态软件或计算机集散式控制系统来控制。

（4）设计电气控制原理图并选择元器件。电气原理图主要包括主电路、控制电路和辅助电路。根据电气原理合理选择元器件，并列写元器件清单。

（5）根据电气原理图，设计并绘制电气设备总的布置图，绘制控制面板图、元器件安装底板图、电气安装接线图和电气互连图等系列工艺性技术图纸。

（6）编写使用说明书和维修说明书。

以上图纸及资料一般用计算机绘制或打印，以便于装订成册并存档，向用户提供完整的电气维护使用手册。

10.2 电气接线图的设计方法

电气接线图是电气设计的重要组成部分，是电气安装施工所依据的工艺性文件。系统地掌握电气控制系统接线图工艺设计方法，是保障电气控制系统质量的基础。

电气安装接线图简称电气接线图。电气接线图是为安装电气设备、对电器元件配线或设备检修服务的。接线图的特点是将同一元件的所有电气符号画在同一方框内，该方框的位置与电气安装位置图中的相对位置一致，但方框的大小不受限定。绘制电气接线图的方法有很多种，本教材主要介绍基于导线二维标注的绘制方法。

传统的电气接线图通过标注导线线号以及在器件间采用连接导线束来表示导线的连接关系，用这种方法绘出的电气接线图存在以下缺点：

（1）连接导线束较多，图面较乱。

（2）器件间连接对应关系不明朗，查找线号及分析读图都较困难。

因此，这种方法正在逐步被淘汰。导线二维标注法的设计思想是：在器件接线端用数字标明导线线号和器件编号，来指示导线的编号和去向，从而省去了器件间的连接导线束，使得电气接线图的接线关系更加简单明了，图面更加整洁。

电气接线图绘制的前提条件是在电气原理线路图的基础上，根据元器件的物理结构及安装尺寸，在电气安装底板上排出器件的具体安装位置，绘制出元器件布置图及安装底板图，再根据元器件布置图中各个元器件的相对位置绘制电气接线图。

1. 电气接线图的绘制原则

（1）在接线图中，各电器元件的相对位置应与实际安装位置一致。在各电器元件的位置图上，以细实线画出外形方框图（元件框），并在其中画出与原理图一致的图形符号。一个元件的所有电器部件的电气符号均应集中在本元件框的方框内，不得分散画出。

（2）在原理图上标注接线标号（简称线号）时，主回路线号通常采用字母加数字的方法标注，控制回路线号采用数字标注。控制电路线号标柱的方法是在继电接触器线圈上方或左方的导线标注奇数线号，线圈下方或右方的导线标注偶数线号；也可以由上到下、由左到右地顺序标注线号。线号标注的原则是每经过一个电器元件，变换一次线号（不含接线端子）。

（3）给各个器件编号，器件编号用多位数字。通常，器件编号连同电器符号标注在器件方框的斜上方（左上或右上角）。

（4）接线关系的表示方法有两种。一是用数字标注线号，器件间用细实线连接的表示方式。如果器件间连接线条多，那么这样表示会使得电气接线图图面显得杂乱，因此该方式多用于接线关系简单的电路。二是导线二维标注法。二维标注法采用线号和器件编号的二维空间标注，表示导线的连接关系，即器件间不用线条连接，只简单地用数字标注线号，用电气符号或数字标注器件，分别写在电器元件的连接线上（含线侧）和出线端，指示导线及去向。导线二维标注法具有结构简单，易于读图的优点，广泛适用于简单和复杂的电气控制系统的接线图设计。

安装工艺的布线方式有槽板式和捆扎线把式两种（其方法介绍略）。基于导线二维标注接线方法的布线路径可由电气安装人员依据就近、美观的原则自行确定。

（5）配电盘底板与控制面板及外设（如电源引线、电动机接线等）间一般用接线端子连接，接线端子也应按照元器件类别进行编号，并在上面注明线号和去向（器件编号）。但导线经过接线端子时，导线编号不变。

2. 电气安装互连图的绘制原则

电气安装互连图用来表示电气设备各单元间的接线关系。互连图可以清楚地表示电气设备外部元件的相对位置及它们之间的电气连接，是实际安装接线的依据，在生产现场中得到了广泛应用。

不同单元线路板上的电器元件必须经接线端子板连接，系统设计时应根据负载电流的大小计算并选择连接导线，原理图中应注明导线的标称截面积和种类。互连图的主要绘制规则有：

（1）互连图中导线的连接关系用导线束表示，连接导线应注明导线规范（颜色、数量、长度和截面积等）。

（2）穿管或成束导线还应注明所有穿线管的种类、内径、长度及考虑备用导线后的导线根数。

其他：注明有关接线安装的技术条件。

3. 电气接线图绘制的简要步骤

(1) 画元件框及符号。依照安装位置，在接线图上画出元器件的电气符号图形及外框。

(2) 分配元件编号。给器件编号，并将器件编号标在接线图中。

(3) 标线号。在原理图上定义并标注每一根导线的线号。

(4) 填充连线的去向和线号。在器件连接导线的线侧和线端标注线号和导线去向（器件编号）。

10.3　继电器—接触器控制线路的设计方法

继电器—接触器控制是应用最广泛的控制方式之一。它通过触点的"通"、"断"来控制电动机、电磁阀或其他电气设备完成特定的动作。控制线路的设计在满足生产要求的前提下，力求使线路简单、经济、可靠。下面从几个不同角度来说明继电器—接触器控制电路设计的一般规律：

(1) 尽量选用典型环节或经过实际检验过的控制线路。

(2) 在控制原理正确的前提下，减少连接导线的根数与长度。进行电气原理图设计时，应合理安排各电器元件之间的连线，尤其要注重电气柜与各操作面板、行程开关之间的连线，使其尽量合理。例如，图 10 - 1(a)所示的两地控制电路的原理虽然正确，但因为电气柜及一组控制按钮安装在一起（一地），距另一地的控制按钮有一定距离，所以两地间的连线较多，电路结构不尽合理。而图 10 - 1(b)所示电路两地间的连线较少，更为合理。

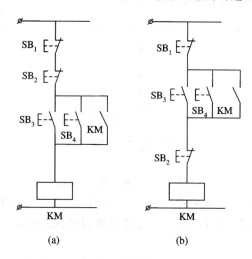

(a)　　　　　　　　　(b)

图 10 - 1　两地控制电路

(3) 减少线圈通电电流所经过的触点点数，提高控制线路的可靠性。在图 10 - 2(a)所示的顺序控制电路中，KA_3 线圈通电电流要经过 KA_1、KA_2、KA_3 的三对触点；若改为图 10 - 2(b)所示的电路，则每个继电器的接通只需经过一对触头，工作更为可靠。

(4) 减少不必要的触点和通电时间。减少不必要触点的方法是使用卡诺图或公式法化简控制电路的控制逻辑；减少电器不必要的通电时间，可以节约电能，延长器件的使用寿命。例如，降压启动控制电路的启动过程结束后，应将控制启动过程用的时间继电器和其

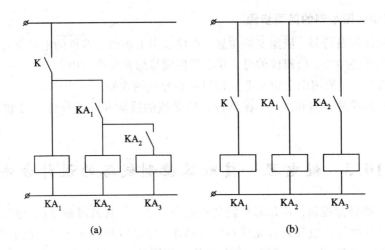

图 10-2　顺序控制电路

他电器线圈断电。又如，能耗制动过程结束后，应将控制制动过程的各电器线圈均断电复位。

（5）电磁线圈的正确连接方法。电磁式电器的电磁线圈分为电压线圈和电流线圈两种类型。为保证电磁机构可靠工作，同时动作的电器的电压线圈只能并联连接。例如，图 10-3 所示的电压线圈就不允许串联连接，而只能并联连接。否则的话，将因衔铁气隙的不同，而使线圈交流阻抗不同，电压不平均分配，从而导致电器不能可靠工作。反之，电流线圈同时工作时只能串联，不能并联。

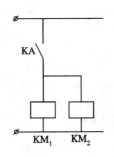

图 10-3　电压线圈并联

电磁线圈的位置通常画在控制电路的下方，电磁线圈的文字符号通常标于电磁线圈下方的电源线下。规范的电路设计习惯可以避免电器意外接通的寄生现象以及其他不必要的故障产生。

（6）防止竞争现象。图 10-4(a)为由时间继电器组成的反身关闭电路。电路的设计方法是：时间继电器延时时间到后，常闭触点断开，线圈断电自动复位，为下一次通电延时做准备。但依赖继电器自身所带的常闭触点来切断其线圈的导电通路时会产生不可靠的竞争现象，在线路设计时应力求避免。对竞争现象的分析：当时间继电器的常开触点延时断开后，时间继电器的线圈失电，又使经过 t_s 秒断开的常闭触点恢复闭合，使经过 t_1 秒闭合的瞬时常开触点断开。若 $t_s > t_1$，则电路能反身关闭；若 $t_s < t_1$，则 KT 的继电器线圈再次吸合，这种现象叫触点竞争。图 10-4(b)所示的电路增加了起控制作用的中间继电器 KA，从而可以避免竞争现象的发生。

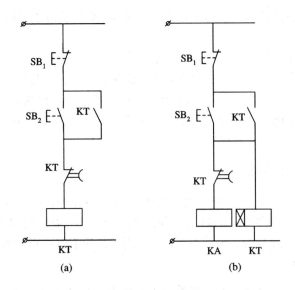

图 10-4 反身关闭电路

（7）控制电源的选择。由于触点容量大，主电路的电器一般采用交流电器，而控制电器有很多不同的选择方式。因此，控制电路设计的一项重要内容就是控制电源的选择。控制电源有交流和直流两大类，每一类电源又有不同的电压等级。电源的类型要与继电器—接触器的类型相一致。对于简单的控制线路，可直接用交流电网供电。当线路比较复杂，用的电器较多，对工作可靠性要求较高以及有安全照明要求时，可采用由控制变压器隔离并降压（127 V、110 V、36 V）的低压供电。但需注意，随着控制电源电压的降低，控制电路的电流将增大。在控制电路复杂、电器数量很多，对每一个电器的可靠性都要求较高的场合以及控制电路带有直流负载（如直流电磁铁）的情况下，控制电路可采用直流电器，需要低压直流电源供电。

（8）控制变压器容量的计算。控制变压器用来降低控制电路和辅助电路的电压，以满足一些电器元件的电压要求。在保证控制电路工作安全可靠的前提下，控制变压器的容量可以按以下条件选择：变压器的容量应大于控制电路有最大工作负载时所需要的功率，即

$$S_T \geqslant K_T \sum S_{XC}$$

式中：S_T——变压器所需容量（单位为 W）；

$\sum S_{XC}$——控制电路有最大负载时工作电器吸合所需要的功率（单位为 VA）；

K_T——变压器容量的储备系数，一般取 $1.1 \sim 1.25$。

10.4 PLC 控制系统设计的内容和方法

随着控制系统复杂程度的增加，PLC 控制系统将逐步取代继电器—接触器电气控制系统。本节将介绍 PLC 控制系统的一般设计内容和方法。

10.4.1 设计原则

在设计过程中，通常应遵循以下基本原则：

（1）经济性。在满足控制要求的前提下，应尽可能降低设计、使用和维护的成本，力求性价比最高。

（2）可靠性。控制系统要功能完善、稳定可靠。

（3）先进性。在满足可靠性的前提下，系统要保证一定的先进性。

（4）可扩展性。对于 PLC 单机系统，要考虑通过增加扩展模块来满足系统规模扩大的要求；对于网络系统，网络应易于增加节点，易于连接新型采集装置，易于与其他系统进行数据交换。

10.4.2 设计内容和方法

在 PLC 控制系统的设计中，要对控制对象进行详细分析，首先应确定系统用 PLC 单机控制，还是用 PLC 形成网络；然后对各种方案进行对比，确定控制方案；最后按系统要求进行硬件和软件的功能划分、设计和调试，直到满足控制系统设计要求为止。

1. 明确控制要求

通过对控制对象进行详细分析，熟悉其控制要求和生产工艺，列出控制系统的所有功能和指标要求，明确控制要求。

2. 选择 I/O 设备

根据控制系统的要求，选择合理的 I/O 设备，并初步估计需要的 I/O 点数。常用传动设备及电气元件所需的 I/O 点数可以参考表 10 - 1。

表 10 - 1　常用传动设备及电气元件所需的 I/O 点数

序号	电气设备及元件	输入点数	输出点数	I/O 点数
1	Y-△启动的笼型电动机	4	3	7
2	单向运行的笼型电动机	4	1	5
3	可逆运行的笼型电动机	5	2	7
4	单向变极电机	5	3	8
5	可逆变极电机	6	4	10
6	单向运行的直流电动机	9	6	15
7	可逆运行的直流电动机	12	8	20
8	单线圈电磁阀	2	1	3
9	双线圈电磁阀	3	2	5
10	比例阀	3	5	8
11	按钮开关	1		1
12	光电管开关	2		2
13	信号灯		1	1
14	拨码开关	4		4
15	三挡波段开关	3		3
16	行程开关			1
17	接近开关	1		1
18	抱闸		1	1
19	风机		1	1
20	位置开关	2		2

3. 选择 PLC 型号

PLC 的型号种类很多，在选择时应主要考虑以下几个方面：

（1）I/O 点数。根据输入、输出设备数量计算 PLC 的 I/O 点数，并且在选购 PLC 时要在实际需要点数的基础上留有 10％～15％ 的余量。

（2）存储容量与速度。尽管各厂家的 PLC 产品大体相同，但也有一定的区别。目前还未发现各公司之间完全兼容的产品。各个公司的开发软件都不相同，而用户程序的存储容量和指令的执行速度是两个重要指标。一般存储容量越大、速度越快的 PLC 价格就越高，但应该根据系统的大小合理选用 PLC 产品，一般按下式估算用户程序的存储容量：

$$存储器字数 = 1.3 \times (开关量 I/O 点数 \times 10 + 模拟量点数 \times 200)$$

（3）编程器的选择。PLC 编程可采用以下三种方式：

• 手持编程器编程。它只能用厂家规定的语句表中的语句编程。这种方式效率低，但对于系统容量小、用量小的产品比较适宜，其体积小，易于现场调试，造价也较低。

• 图形编程器编程。该编程器采用梯形图编程，方便直观，一般的电气人员短期内就可应用自如，但该编程器价格较高。

• 个人计算机加 PLC 软件包编程。这种方式是效率最高的一种方式，也是应用非常普遍的一种方式。

因此，应根据系统的大小与难易，开发周期的长短以及资金的情况合理选购 PLC 产品。

（4）输入/输出模块的选择。选择哪一种输入/输出模块，取决于控制系统输入/输出回路的信号种类和要求。

① 电源回路。PLC 供电电源一般为 AC 85～240 V（也有 DC 24 V），其电源适应范围较宽，但为了抗干扰，应加装电源净化元件（如电源滤波器、1∶1 隔离变压器等）。

② 输入回路。输入回路有直流 5 V/12 V/24 V/48 V/60 V 等和交流 115 V/220 V 等形式。一般应根据现场设备和主机的距离来选择电压的高低。如 5 V 的输入模块适用于 10 m 以内的距离，48 V 适用于 30 m 以上的距离。

③ 输出回路。根据 PLC 输出端所带的负载是直流型还是交流型，是大电流还是小电流，以及 PLC 输出点动作的频率等，可确定输出端是采用继电器输出，还是晶体管输出，或晶闸管输出。不同的负载选用不同的输出方式，对系统的稳定运行是很重要的。各种输出方式之间的比较如下：

• 继电器输出：优点是不同公共点之间可带不同的交、直流负载，且电压也可不同，带负载电流可达 2 A/点。但继电器输出方式不适用于高频动作的负载，这是由继电器的寿命决定的。其寿命随带负载电流的增加而减少，一般在几十万次至几百万次之间，有的公司产品可达 1000 万次以上，响应时间为 10 ms。

• 晶闸管输出：带负载能力为 0.2 A/点，只能带交流负载，可适应高频动作，响应时间为 1 ms。

• 晶体管输出：最大优点是适应于高频动作，响应时间短，一般为 0.2 ms 左右，但它只能带 DC 5～30 V 的负载，最大输出负载电流为 0.5 A/点，但每 4 点不得大于 0.8 A。

当系统输出频率为 6 次/min 以下时，应首选继电器输出，因其电路设计简单，抗干扰和带负载能力强。当频率为 10 次/min 以下时，既可采用继电器输出方式，也可采用 PLC 输出驱动达林顿三极管(5～10 A)，再驱动负载。

（5）尽量选用大公司的产品，其质量有保障，技术支持好，一般售后服务也较好，还有利于产品扩展与软件升级。

4. 系统的硬件设计

硬件设计主要包括以下几方面：

（1）分配 PLC 的 I/O 点地址。根据输入设备和输出设备的数量和型号分配 I/O 地址，以便绘制接线图及编写程序。

分配 I/O 地址的原则如下：

① 每一个输入信号占用一个输入地址，每一个输出地址驱动一个负载。

② 同一类型的信号集中配置，地址编号按顺序连续编排。

③ 彼此相关的输出器件，例如，电机的正反转、电磁阀的夹紧与放松等，要连续编写其输出地址编号。

（2）绘制电气线路图。步骤为：

① 绘制主电路图。

② 绘制 PLC 输入/输出接线端子图。

③ 绘制 PLC 的电源线路。

④ 绘制输入/输出设备的电源线路。

⑤ 设计电气控制柜(台)及电器布置图。

（3）安装电气控制柜(台)。

5. 系统的软件设计

一般按以下步骤编写软件：

（1）设计控制系统流程图或功能表图，明确动作的顺序和条件。

（2）根据系统流程图或功能表图，结合分配的 I/O 地址，即可编写程序。常用的方法有经验设计法、逻辑设计法和流程图设计法(即功能表图设计法)。

① 经验设计法。经验设计法是将继电器—接触器控制线路原理图按照一定的对应关系，转化为梯形图的设计方法。该方法非常适合对继电器—接触器控制线路熟悉的工程技术人员使用。

② 逻辑设计法。逻辑设计法以逻辑代数为基础，根据生产工艺的变化，列出检测元件、中间元件和执行元件的逻辑表达式并化简，然后再转化为梯形图。

③ 顺序控制设计法(功能表图设计法)。在工业控制领域中，顺序控制设计法已经成为 PLC 程序设计的主要方法。

1）功能流程图的组成

功能流程图由状态、转换、转换条件和动作说明四部分组成。功能流程图的一般结构形式如图 10-5 所示。

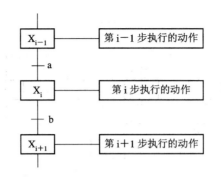

图 10-5　功能流程图的一般结构形式

（1）状态。状态用矩形框表示，框中的数字是该状态对应的工步序号，也可以将与该状态相对应的编程元件（如 PLC 内部的通用辅助继电器、移位继电器、状态继电器等）作为状态的编号。注意，"0"状态或原始状态用双线框表示。

（2）转换。转换用有向线段表示。在两个状态框之间必须用转换线段相连接。

（3）转换条件。转换条件用与转换线段垂直的短划线表示。每个转换线段上必须有一个表示转换条件的短划线。在短线旁可以用文字或图形符号或逻辑表达式注明转换条件的具体内容。当相邻两状态之间的转换条件满足时，两状态之间的转换才得以实现。

（4）动作说明。在状态框旁边，用文字说明了与状态相对应的工步的内容，这些文字即为动作说明。动作说明用矩形框围起来，用短线与状态框平行相连。动作说明旁边往往也标出了实现该动作的电气执行元件的名称或 PLC 地址。

2）功能流程图的特点

功能流程图的基本特点是各工步按顺序执行，上一工步执行结束，转换信号出现时，立即开通下一工步，同时关断上一工步。在图 10-5 中，$X_{i-1}=1$ 是第 i 步开通的前导信号，待转换条件 a 满足时，第 i 步立即开通（$X_i=1$），同时关断前一工步（$X_{i-1}=0$）。由此可见，第 i 步开通的条件有两个，即 $X_{i-1}=1$ 和 $a=1$。第 $i-1$ 步关断的条件只有一个，即 $X_i=1$。功能流程图第 i 步开启和关断的条件，运用逻辑表达式可表示为

$$X_i=(X_{i-1} \cdot a+X_i) \cdot \overline{X_{i+1}}$$

式中，左边的 X_i 表示第 i 步的状态；右边的 X_{i-1} 表示第 i 步的前导信号，a 表示转换条件，X_i 表示自锁信号，$\overline{X_{i+1}}$ 表示关断第 i 步的主令信号。

3）功能流程图的主要类型

功能流程图的主要类型如下：

（1）单流程。它反映按顺序排列的步相继被激活的一种基本形式，其结构如图 10-5 所示。

（2）选择分支和连接。图 10-6 是选择性分支和连接的功能流程图，它在一个活动步之后，紧接着有几个后续步可供选择，选择分支的每个工步都有各自的转换条件。图 10-6 中，当工步 2 处于激活状态时，若转换条件 b=1，则执行工步 3；若转换条件 c=1，则执行工步 4。b、c、d、e 是选择执行的条件。哪个条件满足，则选择相应的分支，同时关断上一工步 2。

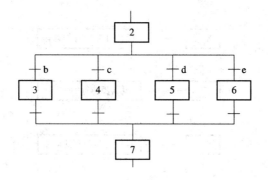

图 10-6 选择分支和连接

（3）并行分支和连接。当转换的实现导致各个分支同时被激活时，采用并行分支，如图 10-7 所示。其有向连接线的水平部分用双线表示。当工步 2 处于激活状态时，若转换条件 b=1，则工步 3、5 同时开启，即工步 2 必须在工步 3、5 都开启后才能关断。

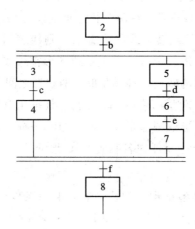

图 10-7 并行分支和连接

（4）循环和跳转。在生产过程中，有时要求在一定条件下停止执行某些原定动作，此时可用跳转程序。有时需要重复执行，此时可用循环程序。如图 10-8 所示，当工步 1 处于激活状态时，若条件 e=1，则跳过工步 2、3，直接激活工步 4。跳转结构是一种特殊的选择分支。

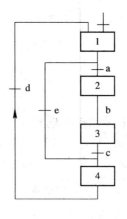

图 10-8 循环和跳转

当工步 4 处于激活状态时，若条件 d＝1，则循环执行，激活状态 1。循环程序也是一种特殊的选择分支。

注意：转换是有方向的，一般功能图的转换顺序是从上到下，从左到右。是正常顺序时可以省略箭头，否则必须加箭头，以标明方向。

4）用功能流程图绘制梯形图

功能流程图完整地表现了控制系统的控制过程、各状态的功能、状态转换的顺序和条件。它是进行 PLC 应用程序设计的便捷工具。利用功能流程图进行程序设计时，大致可按以下几个步骤进行：

（1）根据控制要求和工艺过程的内容、步骤和顺序，画出功能流程图。

（2）在功能流程图上以 PLC 输入点或其他元件来定义状态转换条件，当某转换条件的实际内容不止一个时，可用逻辑表达式的形式来表示有效转换条件。

（3）按照电气执行元件与 PLC 软继电器的编号对照表，在功能流程图上指出实现状态或动作命令控制功能的电气执行元件，并用对应 PLC 地址定义这些执行元件。

（4）根据功能流程图写出工步状态的逻辑表达式。

（5）写出各执行电器的逻辑表达式。

（6）根据表达式编制梯形图程序。

图 10-9 是一个液压动力滑台实现进给控制的功能流程图和状态的逻辑关系，具体梯形图请读者自己设计。

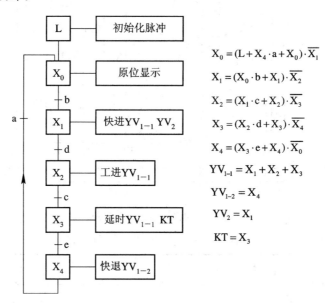

$$X_0 = (L + X_4 \cdot a + X_0) \cdot \overline{X_1}$$

$$X_1 = (X_0 \cdot b + X_1) \cdot \overline{X_2}$$

$$X_2 = (X_1 \cdot c + X_2) \cdot \overline{X_3}$$

$$X_3 = (X_2 \cdot d + X_3) \cdot \overline{X_4}$$

$$X_4 = (X_3 \cdot e + X_4) \cdot \overline{X_0}$$

$$YV_{1-1} = X_1 + X_2 + X_3$$

$$YV_{1-2} = X_4$$

$$YV_2 = X_1$$

$$KT = X_3$$

图 10-9 某液压动力滑台实现进给控制的功能流程图

10.5 应 用 示 例

本节分别以继电器—接触器控制系统和 PLC 控制系统的应用为例，进一步说明电气控制系统的设计方法。

10.5.1　继电器—接触器控制系统设计应用示例

　　下面结合电气控制设备制造的工程实际，以一台小型电动机控制线路设计为例，结合电气接线图和电气互连图的绘制原则，进一步说明导线二维标注法在电气接线图中的应用方法和电气控制系统设计的过程。

1. 电动机启停控制电气原理图

　　电动机启停控制电气原理路如图 10-10 所示，为简化内容，电路原理分析从略。为便于施工和设计电气接线图，电气原理图中依据线号标注原则标出了各导线标号，大电流导线标出了载流面积（根据电动机工作电流计算出的导线的截面积）。元器件清单见表 10-2。

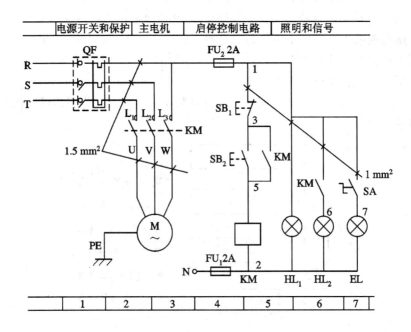

图 10-10　电动机启停控制电气原理图

表 10-2　元 器 件 清 单

序号	符号	名　　称	型号	规　　格	数量
1	M	异步电动机	Y80	1.5 kW，380 V，1440 转/min	1
2	QF	低压断路器	C65AD	3 极，380 V，32 A	1
3	KM	交流接触器	CJ21-10	380 V，10 A，线圈电压 220 V	1
4	SB1	控制按钮	LAY3	红	1

序号	符号	名　称	型号	规　格	数量
5	SB2	控制按钮	LAY3	绿	1
6	SA	钮子开关	KN−3N	220 V	1
7	HL₁ HL₂	指示信号灯	ND16	380 V，5 A	2
8	EL	照明灯		220 V，40 W	1
9	FU	熔断器	RT18	250 V，4 A	2

2. 电气安装位置图

电气安装位置图又称布置图，主要用来表示原理图所有电器元件在设备上的实际位置，为电气设备的制造、安装提供必要的资料。图中，各电器符号与电气原理图和元器件清单中的器件代号一致。根据此图可以设计相应器件的安装打孔位置图，用于器件的安装固定。电气安装位置图同时也是电气接线图设计的依据。

电动机启停控制电路的电气安装分为操作（控制）面板的安装和电器安装底板（主配电盘）的安装两部分。操作（控制）面板设计在操作平台或控制柜柜门上，用于安装各种主令电器和状态指示灯等器件。控制面板与主配电盘间的连接导线采用接线端子连接。接线端子安装在靠近主配电盘接线端子的位置。电器安装底板用来安装固定除操作按钮和指示灯外的其他电器元件。电器安装底板安装的元器件布置位置一般自上而下、自左而右依次排列。底板与控制操作面板相连接的接线端子，一般布置在靠近控制面板的上方或柜门轴侧；底板与电源或电机等外围设备相连的接线端子，一般布置在配电盘的下方靠近过线孔的位置。主配电盘的电气安装位置图如图 10−11 所示，操作面板的电气安装位置图如图 10−12 所示。

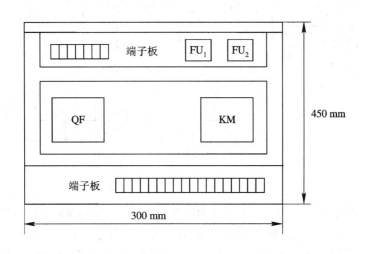

图 10−11　主配电盘的电气安装位置图

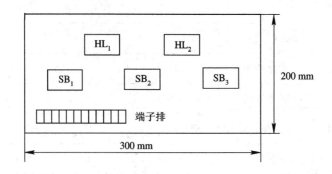

图 10-12　操作面板的电气安装位置图

3. 电气接线图

根据电气安装位置图及绘制电气接线图的具体原则,分别绘制操作面板和电器安装底板的电气接线图。

(1) 电器安装底板(主配电盘)的电气接线图如图 10-13 所示。图中,所有元件的电气符号均集中在本元件框的方框内;各个器件编号,连同电器符号标注在器件方框的右上方;电气接线图采用二维标注法表示导线的连接关系;线侧数字表示线号;线端数字 20～25 表示器件编号,用于指示导线去向;布线路径可由电气安装人员自行确定。

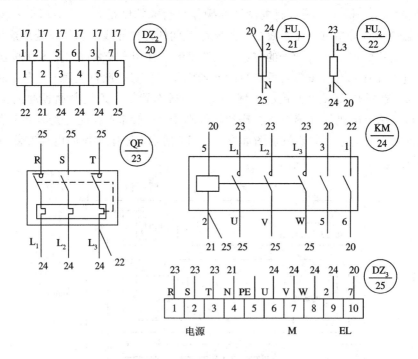

图 10-13　主配电盘的电气接线图

(2) 操作(控制)面板的电气接线图如图 10-14 所示。在控制面板接线图中,线侧和线上数字 1～7 表示线号;线端数字 10～25 表示所去器件编号,用于指示导线去向。控制面板与主配电盘间的连接导线通过接线端子连接,并采用塑料蛇形套管防护。

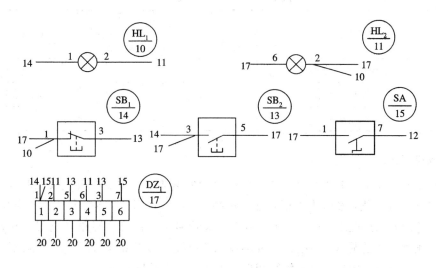

图 10-14　操作面板的电气接线图

4. 电气安装互连图

表示电动机启停控制电路的电气控制柜和外部设备及操作面板间接线关系的电气安装互连图如图 10-15 所示。图中，导线的连接关系用导线束表示，并注明了导线规范(颜色、数量、长度和截面积等)和穿线用管的种类、内径(d)、长度及考虑备用导线后的导线根数，其明细见表 10-3。连接配电盘底板和控制面板的导线，采用蛇形塑料软管或包塑金属软管保护。控制柜与电源、电机间采用电缆线连接。(注：为作图方便，图中接线端子与实际位置不相一致)。

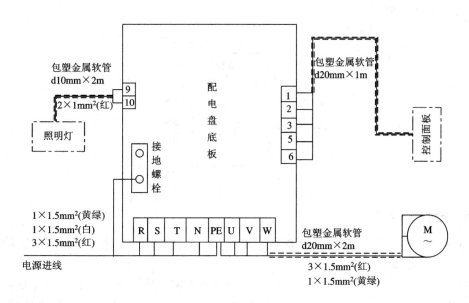

图 10-15　电气安装互连图

表 10-3　管内敷线明细表

序号	穿线用管类型	电线		连接线号
		截面积/mm²	根　数	
1	φ10 包塑金属软管	1	2	7、2
2	φ20 金属软管	0.75	6	1、2、3、5、6、7
3	φ20 金属软管	1.5	4	U、V、W、PE

5. 安装调试

设计工作完毕后，要进行样机的电气控制柜安装施工。按照电气接线图和电气安装互连图完成安装及接线，经检查无误且连接可靠后，可进行通电试验。首先在空载状态下（不接电动机等负荷）通过操作相应开关，给出开关信号，试验控制回路各电器元件动作以及指示的正确性。经过调试，各电器元件均按照原理要求动作准确无误后，方可进行负载试验。第二步的负载试验通过后，编写相应的原理、使用操作说明文件。

本节通过导线二维标注法的应用实例，对电气设计内容、设计方法进行了较为完整的介绍，可以使读者对低压控制柜电气设计有一个较为全面的了解，进而提高工程设计能力。

10.5.2　PLC 控制系统设计应用示例

图 10-16 是某机械手的工作示意图。该机械手的任务是将工件从工作台 A 搬往工作台 B。机械手的初始位置在原位，按下启动按钮后，机械手将依次完成：下降→夹紧→上升→右移→下降→放松→上升→左移八个动作，实现机械手一个周期的动作。试设计该机械手的 PLC 控制系统。

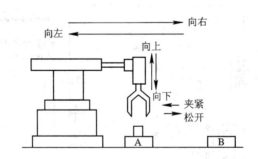

图 10-16　机械手的工作示意图

1. 明确控制要求

机械手的所有动作均采用电液控制、液压驱动。它的上升/下降和左移/右移均采用双线圈三位电磁阀推动液压缸完成。

控制要求如下：机械手动作转换靠限位开关来控制，限位开关 SQ_1、SQ_2、SQ_3、SQ_4 分别对机械手进行下降、上升、右移、左移动作的限位，并给出了动作到位的信号。而夹紧、放松动作的转换是由时间继电器来控制的。另外，还安装了光电开关 SP，负责监测工作台 B 上的工件是否已移走，从而产生无工件信号，为下一个工件的下放做好准备。

工作台 A、B 上工件的传送不用 PLC 控制；机械手要求按一定的顺序动作，其流程图如图 10 - 17 所示。

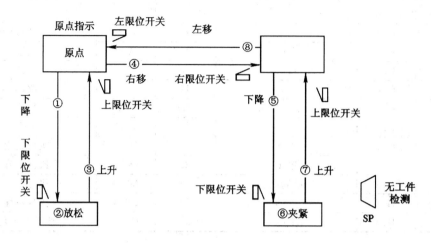

图 10 - 17 机械手的动作流程图

启动时，机械手从原点开始按顺序动作。停止时，机械手停止在现行工步上。重新启动时，机械手按停止前的动作继续进行。

为满足生产要求，机械手设置有手动工作方式和自动工作方式，而自动工作方式又分为单步、单周期和连续工作方式。

手动工作方式：利用按钮对机械手每一步的动作单独进行控制，例如，按"上升"按钮，机械手上升；按"下降"按钮，机械手下降。此种工作方式可使机械手置原位。

单步工作方式：从原点开始，按自动工作循环的工序，每按一下启动按钮，机械手完成一步的动作后自动停止。

单周期工作方式：按下启动按钮，从原点开始，机械手按工序自动完成一个周期的动作后停在原位。

连续工作方式：机械手在原位时，按下启动按钮，它将自动连续地执行周期动作。当按下停止按钮时，机械手保持当前状态。重新恢复后，机械手按停止前的动作继续进行。

2. 选择 I/O 设备

由机械手执行机构可知：

（1）输入为 14 个开关量信号，由限位开关、按钮、光电开关组成。

（2）输出为 6 个开关量信号，由 24 V 电液控制、液压驱动线圈和指示灯组成。

3. 选择 PLC 型号

根据控制要求，PLC 控制系统选用 SIEMENS 公司的 S7-200 系列 CPU 214，因为 I/O 点数不够，另外选择扩展模块 EM221。

4. 系统的硬件设计

（1）分配 PLC I/O 地址、内部辅助继电器的地址。表 10 - 4 为 PLC I/O 和所用内部辅助继电器地址分配表。

表 10 - 4　I/O 和所用内部辅助继电器地址分配表

序号	符号	功能描述	序号	符号	功能描述
1	I0.0	启动	13	I1.4	上升
2	I0.1	下限	14	I1.5	右移
3	I0.2	上限	15	I2.0	左移
4	I0.3	右限	16	I2.1	夹紧
5	I0.4	左限	17	I2.2	放松
6	I0.5	无工件检测	18	I2.3	复位
7	I0.6	停止	19	Q0.0	下降
8	I0.7	手动	20	Q0.1	执行夹紧
9	I1.0	单步	21	Q0.2	执行上升
10	I1.1	单周期	22	Q0.3	执行右移
11	I1.2	连续	23	Q0.4	执行左移
12	I1.3	下降	24	Q0.5	原位指示灯

（2）绘制 PLC 输入/输出接线端子图。根据表 10 - 4 可以绘制出 PLC 输入/输出接线端子图，见图 10 - 18。

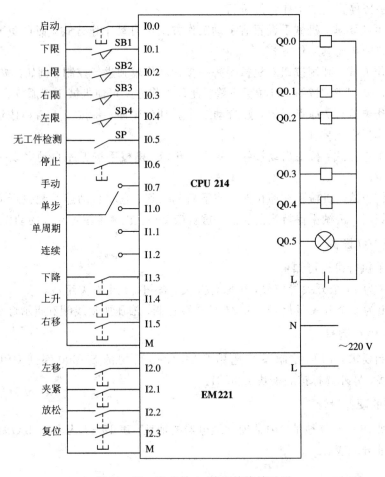

图 10 - 18　PLC 输入/输出接线端子图

5. 系统的软件设计

1）设计控制系统流程图或功能表图

控制系统流程图见图 10-19。

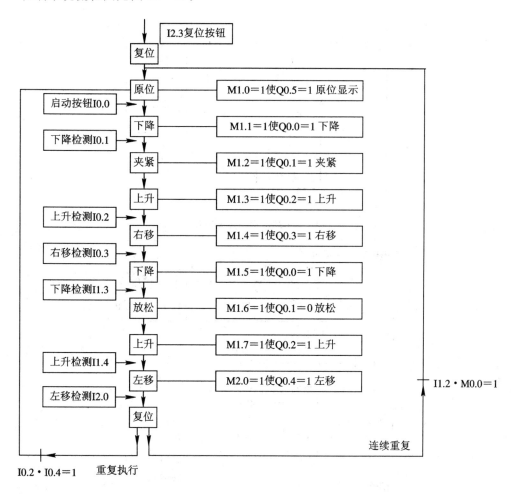

图 10-19　控制系统流程图

2）PLC 控制系统程序设计

（1）整体设计。为编程结构简洁、明了，可把手动程序和自动程序分别编成相对独立的子程序模块，通过调用指令进行功能选择。当工作方式选择开关选择手动工作方式时，I0.7 接通，执行手动工作程序；当工作方式选择开关选择自动方式（单步、单周期、连续）时，I1.0、I1.1、I1.2 分别接通，执行自动控制程序。整体设计的梯形图（主程序）如图 10-20 所示。

（2）手动控制程序。手动操作不需要按工序顺序动作，可以按普通继电器—接触器控制系统来设计。手动控制的梯形图见图 10-21。手动按钮 I1.3、I1.4、I1.5、I2.0、I2.1、I2.2 分别控制上升、下降、左移、右移、夹紧、放松各个动作。为了保持系统的安全运行，还设置了一些必要的联锁保护，其中，在左右移动的控制环节中加入了 I0.2 作上限联锁，因为机械手只有处于上限位置（I0.2=1）时才允许左右移动。

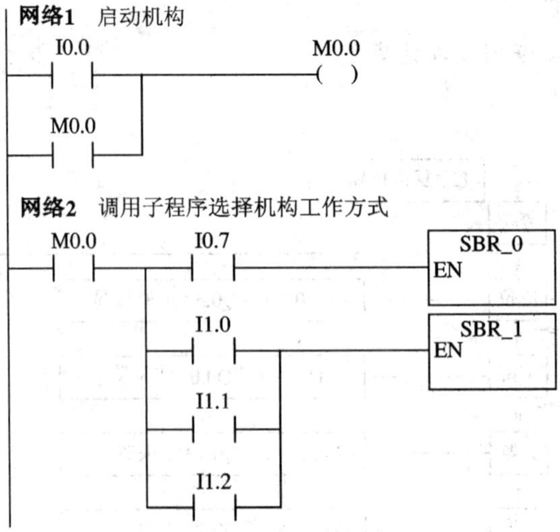

网络1　启动机构

```
     I0.0                           M0.0
  ┤  ├──┬──────────────────────────( )
     M0.0 │
  ┤  ├──┘
```

网络2　调用子程序选择机构工作方式

```
     M0.0    I0.7                ┌──────────┐
  ┤  ├──┬──┤  ├─────────────────│  SBR_0   │
        │                       │EN        │
        │                       └──────────┘
        │    I1.0                ┌──────────┐
        ├──┤  ├──┬──────────────│  SBR_1   │
        │        │              │EN        │
        │        │              └──────────┘
        │    I1.1 │
        ├──┤  ├──┤
        │    I1.2 │
        └──┤  ├──┘
```

图 10 - 20　主程序梯形图

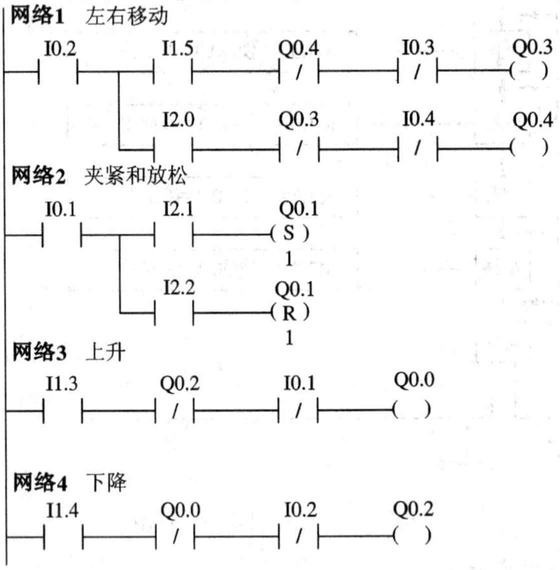

网络1　左右移动

```
    I0.2    I1.5     Q0.4    I0.3     Q0.3
  ┤  ├──┬──┤  ├────┤ / ├───┤ / ├────( )
        │   I2.0     Q0.3    I0.4     Q0.4
        └──┤  ├────┤ / ├───┤ / ├────( )
```

网络2　夹紧和放松

```
    I0.1    I2.1     Q0.1
  ┤  ├──┬──┤  ├────( S )
        │            1
        │   I2.2     Q0.1
        └──┤  ├────( R )
                     1
```

网络3　上升

```
    I1.3    Q0.2     I0.1            Q0.0
  ┤  ├────┤ / ├────┤ / ├───────────( )
```

网络4　下降

```
    I1.4    Q0.0     I0.2            Q0.2
  ┤  ├────┤ / ├────┤ / ├───────────( )
```

图 10 - 21　手动控制的梯形图

　　由于夹紧、放松动作选用了单线圈双位电磁阀控制，故在梯形图中用置位、复位指令来控制，该指令具有保持功能，并且也设置了机械联锁。只有当机械手处于下限（I0.1＝1）时，才能进行夹紧和放松动作。

　　（3）自动操作程序。由于自动操作的动作较复杂，不容易直接设计出梯形图，因此可以先画出自动操作流程图，用以表明动作的顺序和转换的条件，然后根据所采用的控制方法，就能比较方便地设计梯形图了。

　　机械手的自动操作流程图如图 10 - 19 所示。图中，矩形方框表示其自动工作循环过程中的一个"工步"，方框中用文字表示该步的功能；方框的右边画出了该步动作的执行元件；相邻两工步之间可以用有向线段连接，表明转换方向；有向线段上的小横线表示转换的条件，当转换条件得到满足时，便从上一工步转到下一工步。

对于顺序控制，可用多种方法进行编程，用移位寄存器也很容易实现这种控制功能，转换的条件由各行程开关及定时器的状态来决定。

为保证运行的可靠性，在执行夹紧和放松动作时，分别用定时器 T37 和定时器 T38 作为转换的条件，并采用具有保持功能的继电器（M0.X）为夹紧电磁阀线圈供电。其工作过程分析如下：

① 机构处于原位，上限位和左限位行程开关闭合，I0.1、I0.4 接通，移位寄存器首位 M1.0 置"1"，Q0.5 输出原位显示，机构当前处于原位。

② 按下启动按钮，I0.0 接通，产生移位信号，使移位寄存器右移一位，M1.1 置"1"（同时 M1.0 恢复为零），M1.1 得电，Q0.0 输出下降信号。

③ 下降至下限位，下限位开关受压，I0.1 接通，移位寄存器右移一位，移位结果使 M1.2 为"1"（其余为零），Q0.1 接通，夹紧动作开始，同时 T37 接通，定时器开始计时。

④ 经延时（由 K 值设定），T37 触点接通，移位寄存器又右移一位，使 M1.3 置"1"（其余为零），Q0.2 接通，机构上升。由于 M1.2 为 1，夹紧动作继续执行。

⑤ 上升至上限位，上限位开关受压，I0.2 接通，寄存器再右移一位，M1.4 置"1"（其余为零），Q0.3 接通，机构右行。

⑥ 右行至右限位，I0.3 接通，将寄存器中的"1"移到 M1.5，Q0.0 得电，机构再次下降。

⑦ 下降至下限位，下限位开关受压，移位寄存器又右移一位，使 M1.6 置"1"（其余为零），Q0.1 复位，机构放松，放下搬运零件的同时接通 T38 定时器，定时器开始计时。

⑧ 延时时间到，T38 常开点闭合，移位寄存器移位，M1.7 置"1"（其余为零），Q0.2 再次得电上升。

⑨ 上升至上限位，上限位开关受压，I0.2 闭合，移位寄存器右移一位，M2.0 置"1"（其余为零），Q0.4 置"1"，机构左行。

⑩ 左行至原位后，左限位开关受压，I0.4 接通，寄存器仍右移一位，M2.1 置"1"（其余为零），一个自动循环结束。

自动操作程序中包含了单周期或连续工作方式。程序执行单周期或连续工作方式取决于工作方式选择开关。当选择连续方式时，I1.2 使 M0.0 置"1"，当机构回到原位时，移位寄存器自动复位，并使 M1.0 为"1"，同时 I1.2 闭合，又获得一个移位信号，机构按顺序反复执行。当选择单周期操作方式时，I1.1 使 M0.0 为"0"，当机构回到原位时，按下启动按钮，机构自动动作一个运动周期后停止在原位。自动操作的梯形图程序如图 10-22 所示。

单步动作时每按一次启动按钮，机构按动作顺序向前步进一步。其控制逻辑与自动操作基本一致。所以只需在自动操作梯形图上添加步进控制逻辑即可。在图 10-22 中，移位寄存器的使能控制用 M0.1 来控制，M0.1 的控制线路串接有一个梯形图块，该块的逻辑为 $I_{0.0} \cdot I_{1.0} + \overline{I_{1.0}}$。当处于单步状态 $I_{1.0} = 1$ 时，移位寄存器能否移位，取决于上一步是否完成和启动按钮是否按下。

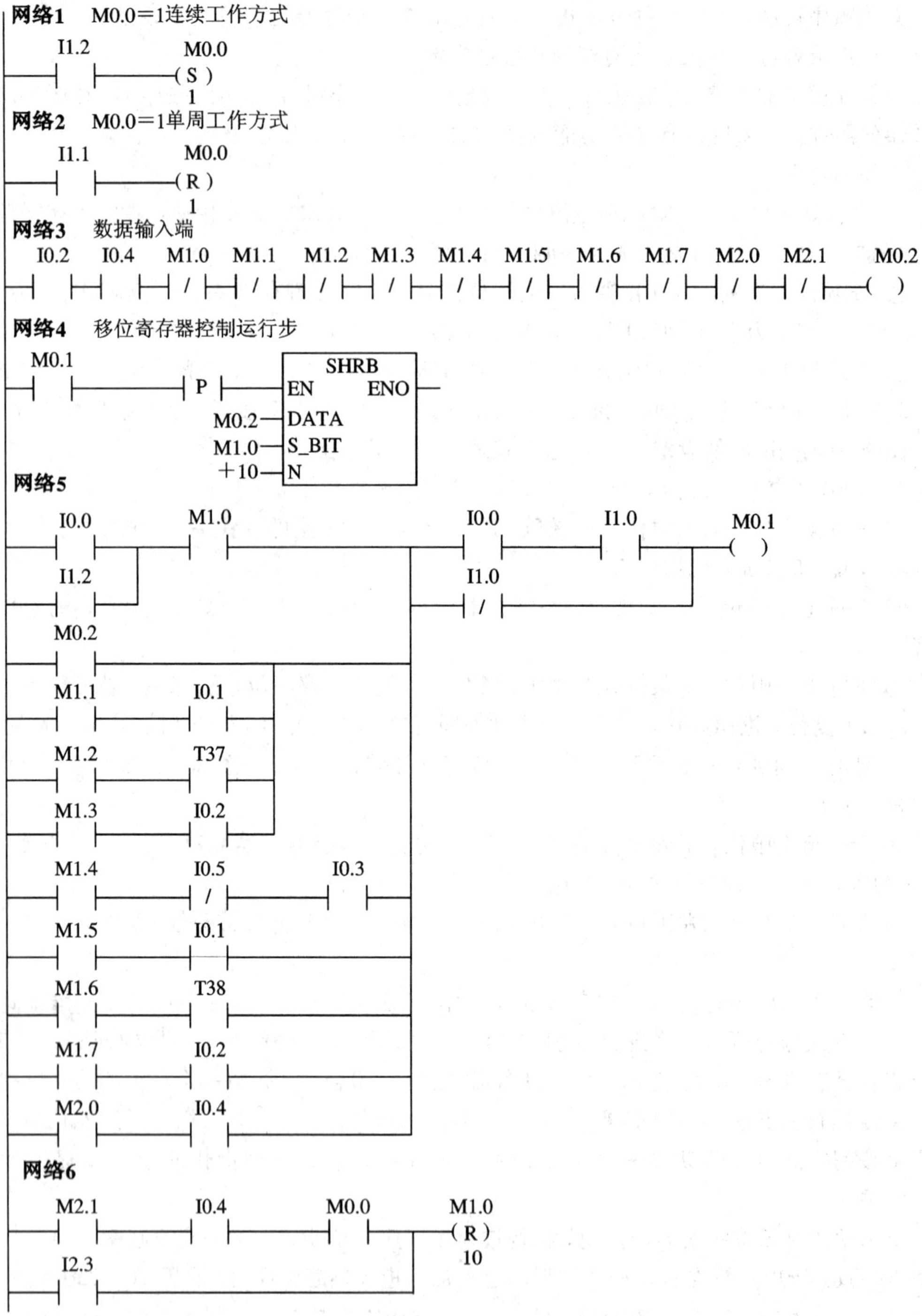

网络1　M0.0＝1连续工作方式

```
 I1.2         M0.0
──┤ ├─────────( S )
              1
```

网络2　M0.0＝1单周工作方式

```
 I1.1         M0.0
──┤ ├─────────( R )
              1
```

网络3　数据输入端

```
 I0.2  I0.4  M1.0  M1.1  M1.2  M1.3  M1.4  M1.5  M1.6  M1.7  M2.0  M2.1       M0.2
──┤ ├──┤ ├──┤/├──┤/├──┤/├──┤/├──┤ ├──┤/├──┤/├──┤ ├──┤/├──┤ ├──────( )
```

网络4　移位寄存器控制运行步

```
 M0.1                    ┌─────────────────┐
──┤ ├──────────┤P├──────┤EN    SHRB    ENO├
                        │                 │
              M0.2──────┤DATA             │
              M1.0──────┤S_BIT            │
              +10───────┤N                │
                        └─────────────────┘
```

网络5

```
 I0.0      M1.0                    I0.0      I1.0      M0.1
──┤ ├──┬───┤ ├──────────────────┬──┤ ├──────┤ ├──────( )
 I1.2  │                         │  I1.0
──┤ ├──┘                         └──┤/├
 M0.2
──┤ ├────────────────────────────┤
 M1.1      I0.1
──┤ ├──────┤ ├──┤
 M1.2      T37
──┤ ├──────┤ ├──┤
 M1.3      I0.2
──┤ ├──────┤ ├──┤
 M1.4      I0.5      I0.3
──┤ ├──────┤/├──────┤ ├
 M1.5      I0.1
──┤ ├──────┤ ├
 M1.6      T38
──┤ ├──────┤ ├
 M1.7      I0.2
──┤ ├──────┤ ├
 M2.0      I0.4
──┤ ├──────┤ ├
```

网络6

```
 M2.1      I0.4      M0.0      M1.0
──┤ ├──────┤ ├──────┤ ├───────( R )
 I2.3                          10
──┤ ├──────┘
```

图 10－22　自动操作的梯形图程序

（4）输出显示程序。机械手的运动主要包括上升、下降、左移、右移、夹紧、放松。在控制程序中，M1.1、M1.5分别控制左、右下降，M1.2控制夹紧，M1.6控制放松，M1.3、M1.7分别控制左、右上升，M1.4、M2.0分别控制左、右运行，M1.0控制原位显示。据此可设计出输出梯形图，如图10-23所示。

（5）对照梯形图，编写程序清单。

（6）程序调试。

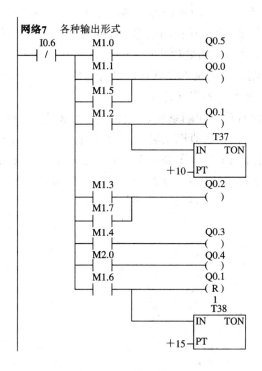

图10-23 输出梯形图

6. 联机通调

在控制柜(台)、现场施工和软件设计完成后，即可联机通调。如果系统不满足控制要求，可调整软件、硬件系统，直到满足要求为止。

待系统满足全部控制要求后，编写好技术文件（使用说明书、电气图及软件等）。

小　结

本章介绍了电气控制系统设计的基本原则和基本内容，详细分析了电气接线图的绘制方法，并对继电器—接触器控制线路和PLC控制系统的设计作了重点介绍。本章的最后结合电气控制设备制造的工程实际，以一台小型电动机控制电路的设计为例，进一步说明了电气接线图和继电器—接触器控制系统设计的过程；以机械手的PLC控制为例，进一步说明了PLC控制系统的硬件设计和软件设计方法。通过本章的学习，可使读者对电气控制系统的设计有一个全面的认识和理解。

习　题

10.1　简述电气原理图的设计原则。

10.2　简述电气接线图的绘制步骤。

10.3　为了确保电动机能正常而安全的运行，电动机应具有哪些综合保护措施？

10.4　已知三相交流异步电动机的参数为 $P_N = 10.5$ kW，$U_N = 380$ V，$\cos\varphi = 0.8$，$n_N = 1460$ r/m，设计一台 Y-△ 启动控制电路，选择元器件参数，列写元器件清单，绘制电气安装图和电气接线图，并写出简要说明。

10.5　PLC 应用控制系统的硬件和软件的设计原则及内容是什么？

10.6　选择 PLC 机型的主要依据是什么？

10.7　设计一个车库自动门控制系统，具体控制要求是：当汽车到达车门前时，超声波开关 A 接收车来到的信号，电动机正转，开门上升；当门上升到顶点接触上限开关 B 时，电动机停转，门停止上升；当汽车驶入车库后，光电开关 C 发出信号，电动机反转，门开始下降；当门下降接触到下限开关 D 时，电动机停转。要求：按 PLC 控制系统设计的步骤进行完整的设计。

第11章 实验指导

"电气控制与PLC技术"是一门实践性很强的课程,其实验环节应遵照循序渐进、由浅入深的原则,内容包括继电器—接触器控制和PLC控制两部分,在熟悉继电器—接触器控制系统的基础上,重点加强PLC控制系统的训练。

通过继电器—接触器控制系统的实验,应熟悉各种元器件的功能、选择方法,掌握电器接线图的绘制以及电气设备的调试方法。PLC控制系统的实验通过各种工业控制模板模拟工业现场控制,使学生进一步熟悉PLC的组成、功能,掌握PLC控制系统的硬件选择和软件设计方法。

实验一 三相异步电动机 Y-△ 减压启动控制

1. 实验目的

掌握常用电工工具的使用方法,原理图、接线图的识别方法,基本控制电路的安装技能。

2. 实验内容

(1) Y-△减压启动原理图见图2-8,元件按表11-1配齐,检查元件,并熟悉各元件的结构和用途。

表 11-1 电器元件及部分电工器材、仪表明细表

序号	名 称	型号与规格	数量
1	三相异步电动机	Y132MS-4, 5.5 kW, 380 V, 11.6 A, △接法, 1440 r/min	1
2	组合开关	HZ10-25/3	1
3	熔断器及熔心配套	RT18-32/25	3
4	熔断器及熔心配套	RT18-32/2	2
5	接触器	CJ10-20,线圈电压 380 V	1
6	时间继电器	JS7-2 A,线圈电压 380 V	1
7	热继电器	JR16-20/3,整定电流 11.6 A	1
8	三联按钮	LA10-3H 或 LA4-3H	1
9	端子排	JX2-1015, 380 V, 10 A, 15 节	1
10	主电路导线	BVR-1.5 mm²	若干
11	控制电路导线	BVR-1.0 mm²	若干

序号	名　称	型号与规格	数量
12	按钮线	BVR - 0.75 mm²	若干
13	接地线	BVR - 1.5 mm²	若干
14	走线槽	18 mm×25 mm	若干
15	控制板	500 mm×450 mm×20 mm	1
16	异型编码套管	φ 3.5 mm	若干
17	电工通用工具	验电笔，钢丝钳，螺丝刀，电工刀，尖嘴钳，剥线钳，手电钻，活扳手，压接钳等	1
18	万用表	自定	1
19	兆欧表	自定	1
20	钳形电流表	自定	1
21	劳保用品	绝缘鞋，工作服等	1

（2）在安装板上合理布置电器元件，元件安装紧固，排列整齐。

（3）按图 11-1 所示在安装板上进行板前明线配线。要求是导线压接牢固，走线规范合理，避免交叉或架空，编码套管齐全。

（4）经教师检查线路无误后，通电做 Y-△减压启动试运转。

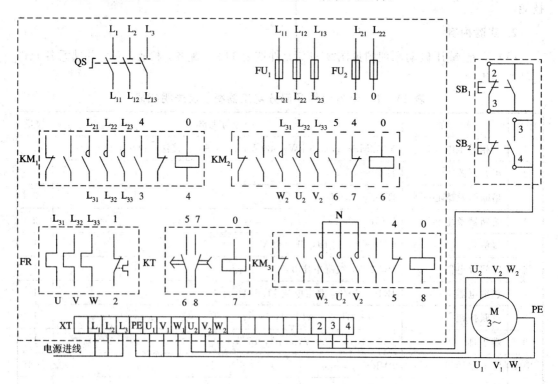

图 11-1　Y-△减压启动控制电路接线图

3. 使用设备和材料

电工常用工具、万用表，元件明细表上的所列元件，三相异步电动机，安装板，导线，编码套管等。

4. 考核配分、评分标准

考核配分、评分标准见表 11-2。

表 11-2 配分、评分标准与安全文明生产

主要内容	考核要求	评分标准	配分	扣分	得分
元件检查与安装	（1）按照图纸的要求，正确利用工具和仪表，熟练安装电气元器件 （2）元件在配电盘上布置要合理，安装要正确紧固 （3）按钮盒不固定在配电盘上	（1）电动机质量检查每漏一处扣1分 （2）电器元件错检或漏检每处扣1分 （3）元件布置不整齐、不匀称、不合理，每只扣1分 （4）元件安装不牢固，安装元件时漏装螺钉，每只扣1分 （5）损坏元件每只扣2分	30		
布线	（1）布线要求横平竖直，接线要求紧固美观 （2）电源和电动机配线、按钮接线要接到端子排上，要注明引出端子标号 （3）导线不能乱线敷设	（1）电动机运行正常，但未按原理图接线，扣1分 （2）布线不横平竖直，主电路、控制电路每根扣0.5分 （3）接点松动，接头铜过长，反圈，压绝缘层，标记线号不清楚，有遗漏或误标，每处扣0.5分 （4）损伤导线绝缘或线芯，每根扣0.5分 （5）漏接接地线扣2分 （6）导线乱线敷设扣10分	35		
通电试验	在保证人身和设备安全的前提下，通电试验一次成功	（1）热继电器整定值错误扣2分 （2）主电路、控制电路熔体配错每个扣1分 （3）一次试车不成功扣5分，二次试车不成功扣10分，三次试车不成功扣15分	25		
安全文明生产	（1）劳动保护用品穿戴整齐 （2）电工工具佩带齐全 （3）遵守操作规程 （4）尊重考评员，讲文明礼貌 （5）考试结束要清理现场	（1）各项考试中，违反考核要求的任何一项扣2分，扣完为止 （2）考生在不同的技能试题考试中，违反安全文明生产考核要求中的同一项内容的，要累计扣分 （3）当考评员发现考生有重大事故隐患时，要立即予以制止，并每次从考生安全文明生产总分中扣5分	10		
备注		成绩			
		教师签字	年	月	日

5. 时限

时限为 $120\sim150$ min。

实验二　三相异步电动机的能耗制动和反接制动

1. 实验目的

掌握接线图的绘制方法和元器件的选择。

2. 实验内容

(1) 已知电动机 $P_N=7.5$ kW，电源电压 $U_N=380$ V，$\cos\varphi=0.85$，选择所需元件型号及数量。

(2) 按照图 2-20 所示原理图进行接线图绘制。

(3) 在安装板上合理布置电器元件，元件要安装紧固，排列整齐。

(4) 按照所绘电气接线图，在安装板上进行板前明线配线。要求是导线压接牢固，走线规范合理，避免交叉或架空，编码套管齐全。

(5) 经教师检查线路无误后，通电做 Y-△减压启动试运转。

3. 考核配分、评分标准

考核配分、评分标准见表 11-3。

表 11-3　配分、评分标准与安全文明生产

主要内容	考核要求	评分标准	配分	扣分	得分
元件的选择	(1) 按照负载要求选择导线型号 (2) 按照负载要求选择电器元件	(1) 电器元件数量多选或漏选一处扣 1 分 (2) 电器元件 I_N 或 U_N 每选错一处扣 2 分	20		
接线图绘制	根据原理图绘制接线图	(1) 线号每标错一处扣 1 分 (2) 每个元器件接线图绘制错误扣 3 分	25		
元件安装	(1) 按照图纸要求，正确利用工具和仪表，熟练安装电气元器件 (2) 元件在配电盘上布置要合理，安装要正确紧固 (3) 按钮盒不固定在配电盘上	(1) 电动机质量检查每漏一处扣 1 分 (2) 电器元件错检或漏检每处扣 1 分 (3) 元件布置不整齐、不匀称、不合理，每只扣 1 分 (4) 元件安装不牢固，安装元件时漏装螺钉，每只扣 1 分 (5) 损坏元件每只扣 2 分	15		

主要内容	考核要求	评分标准	配分	扣分	得分
布线	(1) 布线要求横平竖直，接线要求紧固美观 (2) 电源和电动机配线、按钮接线要接到端子排上，要注明引出端子标号 (3) 导线不能乱线敷设	(1) 电动机运行正常，但未按原理图接线，扣1分 (2) 布线不横平竖直，主电路、控制电路每根扣0.5分 (3) 接点松动，接头铜过长，反圈，压绝缘层，标记线号不清楚，有遗漏或误标，每处扣0.5分 (4) 损伤导线绝缘或线芯，每根扣0.5分 (5) 漏接接地线扣2分 (6) 导线乱线敷设扣10分	15		
通电试验	在保证人身和设备安全的前提下，通电试验一次成功	(1) 热继电器整定值错误扣2分 (2) 主电路、控制电路熔体配错每个扣1分 (3) 一次试车不成功扣5分，二次试车不成功扣10分，三次试车不成功扣15分	15		
安全文明生产	(1) 劳动保护用品穿戴整齐 (2) 电工工具佩带齐全 (3) 遵守操作规程 (4) 尊重考评员，讲文明礼貌 (5) 考试结束要清理现场	(1) 各项考试中，违反考核要求的任何一项扣2分，扣完为止 (2) 考生在不同的技能试题考试中，违反安全文明生产考核要求中的同一项内容的，要累计扣分 (3) 当考评员发现考生有重大事故隐患时，要立即予以制止，并每次从考生安全文明生产总分中扣5分	10		
备注		成绩			
		教师签字	年	月	日

4. 时限

时限为 120～150 min。

实验三　SIMATIC 的使用方法和 PLC 的应用练习

1. 实验目的

(1) 练习使用 S7-200 编程软件，了解 PLC 实验装置的组成。

(2) 掌握用户程序的输入和编辑方法。

(3) 熟悉基本指令的应用。

(4) 熟悉语句表指令的应用及其与梯形图程序的转换。

2. 实验内容

(1) 输入图11-2所示的梯形图，并转换成对应的语句表指令(也可结合教材第5章习题练习)。

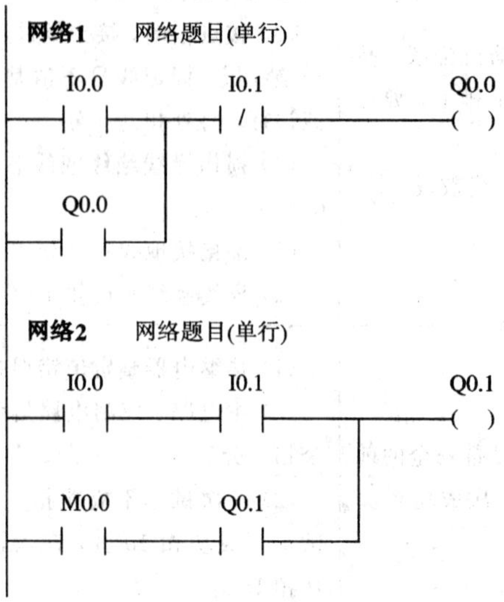

图 11-2 梯形图练习1

(2) 为梯形图11-2中的网络1添加注释，并用符号表为 I0.0、I0.1、Q0.0 添加符号名(符号名可任意设定)。

(3) 练习程序的编辑、修改、复制、粘贴方法。

(4) 将图11-2中的程序改成图11-3中的程序，并将其转换成语句表程序，分析 OLD、ALD 语句的用法。

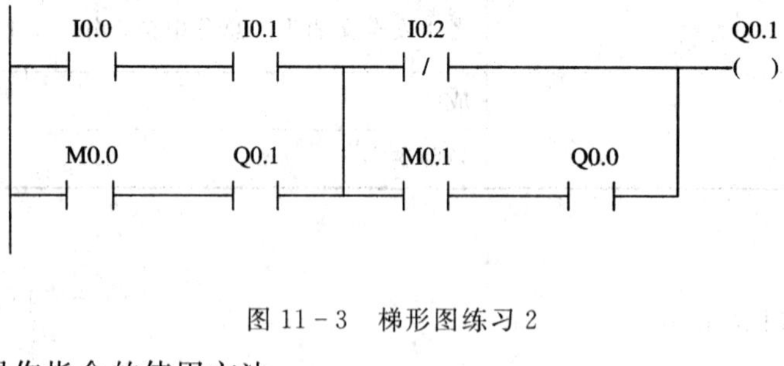

图 11-3 梯形图练习2

(5) 练习栈操作指令的使用方法。

(6) 练习定时器指令及参数的输入方法。

(7) 练习系统块设置的方法。

3. 实验步骤

(1) 开机(打开计算机电源，但不接 PLC 电源)。

(2) 进入 S7-200 编程软件。

(3) 选择语言类型(SIMATIC 或 IEC)。

(4) 输入 CPU 类型。

(5) 由主菜单或快捷按钮输入并编辑程序。

(6) 进行编译，并观测编译结果，修改程序，直至编译成功。

4. 实验报告内容

(1) 以图 11-2 为例，总结梯形图输入及修改的操作过程。

(2) 写出给梯形图添加注释及符号名的操作过程。

(3) 总结 OLD、ALD 指令和栈操作指令的使用方法。

(4) 简述系统块设置的方法。

实验四　由 PLC 控制电动机的正、反向 Y-△减压启动

1. 实验目的

(1) 用 PLC 控制电动机 Y-△启动电路，如图 11-4 所示。

(2) 通过该实验，提高分析、解决问题的能力。

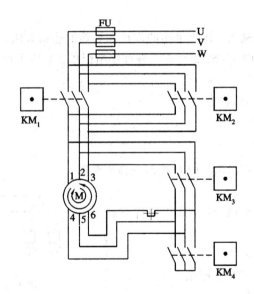

图 11-4　Y-△启动模拟控制

2. 实验设备

(1) 计算机(编程器)一台。

(2) 实验装置(含 S7-200 24 点 CPU)一台。

(3) 电动机 Y-△启动实验模板一块。

(4) 连接导线若干。

3. 电动机 Y-△启动要求

(1) 电动机 M 能实现正、反向 Y-△启动。

(2) 电气操作流程说明：

按动正向启动按钮 SB_2，KM_1 和 KM_4 闭合（Y 型启动），经 3 s 后 KM_4 断开，KM_3 闭合，实现正向△型运行；按动反向启动按钮 SB_3，KM_2 和 KM_4 闭合（Y 型启动），经 3 s 后 KM_4 断开，KM_3 闭合，实现反向△型运行，按停车按钮 SB_1，电动机 M 停止运行。

4. 实验内容及要求

（1）根据电动机 Y-△启动要求，设计 PLC 外部电路（配合通用器件板开关元器件）。

（2）连接 PLC 外部（输入、输出）电路，编写用户程序。

（3）输入、编辑、编译、下载、调试用户程序。

（4）运行用户程序，观察程序运行结果。

5. 思考练习

（1）若电动机 M 直接由正向运行转入反向运行（不用停车按钮），程序要如何改动？

（2）结合实验过程和结果写出实验报告。

实验五　工作台的 PLC 自动循环控制

1. 实验目的

（1）掌握 PLC 外部输入、输出电路的设计和导线的连接方法。

（2）利用符号表对 POU（S7-200 的三种程序组织单位，指主程序、子程序和中断程序）进行赋值。

（3）掌握应用软件的编程方法。

（4）掌握程序注释的方法。

2. 实验内容及要求

（1）设计工作台自动循环的 PLC 控制电路，见图 11-5。

（2）连接 PLC 外部电路（使用通用器件板开关元器件）。

（3）输入梯形图程序。

（4）建立符号表，对 POU 赋值。

（5）为程序添加注释。

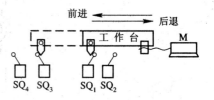

图 11-5　工作台自动循环

＊I/O 分配、符号表及注释参考：

I0.0	SB_1	正向启动按钮	I0.5	SQ_3	前进位置检测
I0.1	SB_2	反向启动按钮	I0.6	SQ_4	前进位置保护
I0.2	SB_3	停止开关	Q0.0	KM_1	正转接触器
I0.3	SQ_1	起始位置检测	Q0.1	KM_2	反转接触器
I0.4	SQ_2	起始位置保护			

（6）编辑、编译及下载用户程序。

（7）动态调试和运行用户程序，显示运行结果。

注意：程序上、下载时，必须给 PLC 上电，并将 CPU 置于 STOP 状态。

3. 实验设备

(1) 计算机(编程器)一台。

(2) 实验装置(含 S7-200 24 点 CPU)一台。

(3) 实验板一块。

(4) 连接导线若干。

4. 实验内容与要求

(1) 画出 PLC 外部(输入、输出)电路，并连接外部导线。

(2) 首先接通个人计算机(编程器)电源，然后接通可编程控制器(PLC)电源。

(3) 编程及调试运行：

① 设计 PLC 控制工作台自动循环的梯形图程序；

② 选择 CPU 的工作方式(RUN 或 STOP)；

③ 输入梯形图程序；

④ 建立符号表；

⑤ 为程序添加注释；

⑥ 编译、下载程序；

⑦ 调试和运行程序。

5. 实验报告内容

(1) 根据控制要求，画出程序流程框图。

(2) 总结建立符号表的优点。

(3) 详细记录并分析程序下载过程及运行时出现的问题。

6. 思考练习

利用工程环境的条件，按照本题的要求，实现对小功率单相交流异步电动机(M)的驱动，同时增加运行指示功能，画出控制原理图。

实验六　交通灯的 PLC 控制

1. 实验目的

(1) 练习定时器、计数器的基本使用方法。

(2) 掌握 PLC 的编程和调试方法。

(3) 对应用 PLC 解决实际问题的全过程有初步的了解。

2. 实验设备

(1) 编程器(PC 机)一台。

(2) 实验装置(含 S7-200 24 点 CPU)一台。

(3) 交通灯实验模板一块，见图 11-6。

(4) 导线若干。

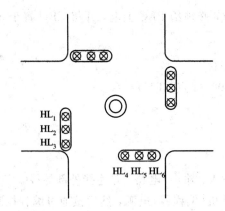

图 11-6 交通灯模拟控制板

3. 控制要求及参考

交通路口红、黄、绿灯的基本控制要求如下：

路口某方向绿灯显示(另一方向亮红灯)10 s 后，黄灯以 50% 的占空比在 1 s 内(0.5 s 脉冲宽度)闪烁 3 次(另一方向红灯亮)，然后变为红灯(另一方向绿灯亮、黄灯闪烁)，如此循环工作。

PLC I/O 端口分配：

SB$_1$	I0.0	启动按钮
SB$_2$	I0.1	停止按钮
HL$_1$(HL$_7$)	Q0.0	东西红灯
HL$_2$(HL$_8$)	Q0.1	东西黄灯
HL$_3$(HL$_9$)	Q0.2	东西绿灯
HL$_4$(HL$_{10}$)	Q0.4	南北红灯
HL$_5$(HL$_{11}$)	Q0.5	南北黄灯
HL$_6$(HL$_{12}$)	Q0.6	南北绿灯

PLC 参考电路如图 11-7 所示。

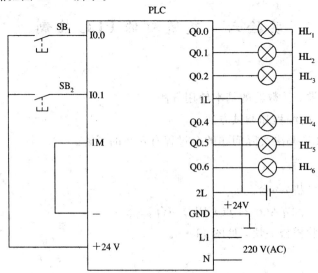

图 11-7 红绿灯控制 PLC 电气原理图

4. 实验内容及要求

(1) 按照参考电路图完成 PLC 电路接线(配合通用器件板开关元器件)。

(2) 输入参考程序并编辑。

(3) 编译、下载、调试应用程序。

(4) 通过实验模板,显示出正确的运行结果。

注意:程序上、下载时,必须给 PLC 上电,并将 CPU 置于 STOP 状态。

5. 思考练习

(1) 要实现一个简单的过程控制,程序编制的思路及步骤有哪些?

(2) 定时器、计数器的预置值如何设定输入? 如何修改?

(3) 简述上机操作步骤。

(4) 增设某个方向直通的功能。

实验七 多种液体自动混合 PLC 控制

1. 实验目的

(1) 结合多种液体自动混合系统,应用 PLC 技术对化工生产过程实施控制。

(2) 学会熟练使用 PLC 解决生产实际问题。

2. 实验设备

(1) 计算机(编程器)一台;

(2) 实验装置(含 S7-200 24 点 CPU)一台;

(3) 多种液体自动混合实验模板一块,如图 11 - 8 所示。

(4) 连接导线若干。

3. 液体自动混合系统的控制要求

(1) 液体自动混合系统的初始状态:在初始状态,容器为空,电磁阀 Y_1、Y_2、Y_3、Y_4 和搅拌电动机 M 以及电炉 R 均为 OFF,液面传感器 L_1、L_2、L_3 和温度检测器 T 均为 OFF。

(2) 液体混合操作过程:

按动启动按钮,电磁阀 Y_1 闭合(Y_1 为 ON),开始注入液体 A;当液面高度达到 L_3 时(L_3 为 ON),关闭电磁阀 Y_1(Y_1 为 OFF),液体 A 停止注入,同时开启电磁阀 Y_2(Y_2 为 ON),注入液体 B;当液面升至

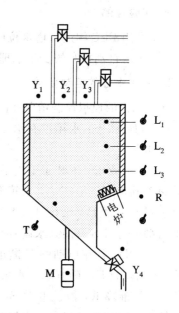

图 11 - 8 多种液体混合模拟控制板

L_2 时(L_2 为 ON),关闭电磁阀 Y_2(Y_2 为 OFF),液体 B 停止注入,同时开启电磁阀 Y_3(Y_3 为 ON),注入液体 C;当液面升至 L_1 时(L_1 为 ON),关闭电磁阀 Y_3(Y_3 为 OFF),液体 C 停止注入,然后开启搅拌电动机 M,搅拌 10 s 后停止搅拌并加热(启动电炉 R);当温度(检测器 T 动作)达到设定值时停止加热(R 为 OFF),并放出混合液体(Y_4 为 ON),至液体高

度降为 L_3 后，再经 5 s 延时，液体可以全部放完；停止放出液体（Y_4 为 OFF），液体混合过程结束。

按动停止按钮，液体混合操作停止。

4. 实验内容及要求

（1）按照液体混合要求，设计 PLC 外部电路（配合通用器件板开关元器件）。

（2）连接 PLC 外部（输入、输出）电路，编写用户程序。

（3）输入、编辑、编译、下载、调试用户程序。

（4）运行用户程序，观察程序运行结果。

5. 思考练习

（1）分析程序运行结果。

（2）试编写出搅拌与加热同时进行的程序，要求加热与搅拌条件同时满足后顺序向下执行，观测运行结果。

（3）简述液位传感器 L_1、L_2、L_3 的工作原理及实验时的操作方法。

（4）结合实验过程和结果写出实验报告。

实验八　水塔水位 PLC 控制

1. 实验目的

（1）利用 PLC 构成水塔水位（液位）控制系统。

（2）了解自动控制的工作原理及设备在日常生活中的应用。

2. 水塔水位的控制要求

水塔水位的模拟控制情况如图 11-9 所示。

（1）初始状态：水箱没有水，液位开关 S_4 断开（S_4 为 OFF）。

（2）控制要求：本装置上电后，按动启动按钮，电动阀 Y 通电（Y 为 ON），水箱开始注水；当水箱水位达到 S_4 高度后，液位开关 S_4 闭合（S_4 为 ON），当水箱水位达到 S_3 高度（水满）时，液位开关 S_3 闭合（S_3 为 ON），注水电动阀 Y 断电（Y 为 OFF），水箱停止注水。此后，随着水塔水泵抽水过程的进行，水箱液面逐渐降低，液位开关 S_3 复位（S_3 = OFF）；随着抽水过程的继续进行，水箱液面继续降低，当液面低于开关 S_4 时，液位开关 S_4 复位（S_4 为

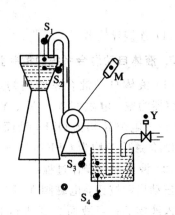

图 11-9　水塔水位模拟控制情况

OFF），电动阀 Y 再次通电（Y 为 ON），水箱（自动）注水，当水位达到 S_3 时再次停止注水。如此循环，使水箱水位保持在 S_3～S_4 之间。

当水箱水位高于 S_4 液位，并且水塔水位低于水塔最低允许液面开关 S_2（液位开关 S_2 为 OFF）时，水泵电动机 M 开始运行，向水塔抽水；当液面达到最高液位开关 S_1 时，水塔

电动机 M 停止抽水(M 为 OFF)。此循环控制使得水塔水位自动保持在 S_1～S_2 之间。

3. 实验设备

(1) 计算机(编程器)一台。

(2) 实验装置(含 S7-200 24 点 CPU)一台。

(3) 水塔水位实验模板一块。

(4) 连接导线若干。

4. 实验内容及要求

(1) 按照水塔水位的控制要求,设计 PLC 外部电路。

(2) 连接 PLC 外部(输入、输出)电路,编写用户程序。

(3) 输入、编辑、编译、下载、调试用户程序。

(4) 运行用户程序,观察程序运行结果。

5. 思考练习

(1) 联系抽水马桶与水塔水位系统,比较两者的工作原理和控制过程的异同,进一步理解水位控制系统的工作原理及控制过程。

(2) 结合实验结果写出实验报告。

实验九 循环显示PLC控制

1. 实验目的

(1) 熟悉 PLC 循环程序的编程。

(2) 了解工业顺序控制的基本原理。

(3) 学会熟练使用 PLC 解决动态显示问题。

2. 实验器材

(1) 计算机(编程器)一台。

(2) 实验装置(含 S7-200 24 点 CPU)一台。

(3) 循环显示实验模板一块,见图 11 - 10 所示。

(4) 连接导线若干。

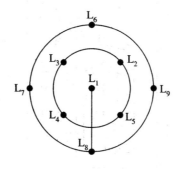

图 11 - 10 循环显示模拟控制板

3. 循环显示要求

模板中心的黄灯 L_1 亮$\xrightarrow{0.5\,s}$红灯 L_2、L_3、L_4、L_5 间隔 $0.5\,s$ 依次点亮$\xrightarrow{1.5\,s}$绿灯 L_6、L_7、L_8、L_9 间隔 $0.5\,s$ 依次点亮$\xrightarrow{1.5\,s}$黄灯 L_1 熄灭$\xrightarrow{1.5\,s}$$L_2$、$L_3$、$L_4$、$L_5$ 同时熄灭$\xrightarrow{1.5\,s}$$L_6$、$L_7$、$L_8$、$L_9$ 同时熄灭$\xrightarrow{1.5\,s}$返回初始步，循环显示。

4. 实验内容及要求

(1) 按照循环显示实验模板的要求，设计 PLC 外部电路(配合通用器件板开关元器件)。

(2) 连接 PLC 外部(输入、输出)电路，编写用户程序。

(3) 输入、编辑、编译、下载、调试用户程序。

(4) 运行用户程序，观察程序运行结果。

5. 思考练习

(1) 请重新设计一套循环显示程序流程，利用本控制模板，显示出不同的动态结果。

(2) 结合实验结果写出实验报告。

实验十　电梯 PLC 控制

1. 实验目的

(1) 掌握 PLC 的基本指令及功能指令的综合应用。

(2) 掌握 PLC 与外围控制电路的实际接线方法。

(3) 掌握随机逻辑程序的设计方法。

2. 实验器材

(1) 编程器(PC 机)一台。

(2) 可编程序控制实验装置一台。

(3) 四层电梯自动控制演示板一块，如图 11-11 所示。

(4) 连接导线若干。

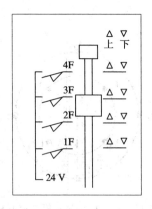

图 11-11　电梯模拟控制板

3. 实验内容与步骤

电梯实验动作要求如下：

(1) 电梯上行设计要求：

① 当电梯停于 1 楼(1F)或 2F、3F 时，4F 呼叫，则上行到 4F，碰行程开关后停止；

② 电梯停于 1F 或 2F，3F 呼叫时，则上行到 3F，碰行程开关后停止；

③ 电梯停于 1F，2F 呼叫，则上行到 2F，碰行程开关后停止；

④ 电梯停于 1F，2F、3F 同时呼叫，则电梯上行到 2F，停 5 s，继续上行到 4F 并停止；

⑤ 电梯停于 1F，3F、4F 同时呼叫，则电梯上行到 3F，停 5 s，继续上行到 4F 并停止；

⑥ 电梯停于 1F，2F、4F 同时呼叫，则电梯上行到 2F，停 5 s，继续上行到 4F 并停止；

⑦ 电梯停于 1F，2F、3F、4F 同时呼叫，则电梯上行到 2F，停 5 s，继续上行到 3F，停 5 s，继续上行到 4F 并停止；

⑧ 电梯停于 2F，3F、4F 同时呼叫，则电梯上行到 3F，停 5 s，继续上行到 4F 并停止。

(2) 电梯下行设计要求：

① 电梯停于 4F 或 3F、2F，1F 呼叫，则电梯下行到 1F 并停止；

② 电梯停于 4F 或 3F，2F 呼叫，则电梯下行到 2F 并停止；

③ 电梯停于 4F，3F 呼叫，则电梯下行到 3F 并停止；

④ 电梯停于 4F，3F、2F 同时呼叫，则电梯下行到 3F，停 5 s，继续下行到 2F 并停止；

⑤ 电梯停于 4F，3F、1F 同时呼叫，则电梯下行到 3F，停 5 s，继续下行到 1F 并停止；

⑥ 电梯停于 4F，2F、1F 同时呼叫，则电梯下行到 2F，停 5 s，继续下行到 1F 并停止；

⑦ 电梯停于 4F，3F、2F、1F 同时呼叫，则电梯下行到 3F，停 5 s，继续下行到 2F，停 5 s，继续下行到 1F 并停止；

(3) 各楼层运行时间应在 15 s 以内，否则认为有故障。

(4) 电梯停于某一层，数码管应显示该层的楼层数。

(5) 电梯上、下行时，相应的标志灯亮。

4. I/O 地址

输入、输出地址分配参考：

PLC 进入 RUN 状态，电梯系统启动工作；PLC 输出 Q0.0/Q0.1，用于上行/下行指示和提升电机(M)正/反转控制；Q0.2、Q0.3、Q0.4、Q0.5 分别显示电梯所在的层位置 1～4；输入地址分配如图 11-12 所示。

行程开关	上行按钮	下行开关
一层：SQ_1(I0.0)	一层：SB_8(I0.7)	一层：SB_7(I1.3)
二层：SQ_2(I0.1)	二层：SB_6(I0.5)	二层：SB_5(I1.2)
三层：SQ_3(I0.2)	三层：SB_4(I0.6)	三层：SB_3(I1.1)
四层：SQ_4(I0.3)	四层：SB_2(I0.4)	四层：SB_1(I1.0)

图 11-12　电梯输入地址分配参考

5. 思考练习

(1) 按照题目给出的条件要求，最少需要多少点的 PLC？

(2) 分析实验结果及本实验要求存在的主要问题。

(3) 根据实验结果写出实验报告。

附 录

附录 A 电气图常用文字、图形符号

附表 A-1 电气图常用文字符号(摘自 GB 7159—87)

文字符号	名 称	文字符号	名 称
A	激光器、调节器	FS	延时和瞬时动作限流保护器件
AD	晶体管放大器	FU	熔断器
AJ	集成电路放大器	FV	限电压保护器件
AM	磁放大器	G	发生器、发电机、电源
AV	电子管放大器	GA	异步发电机
AP	印制电路板	GB	蓄电池
AT	抽屉柜	GF	旋转或静止变频器
B	光电池、测功计、晶体换能器、送话器、拾音器、扬声器	GS	同步发电机
BP	压力变换器	H	信号器件
BQ	位置变换器	HA	音响信号器件
BR	转速变换器	HL	光信号器件、指示灯
BT	温度变换器	K	继电器、接触器
BV	速度变换器	KA	瞬时接触器式继电器、瞬时通断继电器
C	电容器	KL	锁扣接触式继电器、双稳态继电器
D	数字集成电路和器件、延迟线、双稳态元件、单稳态元件、寄存器、磁心存储器、磁带或磁盘记录机	KM	接触器
E	未规定的器件	KP	极化继电器
EH	发热器件	KR	舌簧继电器
EL	照明灯	KT	延时通断继电器
EV	空气调节器	L	电感器、电抗器
F	保护器件、过电压放电器件避雷器	M	电动机
FA	瞬时动作限流保护器件	MG	发电或电动两用电机
FR	延时动作限流保护器件	MS	同步电动机

文字符号	名　称	文字符号	名　称
MT	力矩电动机	ST	温度传感器
N	模拟器件、运算放大器、模拟数字混合器件	T	变流器、变压器
P	测量设备、试验设备信号发生器	TA	电流互感器
PA	电流表	TC	控制电路电源变压器
PC	脉冲计数器	TM	动力变压器
PJ	电度表	TS	磁稳压器
PS	记录仪	TV	电压互感器
PT	时钟、操作时间表	U	鉴别器、解调器、变频器、编码器、交换器、逆变器、电报译码器
PV	电压表	V	电子管、气体放电管、二极管、晶体管、晶闸管
Q	动力电路的机械开关器件	VC	控制电路电源的整流桥
QF	断路器	W	导线、电缆、汇流桥、波导管、方向耦合器、偶极天线、抛物型天线
QM	电动机的保护开关	X	接线端子、插头、插座
QS	隔离开关	XB	连接片
R	电阻器、变阻器	XJ	测试插孔
RP	电位器	XP	插头
RS	测量分流表	XS	插座
RT	热敏电阻器	XT	接线端子板
RV	压敏电阻器	Y	电动器件
S	控制、记忆、信号电路开关器件选择器	YA	电磁铁
SA	控制开关	YB	电磁制动器
SB	按钮	YC	电磁离合器
SL	液压传感器	YH	电磁卡盘、电磁吸盘
SP	压力传感器	YM	电动阀
SQ	极限开关(接近开关)	YV	电磁阀
SR	转数传感器	Z	电缆平衡网络、压伸器、晶体滤波器、(补偿器)、(限幅器)、(终端装置)、(混合变压器)

附表 A-2 常用辅助文字符号

符 号	名 称	符 号	名 称	符 号	名 称
A	电流	F	快速	PU	不保护接地
A	模拟	FB	反馈	R	记录
AC	交流	FW	正/向前	R	右
A/AUT	自动	GN	绿	R	反
ACC	加速	H	高	RD	红
ADD	附加	IN	输入	R/RST	复位
ADJ	可调	INC	增	RES	备用
AUX	辅助	IND	感应	RUN	运转
ASY	异步	L	左	S	信号
B/BRK	制动	L	限制	ST	启动
BK	黑	L	低	S/SET	置位/定位
BL	蓝	LA	封闭	SAT	饱和
BW	向后	M	主	STE	步进
C	控制	M	中	STP	停止
CW	顺时针	M	中间线	SYN	同步
CCW	逆时针	M/MAN	手动	T	温度
D	延时/延迟	N	中性线	T	时间
D	差动	OFF	断开	TE	无噪声接地
D	数字	ON	闭合	V	真空
D	降	OUT	输出	V	速度
DC	直流	P	压力	V	电压
DEC	减	P	保护	WH	白
E	接地	PE	保护接地	YE	黄
EM	紧急	PEN	保护接地与中性线共用		

附表 A-3 电气图常用图形符号(摘自 GB 4728—84)

符号名称	图形符号	符号名称	图形符号
接地一般符号		三相自耦变压器	
接机壳		动合(常开)触点开关通用符号	
电阻一般符号		动断(常闭)触点	
电容器一般符号	或	先断后合转换触点	
电感器、线圈、绕组		中间位置断开的双向触点	
半导体二极管		线圈通电时延时闭合的动合触点	或
反向阻断三极晶闸管 P 型控制极(阴极端受控)		线圈通电时延时断开的动断触点	或
PNP 晶体管		线圈断电时延时断开的动合触点	或
光敏电阻		线圈断电时延时闭合的动断触点	或
PNP 型光电晶体管		线圈通电和断电都延时的动合触点	
直流并励电动机(M)或发电机(G)		线圈通电和断电都延时的动断触点	
三相笼型电动机		按钮开关(不闭锁)	
三相、线绕转子异步电动机		旋动开关(闭锁)	
双绕组变压器	或	脚踏开关	
电抗器、扼流器	或	压力开关	
铁芯变压器		液面开关	

符号名称	图形符号	符号名称	图形符号
凸轮动作开关		缓释放继电器的线圈	
行程开关的动合触点		缓吸合继电器的线圈	
行程开关的动断触点		缓吸合和释放的继电器线圈	
双向操作的行程开关		快速动作继电器的线圈	
带动合和动断触点的按钮		熔断器一般符号	
接触器的动合触点		接插器件	
接触器的动断触点		信号灯	
热敏自动开关的动断触点		电喇叭	
热继电器的动断触点		电铃	
隔离开关触点		报警器	
接近开关的动合触点		蜂鸣器	
继电器线圈一般符号		双向二极管（交流开关二极管）	
欠电压继电器线圈	U<	双向三极晶体闸流管（三端双向晶体闸流管）	
过电流继电器的线圈	I>	光耦合器（光隔离器）	
热继电器热元件			

附录 B   STEP7-Micro/WIN 编程软件简述

随着 PLC 应用技术的不断进步，西门子公司 S7-200 PLC 编程软件的功能也在不断完善，尤其是汉化工具的使用，使 PLC 的编程软件更具有可读性。本章介绍编程软件的安装、功能和使用方法，并结合应用实例介绍用户程序的输入、编辑、调试及监控运行的方法。

B.1   SIMATIC S7-200 编程软件

SIMATIC S7-200 编程软件是指西门子公司为 S7-200 系列可编程控制器编制的工业编程软件的集合，其中 STEP7-Micro 软件是基于 Windows 的应用软件。

B.1.1   STEP7-Micro 软件

STEP7-Micro 软件包括有 Microwin 4.0 软件；其中 SP9 版本为最新版本的西门子 S7-200 编程软件，支持 WIN7、WIN8 等 64 位操作系统，适用于 S7-200 系列 PLC 的系统设置（CPU 组态）、用户程序开发和实时监控运行。

1. STEP7-Micro/WIN 窗口组件

STEP7-Micro/WIN 是专门为 S7-200 设计的、在个人计算机 Windows 操作系统下运行的编程软件。CPU 通过 PC/PPI 电缆或插在计算机中的 CP 5511 或 CP 5611 通信卡与计算机通信。通过 PC/PPI 电缆，可以在 Windows 下实现多主站通信方式。

STEP7-Micro/WIN 的用户程序结构简单清晰，通过一个主程序调用子程序或中断程序，还可以通过数据块进行变量的初始化设置。用户可以用语句表（STL）、梯形图（LAD）和功能块图（FBD）编程，不同的编程语言编制的程序可以相互转换，可以用符号表来定义程序中使用的变量地址对应的符号，使程序便于设计和理解。

STEP7-Micro/WIN 为用户提供了基本上符合 PLC 编程语言国际标准 IEC 61131 – 3 的指令集。通过调制解调器可以实现远程编程，可以用单次扫描和强制输出等方式来调试程序和进行故障诊断。STEP7-Micro/WIN 窗口界面如附图 B – 1 所示。

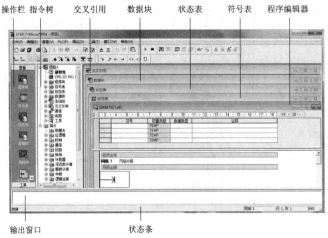

附图 B – 1   STEP7-Micro/WIN 窗口组件

1) 操作栏

操作栏中显示的是编程特性的按钮控制群组：

• "视图"——选择该类别，显示程序块、符号表、状态图、数据块、系统块、交叉参考及通信等的按钮控制。

• "工具"——选择该类别，显示指令向导、文本显示向导、位置控制向导、EM 253 控制面板和调制解调器扩展向导等的按钮控制。

注释：当操作栏包含的对象因为当前窗口大小无法显示时，操作栏显示滚动条，能向上或向下移动至其他对象。

2) 指令树

指令树提供所有项目对象和为当前程序编辑器（LAD、FBD 或 STL）提供的所有指令的树形视图。可以用鼠标右键点击树中"项目"部分的文件夹，插入附加程序组织单元（POU）；可以用鼠标右键点击单个 POU，打开、删除、编辑其属性表，可使用密码保护或重命名子程序及中断例行程序；可以用鼠标右键点击树中"指令"部分的一个文件夹或单个指令，以便隐藏整个树。一旦打开指令文件夹，就可以拖放单个指令或双击，按照需要自动将所选指令插入程序编辑器窗口中的光标位置。可以将指令拖放在"偏好"文件夹中，排列经常使用的指令。

3) 交叉引用

允许检视程序的交叉引用和组件使用信息。

4) 数据块

允许显示和编辑数据块内容。

5) 状态表

允许将程序输入、输出或变量置入图表中，以便追踪其状态。可以建立多个状态表，以便从程序的不同部分检视组件。每个状态表在状态表窗口中有自己的标签。

6) 符号表/全局变量表窗口

允许分配和编辑全局符号（即可在任何 POU 中使用的符号值，不只是建立符号的POU）。可以建立多个符号表。可在项目中增加一个 S7-200 系统符号预定义表。

7) 输出窗口

在编译程序时提供信息。当输出窗口列出程序错误时，可双击错误信息，会在程序编辑器窗口中显示适当的网络。当编译程序或指令库时，提供信息。当输出窗口列出程序错误时，可以双击错误信息，会在程序编辑器窗口中显示适当的网络。

8) 状态条

提供在 STEP7-Micro/WIN 中操作时的操作状态信息。

9) 程序编辑器

包含用于该项目的编辑器（LAD、FBD 或 STL）的局部变量表和程序视图。如果需要，可以拖动分割条，扩展程序视图，并覆盖局部变量表。当在主程序一节（OB1）之外，建立子程序或中断例行程序时，标记出现在程序编辑器的底部。可点击该标记，在子程序、中断和 OB1 之间移动。

10) 局部变量表

包含对局部变量所作的赋值（即子程序和中断例行程序使用的变量）。在局部变量表中建立的变量使用暂时内存；地址赋值由系统处理；变量的使用仅限于建立此变量的 POU。

11）菜单条

允许使用鼠标或按键执行操作。可以定制"工具"菜单，在该菜单中增加自己的工具。

12）工具条

为最常用的 STEP7-Micro/WIN 操作提供便利的鼠标访问。可以定制每个工具条的内容和外观。

2. 使用在线帮助

对于希望获得帮助的标题，选择菜单项目或打开对话框，按"F1"键访问该标题的上下文相关帮助。（在某些情形下，可按"Shift"和"F1"键访问帮助标题，以从菜单获得帮助。STEP7-Micro/WIN 中的"帮助"菜单提供下列选项：

1）目录和索引

允许借助目录浏览程序（显示每本书包含的标题）或可搜索索引浏览该帮助系统。

2）这是什么？

提供接口元素定义。通过同时按 Shift 和 F1 键，还能访问"这是什么？"帮助。光标变为一个问号；用它在希望获得帮助的项目上点击。

3）网络上的 S7-200

为技术支持和产品信息提供西门子（Siemens）因特网网站访问。

4）关于

列出 STEP7-Micro/WIN 的产品和版权信息。

STEP7-Micro/WIN 提供多种访问和显示信息的方法。为了简化程序设计，可能希望不用操作栏和输出窗口。可以将在程序设计时需要的窗口盖住或最小化，例如局部变量表和符号表，仅在必要时调出。这样可为以下主要项目腾出最大的空间：指令树（供 LAD 和 FBD 程序员使用）和程序编辑器（供 STL、LAD 和 FBD 程序员使用）。

以下是一些安排 STEP7-Micro/WIN 工作区不同组件的提示：

（1）检视或隐藏各种窗口组件。从菜单条选择"检视"，并选择一个对象，将其标选符号在打开和关闭之间切换。带标选符号的对象是当前在 STEP7-Micro/WIN 环境中打开的对象。

（2）级联窗口。从菜单条选择"窗口"＞"级联"窗口"＞"垂直或窗口＞"水平"命令完成。

（3）最小化、恢复、最大化或关闭窗口。使用位于每个窗口标题条中的最小化、恢复、最大化和关闭按钮。请注意，当最大化窗口时，按钮在 STEP7-Micro/WIN 主窗口按钮下方的菜单条区内显示。当最大化窗口时，窗口会盖住已经打开的任何其他窗口显示，但最大化窗口不会关闭其他窗口。

（4）使用标记检视窗口的不同组件诸如程序编辑器、状态表、符号表和数据块的窗口可能有多个标记。例如，程序编辑器包含的标记允许在主程序（OB1）、子程序和中断例行程序之间浏览。

（5）更改尺寸或拆卸局部变量表。将光标放置在程序编辑器和局部变量表的分隔条上方，拖动光标，增加或缩小局部变量表的尺寸。如果程序不包含要求定义任何局部变量的子程序或中断例行程序，则拖动程序编辑器，使之完全盖住局部变量表。（因为局部变量表是程序编辑器窗口的一部分，无法取消局部变量表。）

（6）移动或隐藏工具条。根据默认值，文件、调试和程序工具条在 STEP7-Micro/WIN 的菜单条下方显示。然而，可以移动任何工具条，将光标放在工具条区域内。如果将工具条拖至 STEP7-Micro/WIN 中任何窗口的边框附近，工具条将停放在该窗口的边框处，否则工具条成为一个独立的、自由漂浮的工具条。当工具条独立时，点击工具条标题条中的"X"按钮，隐藏工具条。可以选择"工具">"定制"命令，并从"定制"对话框"工具条"标记中选择适当的复选框（文件、调试、阶梯、FBD、STL）恢复工具条。

B.1.2 编程软件的安装

编程软件 STEP7-Micro/WIN 可以安装在 PC（个人电脑）及 SIMATIC 编程设备 PG70 上。在个人电脑上安装的条件和方法如下。

1. 安装条件

个人计算机（PC）采用 486 或更高配置，能够安装 Windows95 以上操作系统。

2. 安装方法

按 Microwin3.1 >> Microwin3.1 SP1 >> Toolbox >> Microwin3.11 Chinese 的顺序进行安装，必要时可查看光盘软件的 Readme 文件，按照提示步骤安装。

B.1.3 建立 S7-200 CPU 的通信

S7-200 CPU 与个人计算机之间有两种通信连接方式：一种是采用专用的 PC/PPI 电缆；另一种是采用 MPI 卡和普通电缆。可以使用个人计算机（PC）作为主设备，通过 PC/PPI 电缆或 MPI 卡与一台或多台 PLC 相连，实现主、从设备之间的通信。

1. PC/PPI 电缆通信

典型的单主机连接如附图 B-2 所示，一台 PLC 用 PC/PPI 电缆与个人计算机连接，不需要外加其他硬件设备。PC/PPI 电缆是一条支持个人计算机（PC）、按照 PPI 通信协议设置的专用电缆线。电缆线中间有通信模块，模块外部设有波特率设置开关，两端分别为 RS-232 和 RS-485 接口。PC/PPI 电缆的 RS-232 端连接到个人计算机的 RS-232 通信口 COM1 或 COM2 接口上，PC/PPI 的另一端（RS-485 端）接到 S7-200 CPU 通信口上。

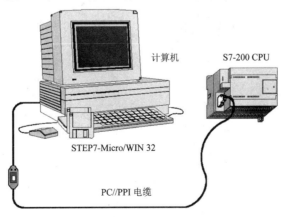

附图 B-2　PLC 与计算机（编程器）的连接

有五种支持 PPI 协议的波特率可以选择，系统默认值为 9600 波特。PC/PPI 电缆波特率选择 PPI 开关的位置应与软件系统设置的通信波特率相一致。

2. MPI 通信

多点接口（MPI）卡提供了一个 RS-485 端口，可以用直通电缆和网络相连，在建立 MPI 通信之后，可以把 STEP7-Micro/WIN 连接到包括许多其他设备的网络上，每个主设备（CPU）都有一个唯一的地址。附图 B-3 显示使用 MPI 卡时 PLC 和个人计算机的连接方法，需要将 MPI 卡安装在计算机的 PCI 插槽内，然后启动安装文件，将该配置文件放在 Windows 目录下，CPU 与个人计算机 RS-485 接口用电缆线连接。

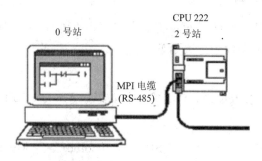

附图 B-3　MPI 卡的通信方式

3. 通信参数设置

通信参数设置的内容有 CPU 地址、PC 软件地址和接口（PORT）等。

附图 B-4 显示的是设置通信参数的对话框。由检视菜单点击通信（M），出现通信参数。系统编程器的本地地址默认值为 0。远程地址的选择项按实际 PC/PPI 电缆所带 PLC 的地址设定。需要修改其他通信参数时，双击 PC/PPI Cable（电缆）图标，可以重新设置通信参数。远程通信地址可以采用自动搜索的方式获得。

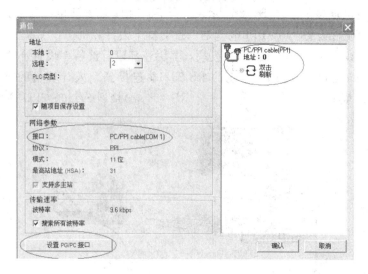

附图 B-4　通信参数设置对话框

B.2 输入梯形逻辑程序

B.2.1 一般步骤

1. 建立项目

1) 打开已有的项目文件

打开已有项目常用的方法有两种：① 由文件菜单打开，引导到现存项目，并打开文件；② 由文件名打开，最近工作项目的文件名在文件菜单下列出，可直接选择而不必打开对话框。

另外也可以用 Windows 资源管理器寻找到适当的目录，项目在使用. mwp 扩展名的文件中。也可以使用 Windows Explorer 浏览至适当的目录，无需将 STEP7-Micro/WIN 作为一个单独的步骤启动即可打开的项目。在 STEP7-Micro/WIN 3.0 版或更高版本中，项目包含在带有. mwp 扩展名的文件中

2) 创建新项目(文件)

双击 STEP7-Micro/WIN 图标，或从"开始"菜单选择 SIMATIC＞STEP7 Micro/WIN，启动应用程序，打开一个新 STEP7-Micro/WIN 项目。常用方法有以下三种。

(1) 单击"新建"快捷按钮。

(2) 打开文件菜单，点击新建按钮，建立一个新文件。

(3) 点击浏览条中程序块图标，新建一个 STEP7-Micro/WIN 项目。

3) 确定 CPU 类型

一旦打开一个项目，开始写程序之前可以选择 PLC 的类型。确定 CPU 类型有两种方法：

(1) 在指令树中右击"项目 1(CPU)"，在弹出的对话框中左击"类型(T)"，即弹出 PLC 类型对话框，选择所用 PLC 型号后，确认。

(2) 用 PLC 菜单选择读取 PLC，弹出 PLC 类型对话框，然后选择正确的 CPU 类型。

2. 梯形逻辑元素及其作用

1) 元素及其作用

阶梯逻辑(LAD)是一种与电气继电器图相似的图形语言。当在 LAD 中写入程序时，使用图形组件，并将其排列成一个逻辑网络。

下列元件类型在建立程序时可供使用：

(1) 触点，代表电源可通过的开关。

电源仅在触点关闭时通过正常打开的触点(逻辑值为 1)；电源仅在触点打开时通过正常关闭或负值(非)触点(逻辑值为 0)。

(2) 线圈，代表由使能位充电的继电器或输出。

(3) 方框，代表当使能位到达方框时执行的一项功能(例如，定时器、计数器或数学运算)。

网络由以上元素组成并代表一个完整的线路。电源从左边的电源杆流过(在 LAD 编辑器中由窗口左边的一条垂直线代表)闭合触点,为线圈或方框充电。

在 LAD 中构造简单、串联和并联网络的规则如下。

(1) 放置触点的规则:每个网络必须以一个触点开始。网络不能以触点终止。

(2) 放置线圈的规则:网络不能以线圈开始;线圈用于终止逻辑网络。一个网络可有若干个线圈,只要线圈位于该特定网络的并行分支上。不能在网络上串联一个以上线圈(即不能在一个网络的一条水平线上放置多个线圈)。

(3) 放置方框的规则:如果方框有 ENO,使能位扩充至方框外,这意味着可以在方框后放置更多的指令。在网络的同级线路中,可以串联若干个带 ENO 的方框。如果方框没有 ENO,则不能在其后放置任何指令。

(4) 网络尺寸限制:可以将程序编辑器窗口视作划分为单元格的网格(单元格是可放置指令、为参数指定值或绘制线段的区域)。在网格中,一个单独的网络最多能垂直扩充 32 个单元格或水平扩充 32 个单元。

2) 举例

附图 B-5~B-8 为一些 STEP7-Micro/WIN LAD 编辑器中可能存在的逻辑结构。

自锁:该网络使用一个正常的触点("开始")和一个负(非)触点("停止"),一旦电机成功激活,就保持锁定,直至符合"停止"条件,如附图 B-5 所示。

中线输出:如果符合第一个条件,则初步输出(输出 1)在第二个条件评估之前显示。可以建立有中线输出的多个级挡,如附图 B-6 所示。

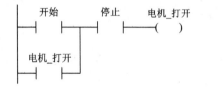

附图 B-5 自锁程序图

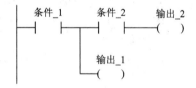

附图 B-6 中线输出程序图

串联级联:如果第一个方框指令评估成功,则电源顺网络流至第二个方框指令。可以在网络的同一级上将多条 ENO 指令用串联方式级联。任何指令失败,剩余的串联指令都不会执行,使能位停止(错误不通过该串联级联),如附图 B-7 所示。

附图 B-7 串联级联程序图

并联输出:当符合起始条件时,所有的输出(方框和线圈)均被激活。如果一个输出未评估成功,则电源仍然流至其他输出,不受失败指令的影响,如附图 B-8 所示。

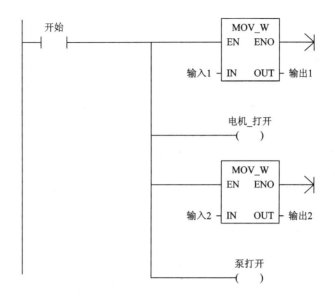

附图 B-8　并联输出

3. 如何在 LAD 中输入指令

具体步骤如下：

（1）在程序编辑器窗口中将光标放在所需的位置，此时一个选择方框在位置周围出现，如附图 B-9 所示。

（2）点击适当的工具条按钮，使用适当的功能键（F4＝触点、F6＝线圈、F9＝方框）插入一个类属指令，如附图 B-10 所示。

附图 B-9　输入指令步骤（1）示意图

附图 B-10　输入指令步骤（2）示意图

（3）完成步骤（2）后会出现一个下拉列表。滚动或键入开头的几个字母，可浏览所需的指令。双击所需的指令或使用 ENTER 键插入该指令，如附图 B-11 所示（如果此时不选择具体的指令类型，则可返回网络，点击类属指令的助记符区域，或者选择该指令并按 ENTER 键，将列表调回）。

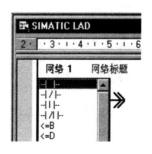

附图 B-11　输入指令步骤（3）示意图

4．如何在 LAD 中输入地址

1）指定地址

欲指定一个常数数值(例如 100)或一个绝对地址(例如 I0.1)，只需在指令地址区域中键入所需的数值即可。(用鼠标或 ENTER 键选择键入的地址区域。)

欲指定一个符号地址(使用诸如 INPUT1 的全局符号或局部变量)，必须执行下列简单的步骤：

(1) 在指令的地址区域中键入符号或变量名称。

(2) 如果是全局符号，使用符号表/全局变量表为内存地址指定符号名，如附图 B-12 所示。

2）写入或强制地址

欲写入或强制地址，首先用鼠标右键点击操作数，并从鼠标右键菜单选择"写入"或"强制"命令，如附图 B-13 所示。接着点击"写入"或"强制"后，会显示一个对话框，允许输入希望向 PLC 写入或强制的数值。

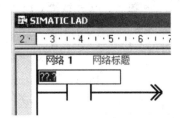

附图 B-12　输入地址步骤(2)示意图

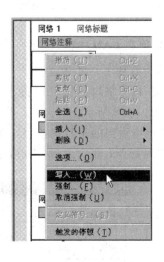

附图 B-13　选择相应命令

5．程序编辑器显示的 LAD 中的输入错误

(1) 红色文字：显示非法语法，如附图 B-14 所示。

(2) 一条红色波浪线位于数值下方，表示该数值或是超出范围或是不适用于此类指令，如附图 B-15 所示。

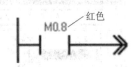

附图 B-14　非法语法错误示意图

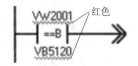

附图 B-15　超出范围或是不适用错误示意图

(3) 一条绿色波浪线位于数值下方，表示正在使用的变量或符号尚未定义，如附图 B-16 所示。STEP7-Micro/WIN 允许在定义变量和符号之前写入程序。可随时将数值增加至局部变量表或符号表中。

附图 B-16　变量或符号尚未定义错误示意图

6. 编译 LAD 程序

可以用工具条按钮或 PLC 菜单进行编译,如附图 B-17 所示。

"编译"(☑)允许编译项目的单个元素。当选择"编译"命令时,带有焦点的窗口(程序编辑器或数据块)是编译窗口;另外两个窗口不编译。

"全部编译"☑对程序编辑器、系统块和数据块进行　　附图 B-17　程序编译示意图
编译。当使用"全部编译"命令时,哪一个窗口是焦点无关紧要。

7. 保存工作

可以使用工具条上的"保存"按钮■保存程序,或从"文件"菜单选择"保存"和"另存为"选项保存程序,如附图 B-18 所示。

"保存"命令允许在作业中快速保存所有改动。然而,初次保存一个项目时,会被提示核实或修改当前项目名称和目录的默认选项。

"另存为"命令允许修改当前项目的名称和/或目录位置。

当首次建立项目时,STEP7-Micro/WIN 提供默认值名称"Project1.mwp"。可以接受或修改该名称。如果接受该名称,下一个项目的默认名称将自动递增为"Project2.mwp"。STEP7-Micro/WIN 项目的默认目录位置是位于　　附图 B-18　程序保存示意图

"Microwin"目录中的称作"项目"的文件夹,可以不接受该默认位置。

B.2.2　程序的编辑及参数设定

程序的编辑包括程序的剪切、拷贝、粘贴、插入、删除、字符串替换、查找等。

1. 插入和删除

程序删除和插入的选项有行、列、阶梯、向下分支的竖直垂线、中断或子程序等。插入和删除的方法有两种:

(1)在程序编辑区单击右键,弹出如附图 B-19 所示的下拉菜单,点击插入或删除项,在弹出的子菜单中单击"插入"/"删除"选项进行编辑。

(2)在编辑菜单中选择"插入"或"删除"项,弹出子菜单后,单击"插入"或"删除"选项进行程序编辑。

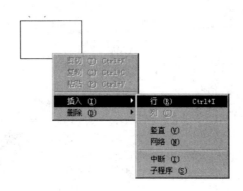

附图 B-19　插入下拉菜单

2. 程序的复制、粘贴

程序的复制、粘贴，可以由编辑菜单选择复制/粘贴项进行复制，也可以由工具条中复制和粘贴的快捷按钮进行复制，还可以用光标选中复制内容后，单击右键，在弹出的菜单选项中选择"复制"、然后选择"粘贴"命令。

程序复制，分为单个器件复制和网络复制两种。单个元件复制是在光标含有编程元件时单击复制项。网络复制可通过在复制区拖动光标或使用 SHIFT 及上下移位键，选择单个或多个相邻网络，网络变黑选中后单击"复制"。光标移到粘贴处后，可以用已有效的"粘贴"按钮进行粘贴。

3. 符号表

利用符号对 POU 中符号赋值的方法：单击浏览条中符号表按钮，在程序显示窗口的符号表内输入参数，建立符号表。符号表见附图 B-20 所示。

	名称	地址	注释
1	启动	I0.0	1&2
2	停止	I0.1	1&2
3	电动机	M0.0	电动机m1
4			
5			

附图 B-20　符号表

符号表的使用方法有两种。① 编程时使用符号名称，在符号表中填写符号名和对应的直接地址；② 编程时使用直接地址，符号表中填写符号名和对应的直接地址，编译后，软件直接赋值。使用上述两种方法经编译后，由检视菜单选中符号寻址项后，直接地址将转换成符号表中对应的符号名。由检视菜单选中符号信息表项，在梯形图下方出现符号表，格式如附图 B-21 所示。

4. 局部变量表

可以拖动分割条，展开局部变量表并覆盖程序视图。此时可设置局部变量表，附图 B-22 为局部变量表的格式。

局部变量有四种定义类型：IN(输入)、OUT(输出)、IN_OUT(输入_输出)和 TEMP (临时)。

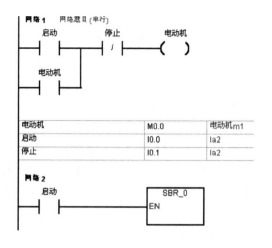

附图 B-21 带符号表的梯形图

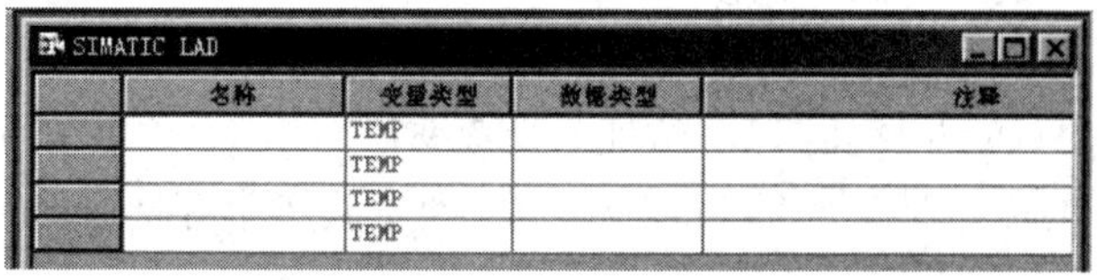

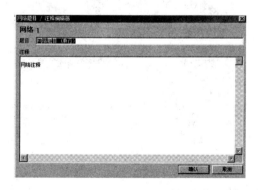

附图 B-22 局部变量表

• IN、OUT 类型的局部变量，由调用 POU(三种程序)提供输入参数或调用 POU 返回的输出参数。

• IN_OUT 类型，数值由调用 POU 提供参数，经子程序的修改，然后返回 POU。

• TEMP 类型，临时保存在局部数据堆栈区内的变量，一旦 POU 执行完成，临时变量的数据就不再有效。

5. 程序注释

网络题目区又称网络名区，可用左键双击，弹出如附图 B-23 所示的对话框。写入网络题目区的中、英文注释可在程序段中的网络名区域显示，网络注释内容为隐藏方式。

附图 B-23 程序注释对话框

B.3 建立通信和下载程序

1. 通信概述

如何在运行 STEP7-Micro/WIN 的个人计算机和 PLC 之间建立通信取决于安装的硬件。如果仅使用 PC/PPI 电缆连接计算机和 PLC，则只需连接电缆，接受安装 STEP7-Micro/WIN 软件时，在 STEP7-Micro/WIN 中为个人计算机和 PLC 指定的默认参数即可。可以在任何时间建立通信或编辑通信设置。以下列出建立通信通常要求的任务：

- 在 PLC 和运行 STEP7-Micro/WIN 的个人计算机之间连接一条电缆。对于简单的 PC/PPI 连接，将调度设为 9600 波特、DCE、11 位。如果使用的是调制解调器或通信卡，请参阅硬件随附的安装指令。
- 核实 STEP7-Micro/WIN 中的 PLC 类型选项与 PLC 实际类型相符。
- 如果使用简单的 PC/PPI 连接，可以接受安装 STEP7-Micro/WIN 时在"设置 PG/PC 接口"对话框中提供的默认通信协议。否则，从"设置 PG/PC 接口"对话框为个人计算机选择另一个通信协议，并核实参数（站址、波特率等）。
- 核实系统块的端口标记中的 PLC 配置（站址、波特率等）。如有必要，修改和下载更改的系统块。

2. 测试通信网络

测试通信网络的步骤如下：

（1）在 STEP7-Micro/WIN 中，点击浏览条中的通讯图标![icon]，或从菜单选择"检视">"组件">"通讯"命令，如附图 B-24 所示。

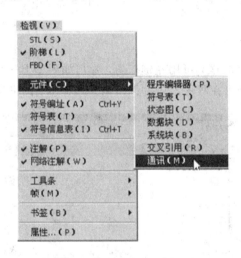

附图 B-24 测试通信网络步骤(1)示意图

（2）从"通讯"对话框的右侧窗格，单击显示"双击刷新"的蓝色文字，如附图 B-25 所示。

如果成功地在网络上的个人计算机与设备之间建立了通信，会显示一个设备列表及其

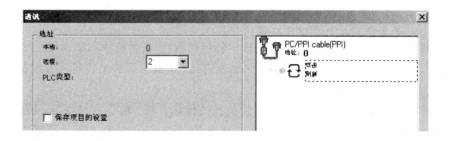

附图 B-25 测试通信网络步骤(2)示意图

模型类型和站址。

STEP7-Micro/WIN 在同一时间仅与一个 PLC 通信。会在 PLC 周围显示一个红色方框，说明该 PLC 目前正在与 STEP7-Micro/WIN 通信。可以双击另一个 PLC，更改为与该 PLC 通信。

3. 下载程序

如果已经成功地在运行 STEP7-Micro/WIN 的个人计算机和 PLC 之间建立通信，可以将程序下载至该 PLC。具体步骤如下：

(1) 下载至 PLC 之前，必须核实 PLC 位于"停止"模式。检查 PLC 上的模式指示灯。如果 PLC 未设为"停止"模式，则点击工具条中的"停止"按钮■，或选择"PLC">"停止"命令。

(2) 点击工具条中的"下载"按钮▣，或选择"文件">"下载"命令，出现"下载"对话框。

(3) 根据默认值，在初次发出下载命令时，"程序代码块"、"数据块"和"CPU 配置"(系统块)复选框被选择。如果不需要下载某一特定的块，则清除该复选框。

(4) 点击"确定"按钮，开始下载程序。

(5) 如果下载成功，会弹出一个确认框，显示信息：下载成功。转而执行步骤(12)。

(6) 如果 STEP7-Micro/WIN 中用于 PLC 类型的数值与实际使用的 PLC 不匹配，会显示以下警告信息：

"为项目所选的 PLC 类型与远程 PLC 类型不匹配。继续下载吗？"

(7) 欲纠正 PLC 类型选项，选择"否"，终止下载程序。

(8) 从菜单条选择"PLC">"类型"，调出"PLC 类型"对话框。

(9) 可以从下拉列表方框选择纠正类型，或单击"读取 PLC"按钮，由 STEP7-Micro/WIN 自动读取正确的数值。

(10) 点击"确定"按钮，确认 PLC 类型，并清除对话框。

(11) 点击工具条中的"下载"按钮▣，重新开始下载程序，或从菜单条选择"文件">"下载"。

(12) 一旦下载成功，在 PLC 中运行程序之前，就必须将 PLC 从 STOP(停止)模式转换回 RUN(运行)模式。点击工具条中的"运行"按钮▶，或选择"PLC">"运行"，转换回 RUN(运行)模式。

4. 上传程序

可以使用工具条按钮或"文件"菜单，从 PLC 将程序上传至运行 STEP7-Micro/WIN

的个人计算机中。

1）上传单块或全部三个块

可以上传程序块（OB1、子例行程序和中断例行程序）、系统块和数据块。另外，也可以仅上传三个块之一。PLC不包含符号或状态表信息，因此，无法上传符号表或状态表。

2）上传至新的空项目

这是捕获程序块、系统块和/或数据块信息的保险方法。由于项目空置，所以无法反向损坏数据。如果希望使用为该项目建立的状态表或符号表材料，随时可以打开另一个STEP7-Micro/WIN，并从另一个项目文件复制该信息。

3）上传至现有项目

如果希望改写自下载至PLC以来对程序进行的全部修改，这是一个好办法。如果需要保留下载至PLC之后对程序块、系统块和/或数据块所作的任何修改，则不应采用这种方法，因为上传会改写这些块。

上传程序的步骤如下：

（1）打开STEP7-Micro/WIN中的一个项目，容纳将从PLC上传的块。

如果希望上传至一个空项目，选择"文件"＞"新项目"命令，或使用"新项目"工具条按钮；如果希望上传至现有项目，选择"文件"＞"打开"命令，或使用"打开项目"工具条按钮。

（2）选择"文件"＞"上传"命令，或使用"上传"工具条按钮，初始化上传程序。

（3）"上传"方框显示程序块、数据块和系统块复选框。请核实已选择希望上传的块复选框，并取消选择不希望上传的任何块，然后点击"确认"按钮，如附图B-26所示。

附图B-26　上传程序步骤（3）示意图

（4）STEP7-Micro/WIN显示警告，如附图B-27所示。

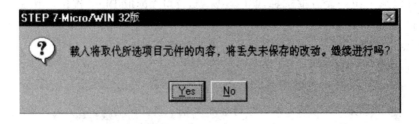

附图B-27　上传程序步骤（4）示意图

5．改正编译错误和下载错误

输出窗口在编译程序或下载程序时随时自动显示编译程序信息和错误信息，如附图

B-28 所示。

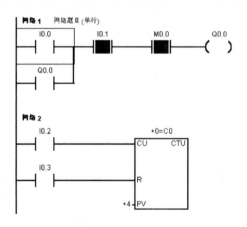

附图 B-28　编译窗口示意图

信息通常包括发生错误的网络、列和行位置以及错误代码和说明。双击错误信息，在程序编辑器中显示包含错误的网络。如果已经关闭输出窗口，从菜单条选择"检视"＞"帧"＞"输出窗口"命令，重新显示输出窗口。

B.4　程序的运行、监视、调试及其他

1. 程序的运行

当 PLC 工作方式开关在 TERM 或 RUN 位置时（CPU 21×系列方式开关只能在 TERM 位置），操作 STEP7-Micro/WIN 的菜单命令或快捷按钮都可以对 CPU 工作方式进行软件设置。

2. 程序的监视

三种程序编辑器都可以在 PLC 运行时监视程序执行的过程和各元件的状态及数据，这里重点介绍梯形图编辑器监视运行的方法，如附图 B-29 所示。

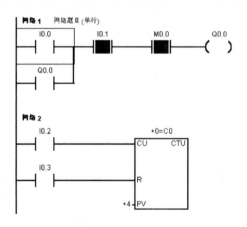

附图 B-29　梯形图运行状态的监视

梯形图监视功能：拉开排错菜单，选中程序状态，这时闭合触点和通电线圈内部颜色变蓝（呈阴影状态）。在 PLC 的运行（RUN）工作状态，随输入条件的改变、定时及计数过程的进行，每个扫描周期的输出处理阶段将各个器件的状态刷新，可以动态显示各个定时、计数器的当前值，并用阴影表示触点和线圈通电状态，以便在线动态观察程序的运行。

3．动态调试

结合程序监视运行的动态显示，分析程序运行的结果以及影响程序运行的因素，然后，退出程序运行和监视状态，在 STOP 状态下对程序进行修改编辑，重新编译、下载、监视运行。如此反复修改调试，直至得出正确运行结果。

4．编程语言的选择

SIMATIC 指令与 IEC 1131-3 指令的选择方法：在工具菜单下，打开"选项"目录，在弹出对话框选择指令系统。例如选择 SIMATIC 指令，记忆表选国际，编程模式选 SIMATIC，即选中 SIMATIC 指令。

5．其他功能

STEP7-Micro/WIN 编程软件提供有 PID（闭环控制）、HSC（高速计数）、NETR/NETW（网络通信）和人机界面 TD200 的使用向导功能。

工具菜单的指令向导选项，可以为 PID、NETR/NETW 和 HSC 指令快捷简单地设置复杂的选项，选项完成后，指令向导将为所选设置生成程序代码。

工具菜单的 TD200D 精灵选项，是 TD200 的设置向导，用来帮助设置 TD200 的信息。设置完成后，向导将生成支持 TD200 的数据块代码。

附录 C PLC 特殊标志位存储器和错误信息

附表 C-1 操作数寻址范围

数据类型	寻 址 范 围
BYTE	IB, QB, MB, SMB, VB, SB, LB, AC, 常数, *VD, *AC, *LD
INT/WORD	IW, QW, MW, SW, SMW, T, C, VW, AIW, LW, AC, 常数, *VD, *AC, *LD
DINT	ID, QD, MD, SMD, VD, SD, LD, HC, AC, 常数, *VD, *AC, *LD
REAL	ID, QD, MD, SMD, VD, SD, LD, AC, 常数, *VD, *AC, *LD

注：输出（OUT）操作数寻址范围不含常数项，*VD 为间接寻址。

附表 C-2 特殊标志存储器 SM

SM 位	描　　述
SM0.0	该位始终为 1
SM0.1	该位在首次扫描时为 1，用途之一是调用初始化子程序
SM0.2	若保持数据丢失，则该位在一个扫描周期中为 1。该位可用作错误存储器位，或用来调用特殊启动顺序功能
SM0.3	开机后进入 RUN 方式，该位将 ON 一个扫描周期。该位可用作在启动操作之前给设备提供一个预热时间
SM0.4	该位提供了一个时钟脉冲，30 s 为 1，30 s 为 0，周期为 1 min。它提供了一个简单易用的延时，或 1 min 的时钟脉冲
SM0.5	该位提供了一个时钟脉冲，0.5 s 为 1，0.5 s 为 0，周期为 1 s。它提供了一个简单易用的延时，或 1 s 的时钟脉冲
SM0.6	该位为扫描时钟，本次扫描时置 1，下次扫描置 0。可用作扫描计数器的输入
SM0.7	该位指示 CPU 工作方式开关的位置（0 为 TERM 位置，1 为 RUN 位置）。当开关在 RUN 位置时，用该位可使自由端口通讯方式有效；当切换至 TERM 位置时，同编程设备的正常通信也会有效
SM1.0	当执行某些指令后其结果为 0 时，将该位置 1
SM1.1	当执行某些指令后其结果溢出，或查出非法数值时，将该位置 1
SM1.2	当执行数学运算后其结果为负数时，将该位置 1
SM1.3	试图除以零时，将该位置 1

SM 位	描 述
SM1.4	当执行 ATT(Add to Table)指令,若添加到表中数据的数量超出表范围,则该位置 1
SM 1.5	当执行 LIFO 或 FIFO 指令,试图从空表中读数时,将该位置 1
SM1.6	当试图把一个非 BCD 数转换为二进制数时,将该位置 1
SM1.7	当 ASCII 码不能转换为有效的十六进制数时,将该位置 1
SMB2	在自由端口通信方式下,该字符存储从口 0 或口 1 接收到的每一个字符
SM3.0	口 0 或口 1 的奇偶校验错(0＝无错,1＝有错)
SM3.1-SM3.7	保留
SM4.0	当通信中断队列溢出时,将该位置 1
SM4.1	当输入中断队列溢出时,将该位置 1
SM4.2	当定时中断队列溢出时,将该位置 1
SM4.3	在运行时刻发现编程问题时,将该位置 1
SM4.4	该位指示全局中断允许位,当允许中断时,将该位置 1
SM4.5	当口 0 发送空闲时,将该位置 1
SM4.6	当口 1 发送空闲时,将该位置 1
SM4.7	当发生强置时,将该位置 1
SM5.0	当有 I/O 错误时,将该位置 1
SM5.1	当 I/O 总线上连接了过多的数字量 I/O 点时,将该位置 1
SM5.2	当 I/O 总线上连接了过多的模拟量 I/O 点时,将该位置 1
SM5.3	当 I/O 总线上连接了过多的智能 I/O 模块时,将该位置 1
SM5.4-SM5.6	保留
SM5.7	当 DP 标准总线出现错误时,将该位置 1

注:其他特殊存储器的标志位可参见 S7-200 系统手册。